普通高等教育电气工程及其自动化应用型教材

供配电技术

主　编◎王　勇　张小虎　董　蕾
副主编◎罗　森　罗　华

西南交通大学出版社
·成　都·

图书在版编目（CIP）数据

供配电技术 / 王勇，张小虎，董蕾主编. -- 成都：西南交通大学出版社，2023.12
　　ISBN 978-7-5643-9632-9

Ⅰ. ①供… Ⅱ. ①王… ②张… ③董… Ⅲ. ①供电 – 高等学校 – 教材②配电系统 – 高等学校 – 教材 Ⅳ. ①TM72

中国国家版本馆 CIP 数据核字（2023）第 235868 号

Gongpeidian Jishu

供配电技术

王　勇　张小虎　董　蕾　主　编

责任编辑	雷　勇
封面设计	何东琳设计工作室
出版发行	西南交通大学出版社 （四川省成都市金牛区二环路北一段 111 号 西南交通大学创新大厦 21 楼）
邮政编码	610031
营销部电话	028-87600564　028-87600533
网址	http://www.xnjdcbs.com
印刷	成都蜀雅印务有限公司
成品尺寸	185 mm×260 mm
总印张	12.75
总字数	319 千
版次	2023 年 12 月第 1 版
印次	2023 年 12 月第 1 次
书号	ISBN 978-7-5643-9632-9
套价	37.50 元

课件咨询电话：028-81435775
图书如有印装质量问题　本社负责退换
版权所有　盗版必究　举报电话：028-87600562

前　言

为了适应高等工科教育改革创新的专业教学需求，并结合供配电技术的最新发展和实用技术，按照"培养学生的专业知识、专业能力与创新意识并重"的原则，本书的编写注重理论结合实际，以实际应用为主，力求做到保证基础、加强应用和体现先进。

全书共分九章。概论部分简单介绍供配电技术的意义、要求和课程任务，电力系统的电压和电能质量，电力系统中性点运行方式和低压配电系统接地形式，为学习本课程奠定基础。接着依次讲述供配电系统的负荷计算，短路电流及计算，电气设备的选择及校验，供配电系统的接线，继电保护原理和自动化装置，接地与过电压保护，现代供电新技术和供配电系统的节能措施。为了方便学生复习和自学，每章末附有习题。

本书适用于普通高等教育电气工程及其自动化专业、电气自动化技术专业，高职高专相关专业也可使用，还可供有关工程技术人员参考。教材内容可根据专业要求和教学时数适当取舍。

本书由重庆移通学院智能工程学院王勇担任主编并负责统稿。其中，第一章、第二章和第八章由王勇编写，第三章和第七章由张小虎编写，第四章和第五章由董蕾编写，第六章由罗华编写，第九章由罗森编写。

重庆移通学院智能工程学院李洁副教授和杨佳义副教授对本书的编写给予了极大的帮助，并提出了大量宝贵的意见和建议，在此表示衷心的感谢！

由于编者水平有限，书中难免存在一些疏漏和不足之处，敬请同行、师生和广大读者批评指正，不胜感谢。

编　者
2023 年 10 月于重庆

目录

第一章 概论
- 第一节 电力系统的基本知识 / 2
- 第二节 电力系统的电压和供电质量 / 5
- 第三节 电力系统中性点运行方式 / 8

第二章 电力负荷及其计算
- 第一节 计算负荷与负荷曲线 / 18
- 第二节 三相用电设备组的计算负荷 / 22
- 第三节 单相用电设备组的计算负荷 / 27
- 第四节 无功功率补偿 / 29
- 第五节 供电系统的计算负荷 / 31
- 第六节 尖峰电流的计算 / 36

第三章 短路电流计算
- 第一节 概述 / 39
- 第二节 无限大容量电源供电系统三相短路过程分析 / 40
- 第三节 高压网络短路电流计算 / 45
- 第四节 低压网络短路电流计算 / 49
- 第五节 短路电流的效应 / 52

第四章 供配电系统电气设备的选择
- 第一节 电气设备选择的一般原则 / 56
- 第二节 高压开关设备的选择 / 58
- 第三节 变压器的选择 / 66
- 第四节 互感器的选择 / 69
- 第五节 母线、绝缘子的选择 / 75
- 第六节 低压电气设备的选择 / 77
- 第七节 电力线缆截面的选择 / 85

第五章 供配电系统一次接线
- 第一节 电气一次接线图基本知识 / 90

第二节　10 kV 变电所电气主接线典型方案 / 94
第三节　变配电所的布置 / 98
第四节　住宅供配电典型案例 / 100

第六章　继电保护原理及自动装置

第一节　继电保护的基本知识 / 106
第二节　电力线路的继电保护 / 110
第三节　电力变压器的继电保护 / 127
第四节　高压电动机的继电保护 / 131
第五节　自动重合闸装置及备用电源自动投入装置 / 133
第六节　微机保护 / 136

第七章　接地与过电压防护

第一节　接地与等电位联结 / 142
第二节　过电压的种类和危害 / 146
第三节　雷电有关知识 / 148
第四节　民用建筑物的防雷分类与防雷措施 / 150

第八章　现代供电新技术

第一节　变电站综合自动化系统概述 / 158
第二节　数字化变电站及相关技术 / 161

第九章　供电系统节能措施

第一节　供配电系统节能要点 / 170
第二节　电气照明节能要点 / 172
第三节　设备选型节能要点 / 177
第四节　可再生能源利用 / 183

参考文献 / 187

附　　录 / 188

第一章 概 论

本章概述供配电技术的基本知识,为学习本课程奠定初步基础。首先简要说明供配电工作的意义、要求及本课程任务,然后介绍供配电系统及发电厂、电力系统和自备电源的基本知识,接着讲述供电质量的要求及电力用户供配电电压的选择,最后讲述电力系统的中性点运行方式及低压配电系统的接地型式。

第一节　电力系统的基本知识

一、概　述

电力是现代工业生产的主要能源和动力，是人类现代文明的物质基础。没有电力，就没有工业现代化，就没有整个国民经济的现代化。现代社会的信息技术和其他高新技术的应用，都是建立在电气技术应用的基础之上的。工业生产只有实现电气化以后，才能增加产量，提高产品质量，提高劳动生产率，降低生产成本，减轻工人的劳动强度，改善工人的劳动条件，有利于实现生产过程的自动化。人类社会生活也只有在实现电气化以后，才能确保正常的社会秩序和必需的生活质量。如果突然中断电力供应，则将对企业生产和社会生活造成严重的影响，不仅会打乱生产和生活秩序，而且可能发生重大的设备损坏事故或人身伤亡事故。因此做好供配电工作，对于保证企业生产和社会生活的正常进行和实现国民经济的现代化具有十分重要的意义。

供配电技术（Engineering of Power Supply and Distribution）主要研究电力的供应和分配问题。供配电工作要很好地为企业生产和国民经济服务，切实搞好安全用电、节约用电、计划用电（合称"三电"）工作，必须达到下列基本要求：

安全：在电力的供应、分配和使用中，要注意环境保护，特别要注意避免发生人身事故和设备事故。

可靠：应满足电力用户对供电可靠性即连续供电的要求。

优质：应满足电力用户对电压质量和频率质量等方面的要求。

经济：在满足安全、可靠和电能质量的前提下，应尽量使供配电系统的投资少，运行费用低，并尽可能地节约电能和减少有色金属消耗量。

此外，在供配电工作中，应合理地处理局部与全局、当前与长远的关系，既要照顾局部和当前的利益，又要有全局观念，能顾全大局，适应发展。例如计划用电问题，不能只考虑本单位的局部利益，更要有全局观念，要服从公共电网的统一调度。

本课程主要讲述电力用户（如各类企业、事业单位和民用建筑等）的电力供应和分配相关知识。通过本课程学习，掌握一般供配电系统运行维护和简单设计所需的基本理论知识，为今后从事供配电相关工作奠定基础。本课程内容的实践性较强，学习过程中应注意理论联系实际，加强实践训练，以加深对课程内容的理解和掌握。

二、电力系统

电力系统是由发电厂、电力网和电能用户组成的一个发电、变电、输电、配电和用电的系统。电能的生产、输送、分配和使用的全过程，实际上是同时进行的，即发电厂任何时刻生产的电能等于该时刻用电设备消耗的电能与输送、分配中损耗的电能之和。

发电机生产电能，电力线路、变压器等输送、分配电能，电动机、电灯、电炉等用电设备使用电能。这些生产、输送、分配、使用电能的发电机、电力线路、变压器及各种用电设备联系在一起组成的统一整体，就是电力系统。

与电力系统相关联的还有电力网络和动力系统。电力网络或电网是指电力系统中除发电机和用电设备之外，由电力系统中各级电压的输、配电线路以及由它们联系起来的各类变配电所组成的网络；动力系统是指电力系统与动力部分的总和，所谓动力部分，包括水力发电厂的水库、水轮机，热力发电厂的锅炉、汽轮机、燃气轮机，以及核电厂的反应堆等。所以，电力网络是电力系统的一个组成部分，而电力系统又是动力系统的一个组成部分，三者之间的关系见图 1-1。

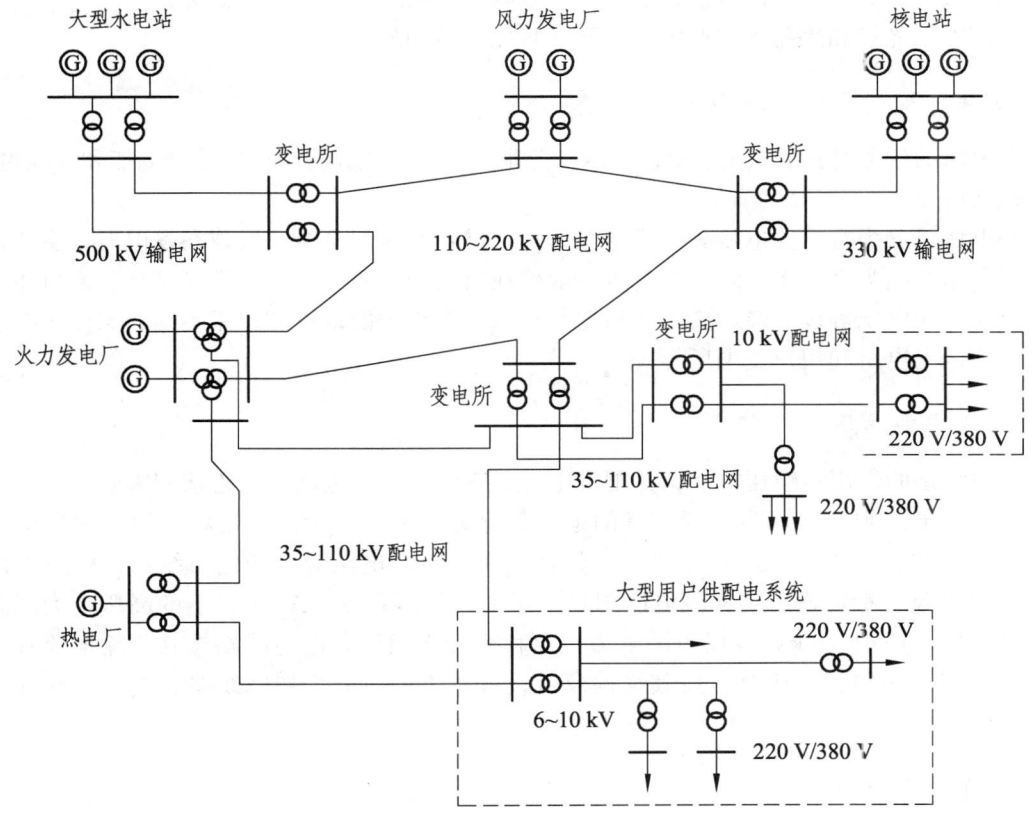

图 1-1 电力系统构成示意图

（一）发电厂

发电厂有很多类型，按照所利用的能源可分为火力发电厂、水力发电厂、核能发电厂以及风力、地热、太阳能、潮汐发电厂等，具体包括如下内容：

（1）火力发电厂（简称火电厂或火电站），利用燃料的化学能来生产电能，主要设备包括锅炉、汽轮机和发电机。我国的火电厂以燃煤为主。为了提高燃料的效率，将煤块粉碎成煤粉，煤粉在锅炉的炉膛内充分燃烧，锅炉的水转换成高温高压的蒸汽，推动汽轮机转动，使与汽轮机联轴的发电机旋转发电。

（2）水力发电厂（简称水电厂或水电站），利用水流的势能来生产电能，主要由水库、水轮机和发电机组成。水库中的水具有一定的势能，经引水管道送入水轮机推动水轮机旋转，水轮机与发电机联轴，推动发电机转子转动发电。

（3）核能发电厂（通常称为核电站），利用原子核的裂变能来生产电能，其生产过程与火电厂基本相同，只是以核反应堆（俗称原子锅炉）代替了燃煤锅炉，以少量的核燃料代替了煤炭。

（4）风力发电厂、地热发电厂和太阳能发电厂。风力发电厂是利用风力的动能来生产电能，建在有丰富风力资源的地方。地热发电厂是利用地球内部蕴藏的大量地热能来生产电能，建在有足够地热资源的地方。太阳能发电厂是利用太阳光能和热能来生产电能，建在日照充足的地方。

视频：核能发电厂介绍

（二）变配电所

变电所的任务是接收电能、变换电压和分配电能。配电所的任务是接受电能和分配电能，但不改变电压。

变电所可分为升压变电所和降压变电所两大类：升压变电所一般建在发电厂，主要任务是将低电压变换为高电压；降压变电所一般建在负荷中心附近，主要任务是将较高电压变换到一个合理的电压等级。降压变电所根据其在电力系统中的地位和作用不同，又分为枢纽变电站、地区变电所和用户变电所等。

（三）电力线路

电力线路的作用是输送电能，并把发电厂、变配电所和电能用户连接起来。

水力发电厂须建在水力资源丰富的地方，火力发电厂一般建在燃料产地，即所谓的坑口电站。因此，发电厂一般距电能用户较远，需要不同电压等级的电力线路，将发电厂生产的电能源源不断地输送到各级电能用户。通常把电压在 35 kV 及以上的高压电力线路称为送电线路，而把 10 kV 及以下的电力线路称为配电线路。电力线路按其传输电流种类不同分为交流线路和直流线路；按其结构及敷设方式不同可分为架空线路、电缆线路和户内配电线路。

（四）电力用户

电力用户又称电力负荷。在电力系统中，一切消耗电能的用电设备均称为电力用户。用电设备按电流种类不同分为直流设备与交流设备两类，而大多数设备为交流设备；按电压高低不同分为低压设备与高压设备，1 000 V 及以下的用电设备属低压设备，高于 1 000 V 的用电设备属高压设备；按频率高低不同分为低频（50 Hz 以下）、工频（50 Hz）及中、高频（50 Hz 以上）设备，绝大部分设备采用工频；按工作制不同可分为连续运行、短时运行和周期运行设备三类；按用途不同可分为动力用电设备（如电动机）、电热用电设备（如电炉、干燥箱、空调器等）、照明用电设备、试验用电设备、工艺用电设备（如电解、电镀、冶炼、电焊、热处理等）。用电设备将电能转换为机械能、热能和光能等不同形式的能量，以满足生产、生活需要。

第二节 电力系统的电压和供电质量

一、系统标称电压

系统标称电压（Nominal Voltage of a System）是用以标志或识别系统电压的给定值。它是根据国民经济发展的需要以及技术经济的合理性，结合电气设备的制造水平等因素，经全面分析论证，由国家统一制定和颁布。根据《标准电压》（GB/T 156—2017），我国电力系统的标称电压见表 1-1。

表 1-1 三相交流电网的标称电压和电气设备的额定电压

分类	电网和用电设备标称电压/kV	发电机额定电压/kV	电力变压器额定电压/kV	
			一次绕组	二次绕组
低压	0.38	0.40	0.38	0.40
	0.66	0.69	0.66	0.69
	3	3.15	3，3.15	3.15，3.3
	6	6.3	6，6.3	6.3，6.6
	10	10.5	10，10.5	10.5，11
	—	13.8，15.75，18，20，22，24，26	13.8，15.75，18，20，22，24，26	—
高压	35	—	35	38.5
	66	—	66	72.6
	110	—	110	121
	220	—	220	242
	330	—	330	363
	500	—	500	550
	750	—	750	800（825）
	1 000	—	1 000	1 100

二、电气设备的额定电压

电气设备的额定电压（Rated Voltage）是由制造商对电气设备在规定的工作条件下所规定的电压。其电压等级应与电力系统标称电压等级相对应。根据电气设备在系统中的作用和位置，电气设备的额定电压简述如下。

（一）用电设备的额定电压

用电设备的额定电压与所连接系统的标称电压一致。由于电网存在电压损失，电网上各点实际运行电压（Operating Voltage）与系统标称电压存在偏差。为了保证用电设备的良好运行，国家对各级电网系统标称电压的偏差均有严格规定。对接于 1 000 V 以上系统中的设备，还规定设备的最高耐受电压应与其所连接系统的最高电压一致。

（二）发电机的额定电压

用电设备的电压一般允许在额定电压的 5%以内变化，而电网的电压损失一般要控制在

10%以内。因此，为了保证电网上的用电设备正常运行，电网首端电压应该比系统标称电压高 5%，电网末端电压应该比系统标称电压低 5%，如图 1-2 所示。由于发电机处于电网的首端，所以发电机的额定电压比所连电网的系统标称电压高 5%。我国三相交流发电机的额定电压等级有 400 V、690 V、3 150 V、6 300 V、10 500 V、13 000 V、15 750 V、18 000 V、20 000 V、22 000 V、24 000 V、26 000 V 等。

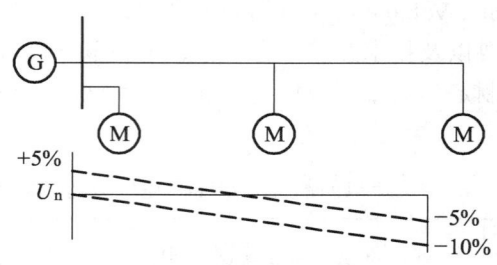

图 1-2　电力线路的电压分布

（三）电力变压器的额定电压

电力变压器一次绕组的额定电压分为两种情形：当电力变压器直接与发电机引出端相接时，如图 1-3 中的变压器 T1，其一次绕组的额定电压与发电机的额定电压相同；当电力变压器直接与电网相连接时，如图 1-3 中的变压器 T2，在电网中相当于一个用电设备，其一次绕组的额定电压与同级电网的系统标称电压相同。

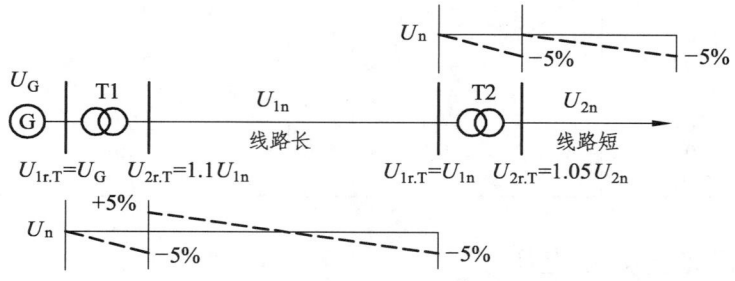

图 1-3　电力变压器的额定电压

电力变压器二次绕组的额定电压分为两种情形：当电力变压器二次侧所连电网输配电距离较短时，只需要考虑补偿负载时的内部电压损失，因而电力变压器二次侧的额定电压只比同级电网的系统标称电压高 5%；当电力变压器二次侧所连电网输配电距离较长时，如公共高压输配电网，此时除了考虑补偿二次绕组负载时损失的 5%电压外，还应补偿较长电网线路的电压损失，电力变压器二次绕组的额定电压比同级电网的系统标称电压高 10%。

三、供电质量

供电质量包括电能质量与供电可靠性两方面。电力系统中的所有电气设备都必须在一定的电压和频率下工作。电气设备的额定电压和额定频率是电气设备正常工作并获得最佳经济效益的前提条件。因此，电压和频率是衡量电能质量的最基本参数。

（一）电　压

交流电的电压质量包括电压的数值与波形两个方面。电压质量对各类用电设备的工作性能、使用寿命、安全及经济运行都有直接的影响。电压偏移是评价交流电电压质量的重要指标。

电压偏移又称电压偏差，是指用电设备端电压 U 与用电设备额定电压 U_N 之差对额定电压 U_N 的百分数，即：

$$\Delta U = \frac{U - U_N}{U_N} \times 100\% \tag{1-1}$$

电压偏移是由于供电系统改变运行方式或电力负荷缓慢变化等因素引起的。加在用电设备上的电压偏离额定电压后，对于感应电动机，其最大转矩与端电压的二次方成正比，当电压降低时，电动机转矩显著减小，导致转差增大，从而使定子、转子电流显著增大，温升增加，绝缘加速老化，甚至烧毁电动机；同时由于转矩减小，转速下降，生产效率降低，产量减少，产品质量下降。反之，当电压过高时，励磁电流与铁损都大大增加，引起电动机过热，效率降低。对于电热装置，其功率与端电压的二次方成正比，电压过高将损伤设备，电压过低达不到所需温度。电压偏移对白炽灯影响显著，白炽灯的端电压降低 10%，发光效率将下降 30% 以上；端电压升高时，发光效率将提高 1/3，但使用寿命只有原来的 1/3。

《供配电系统设计规范》（GB 50052—2009）规定：正常运行情况下，用电设备端子处电压偏移的允许值应符合下列要求：

（1）电动机：±5% 额定电压；

（2）照明：一般工作场所为 ±5% 额定电压；对于远离变电所的小面积一般工作场，难以满足上述要求时，可为 +5%、−10% 额定电压；应急照明、道路照明、警卫照明等为 +5%、−10% 额定电压；

（3）其他用电设备：无特殊规定时为 ±5% 额定电压。

为了减小电压偏移，保证用电设备在最佳状态下运行，供配电系统必须采用相应的电压调整措施，通常有以下几种：

（1）合理选择变压器的电压分接头或采用有载调压变压器，使之在负荷变动的情况下，有效地调节电压，保证用电设备端电压的稳定。

（2）合理减少供配电系统的阻抗，降低电压损耗，缩小电压偏移范围。

（3）尽量使系统的三相负荷均衡，减小电压偏移。

（4）合理改变供配电系统的运行方式，调整电压偏移。

（5）采用无功功率补偿装置，提高功率因数，降低电能损耗，减小电压偏移范围。

（二）频　率

我国采用的工业频率（简称工频）为 50 Hz。当电网低于额定频率运行时，电力用户的电动机转速都将相应降低，工厂的产量和质量都将不同程度受到影响。频率的变化还将影响到计算机、自控装置等设备的准确性。电网频率的变化对供配电系统运行的稳定性影响很大，因而对频率的要求比对电压的要求更严格，根据《电能质量　电力系统频率偏差》（GB/T 15945—2008）规定，电力系统正常运行时频率偏差限值为 ±0.2 Hz。当系统容量较小时偏差限值可放宽到 ±0.5 Hz。

改善供电频率偏差可采取下列措施：
（1）加速电力建设，增加系统的装机容量和提高系统调节负荷高峰的能力。
（2）做好计划用电和负荷调整工作，移峰填谷，并采取技术措施来降低冲击性负荷的影响。
（3）装设低频减载自动装置及排定低频停限电序次，在电网频率降低时，适时地切除部分非重要负荷，以保证重要负荷的稳定连续供电。

四、负荷的分类及对供电质量的要求

电力负荷既可指用电设备或用电单位（用户），也可指用电设备或用电单位所耗用的电功率或电流。这里的电力负荷指用电单位或用户设备。

根据电力负荷对供电可靠性的要求以及中断供电对人身安全、经济损失所造成的影响程度，《供配电系统设计规范》（GB 50052—2009）将电力负荷划分为三级。各级负荷的性质及其对供电的要求见表1-2。

表1-2　负荷分类及其供电要求

负荷分类	负荷性质	供电要求
一级负荷	中断供电将： （1）造成人身伤害； （2）在经济上造成重大损失； （3）影响重要用电单位的正常工作	应由双重电源供电，当一电源发生故障时，另一电源不应同时受到损坏。
	特别重要的负荷中断供电将： （1）造成人员伤亡； （2）造成重大设备损坏； （3）发生中毒、爆炸或火灾； （4）特别重要场所不允许中断供电的负荷	（1）除应由双重电源供电外，尚应增设应急电源，并严禁将其他负荷接入应急供电系统。 （2）设备的供电电源的切换时间，应满足设备允许中断供电的要求。 （3）应急电源包括： ① 独立于正常电源的发电机组； ② 独立于正常电源的专用馈电线路； ③ 蓄电池； ④ 干电池
二级负荷	中断供电将： （1）在经济上造成较大损失； （2）影响较重要单位的正常工作	宜有两回路供电；在负荷较小或供电条件困难地区，可由一回6kV及以上专用架空线路供电
三级负荷	不属于一级和二级负荷的其他负荷	对供电方式无特殊要求

第三节　电力系统中性点运行方式

电力系统的中性点是指发电机或变压器的三相绕组采用星形连接时的中性点，该中性点与（局部）地之间的连接方式称为电力系统的中性点接地方式。电力系统的中性点接地方式是一个综合性的技术问题，它与系统的供电可靠性、人身安全、过电压保护、继电保护、通信干扰及接地装置等因素有密切的关系。

我国电力系统的中性点接地方式有：中性点不接地、中性点经消弧线圈接地（也称中性点谐振接地）、中性点经阻抗（电阻）接地和中性

视频：变压器
中性点接地与不接地
有什么区别

点直接接地等。中性点不接地、中性点经消弧线接地和中性点经低电阻或高电阻接地也称为中性点的非有效接地方式；中性点经低阻抗接地和中性点直接接地也可称为中性点的有效接地方式。

一、中性点不接地系统

中性点不接地系统是指除保护或测量用途的高阻抗接地以外的系统，又称中性点绝缘系统。

电力系统中，三相导体之间以及各相导体与地之间都有分布电容，这种电容值是半导体全长的分布参数。为方便研究，假设三相系统是对称的，各相导体间的分布电容数值较小，可以忽略不计，则各相对地均匀分布的电容可由一个集中电容参数 C 来表示，如图1-4所示。

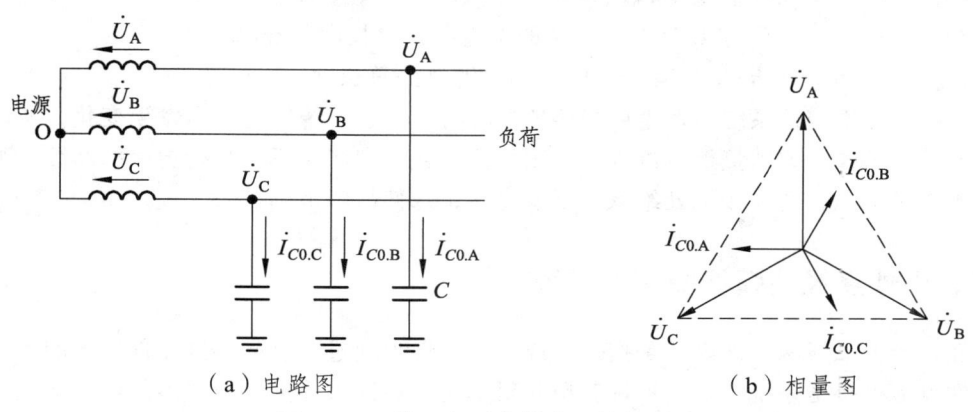

（a）电路图　　　　　　　　　（b）相量图

图 1-4　正常运行时中性点不接地系统

系统正常运行时，各相电源电压 $\dot{U}_A$、$\dot{U}_B$、$\dot{U}_C$ 对称，各相对地电压为相电压，三相对地电容电流也是对称的，其相量和为零，所以地中没有电容电流通过，此时中性点与地等电位。

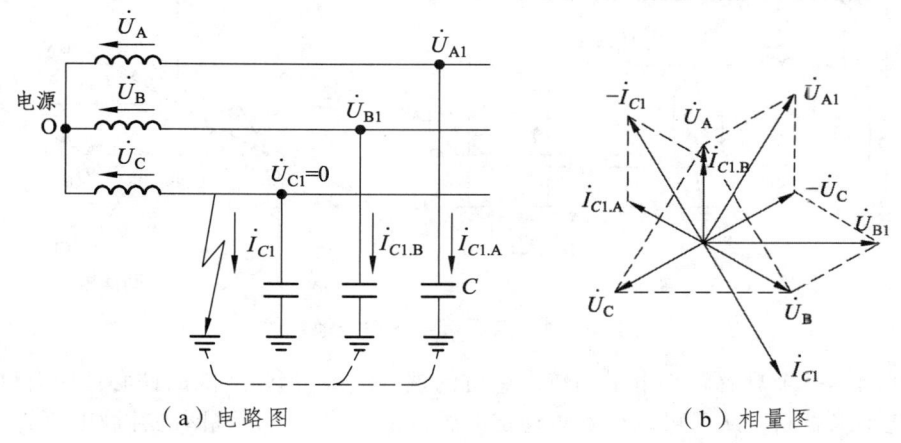

（a）电路图　　　　　　　　　（b）相量图

图 1-5　发生单相接地故障时中性点不接地系统

当 C 相发生接地故障时，系统的接地电流（电容电流）为两非故障相对地电容电流之和，如图1-5所示，即：

$$\dot{I}_{C1} = -(\dot{I}_{C1.A} + \dot{I}_{C1.B}) \tag{1-2}$$

由图 1-5（b）可知，$\dot{I}_{C1}$ 在相位上比 $\dot{U}_C$ 超前 90°，而在量值上，由于 $I_{C1} = \sqrt{3} I_{C1.A}$，其中 $I_{C1.A} = U_{A1}/X_C = \sqrt{3} U_A / X_C = \sqrt{3} I_{C0}$，即系统发生单相接地时，非故障相的电容电流为正常工作时的 $\sqrt{3}$ 倍，而故障相对地电容电流为正常工作时的 3 倍。

由于线路对地分布电容 C 难以准确确定，所以单相接地电容电流也难以准确计算。在实际应用中通常采用下面的经验公式来估算：

$$I_{C1} = \frac{U_N(l_{ab} + 35 l_{cab})}{350} \tag{1-3}$$

式中：I_{C1} ——系统单相接地电容电流（A）；
U_N ——系统标称电压（kV）；
l_{ab} ——同一电压 U_N 具有电气联系的架空线路总长度（km）；
l_{cab} ——同一电压 U_N 具有电气联系的电缆线路总长度（km）。

对于中性点不接地系统，发生单相接地故障时，由于系统线电压未发生变化，所以三相设备仍能正常工作。但若接地电流较大，则可能在接地点产生不能自行熄灭的断续电弧，引起系统操作过电压，造成接地处绝缘闪络或击穿，致使故障范围扩大。

二、中性点经消弧线圈接地系统

中性点经消弧线圈接地系统是指一个或多个中性点通过具有高感抗器件接地的系统，也称为中性点谐振接地系统。这些器件在单相对地短路时能大体上补偿线路的电容效应。

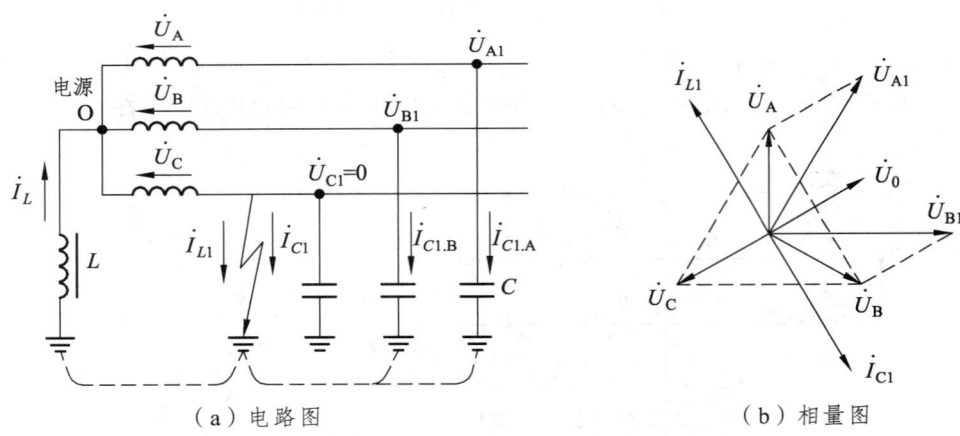

（a）电路图　　　　　　　　　　（b）相量图

图 1-6　中性点经消弧线圈接地系统

消弧线圈是一个具有较小电阻和较大感抗的铁心线圈，消弧线圈的铁心柱中有许多间隙，间隙中填充绝缘材料，从而可以得到较稳定的感抗值，使得消弧线圈的补偿电流 I_L 与电源中性点的对地电压 U_0 成正比关系，保持有效的消弧作用。电力系统正常工作时，由于三相系统是对称的，电源中性点对地电压 U_0 为零，流过消弧线圈的电流 I_L 也为零。

发生如图 1-6 所示单相接地故障时，接地点流过的总电流应是故障相的接地电容电流 $\dot{I}_{C1}$

和流过消弧线圈的电流 $\dot{I}_{L1}$ 之和，由于 $\dot{I}_{C1}$ 在相位上比 $\dot{U}_{C1}$ 超前 90°，因此 $\dot{I}_{L1}$ 和 $\dot{I}_{C1}$ 正好方向相反，在接地点处互相补偿，总的接地电流减小，可以有效地避免电弧的产生。

为减少正常工作时中性点的位移，消弧线圈一般工作在微过补偿状态，使经消弧线圈补偿后的故障点接地残余电流（感性电流）不超过 10 A。现在电力系统已利用计算机作为控制器来实现自动跟踪补偿。

与电源中性点不接地的电力系统类似，电源中性点经消弧线圈接地的电力系统在发生单相接地故障时，非故障相的对地电压也将由相电压升高为线电压。同时，为避免故障范围扩大，应使用接地选线装置准确判断出故障线路，并及时切断故障线路。

三、中性点经电阻接地系统

中性点经电阻接地系统是指系统中至少有一个中性点通过具有电阻的器件接地以限制接地故障电流的系统。

电源中性点经电阻接地是以美国为主的一些国家的 6~35 kV 中压电网采用的一种运行方式。我国过去一直采用电源中性点经消弧线圈接地的运行方式，但近年来，电源中性点经电阻接地的运行方式在某些城市电网和工业企业的配电网中开始得到应用。

中性点经电阻接地系统发生单相接地故障时的分析如图 1-7 所示。其中 R 为连接电源中性点与大地之间的电阻。以 C 相发生接地故障为例，$\dot{I}_R$ 为流经接地电阻的接地故障电流，也是电网接地故障电流的有功分量。$\dot{I}_{C1}$ 为故障点的电容电流之和，即全网电容电流。由于 R 的存在，中性点对地电位 $\dot{U}_0$ 较小，未发生故障的 A、B 两相对地电位上升幅度不大，基本维持在原有的相电压水平，从而抑制了电网的过电压，变压器绝缘水平要求降低。一方面，中性点经电阻接地可以消除中性点不接地系统的缺点，即能减少电弧接地过电压的危险性；另一方面，由于中性点接地电阻 R 的作用，这种系统的接地电流比电源中性点直接接地系统时的小，故对邻近通信线路的干扰也就较弱。

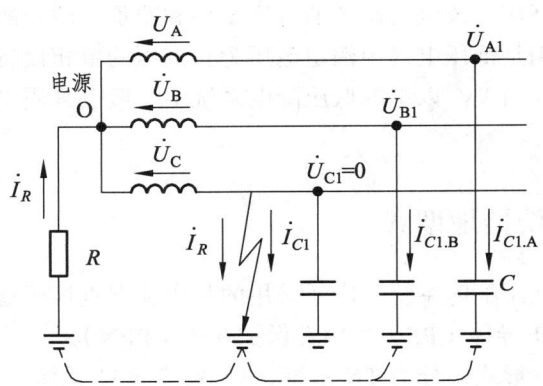

图 1-7 单相接地时的中性点经电阻接地系统

中性点经电阻接地系统在发生单相接地故障后要求迅速切断故障线路。为了获得快速选择性继电保护所需的足够动作电流，就必须降低电阻器的电阻值，一般选择的中性点接地电阻的值较小。但电流越大，电阻器的功率要求越大，同时，也会带来电气安全方面的一些问题。当 10/20 kV 系统中性点采用低电阻接地方式时，接地电阻值一般取为 10/20 Ω，并保证系统发生单相接地故障时能可靠断开故障线路。

四、中性点直接接地系统

中性点直接接地系统是指系统中至少有一个中性点直接接地的系统。

在正常工作条件下，中性点直接接地系统的三相电源和各相线路的对地电容的电流均对称，因而，流经中性点接地线的电流为零。

中性点直接接地系统在发生单相接地故障后，故障相电源经大地、接地中性线形成短路回路，其电路如图 1-8 所示。单相对地短路电流 $\dot{I}_d$ 的值很大，将使线路上的保护装置动作从而切除短路故障。

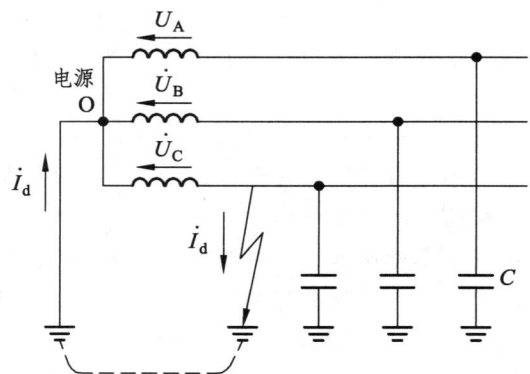

图 1-8　单相接地时的中性点直接接地系统

中性点直接接地系统由于在发生单相接地故障时，非故障相的对地电压仍然为相电压，因而，系统中各线路和电气设备的绝缘等级只需按相电压设计，绝缘等级的下降可以降低电网和电气设备的造价。我国 110 kV 及以上的超高压系统采用电源中性点直接接地的运行方式，其目的在于降低超高压系统电气设备的绝缘水平和造价，防止超高压系统发生接地故障后引起的过电压。为了满足低压电网中额定电压为相电压的单相设备的正常工作，便于低压电气设备的保护接地，在 1 kV 以下的低压配电系统中一般也采用电源中性点直接接地的方式。

五、低压配电系统接地型式

我国 220 V/380 V 低压配电系统，广泛采用的是中性点直接接地的运行方式，系统引出线有中性导体（N）、保护导体（PE）和中性保护导体（PEN）。

低压配电系统按接地形式，分为 TN 系统、TT 系统和 IT 系统。

（一）TN 系统

TN 系统在电源端处一点（中性点）直接接地，而电气装置的外露可导电部分是利用保护导体（PE）连接到那个接地点上的。按照中性导体与保护导体的配置，TN 系统又有以下三种类型：

第一章 概 论

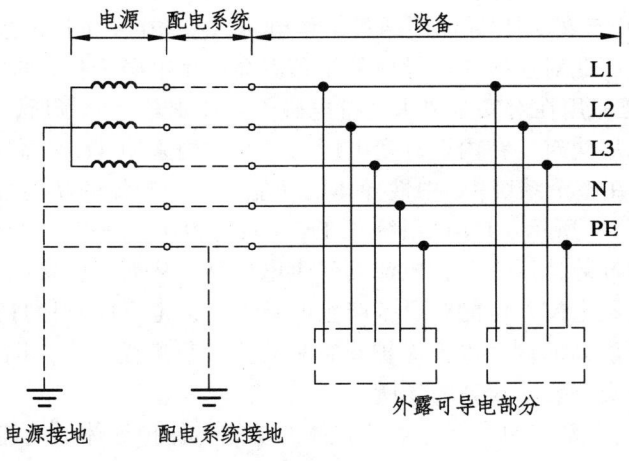

(a) TN-S 系统

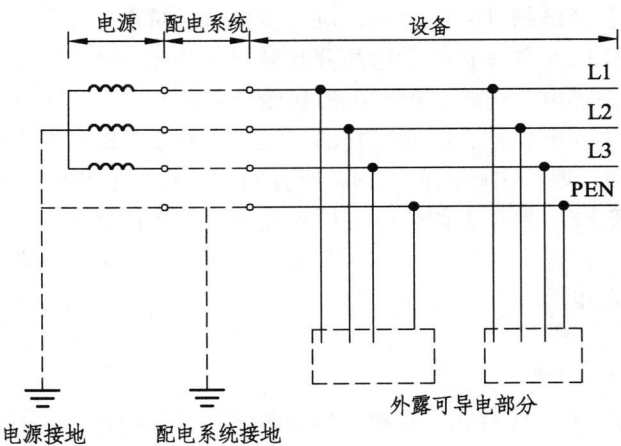

(b) TN-C 系统

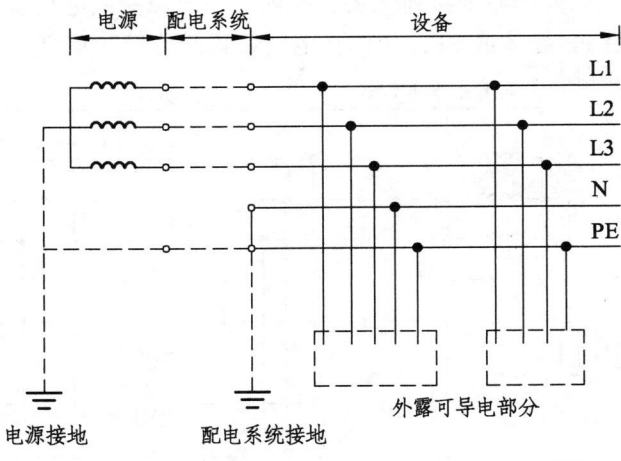

(c) TN-C-S 系统

图 1-9 低压 TN 系统

（1）TN-S 系统。整个系统中，全部采用单独的保护导体，如图 1-9（a）所示。正常情况

13

下，除测量对地泄漏电流外，PE 导体不通过工作电流，它只在发生接地故障时通过故障电流，其电位接近地电位。因此对连接 PE 导体的设备不会产生电磁干扰，也不会对地打火，比较安全。TN-S 系统广泛应用在对安全要求及抗电磁干扰要求较高的场所，如重要办公楼、实验楼和居民住宅楼等民用建筑。在内设有变电所的建筑物内采用 TN-S 系统也是最好的选择。

（2）TN-C 系统。在整个系统中，中性导体的功能与保护导体的功能合并在一根导体（PEN 导体）中，如图 1-9（b）所示。TN-C 系统与 TN-S 系统相比，节省一根导体，因此比较经济。但在正常运行时，PEN 导体因有工作电流而产生电压降，从而使所接电气装置外露可导电部分对地产生电位差。此电位差可能对设备产生电磁干扰，也可能对地打火，不利于安全。且该系统不能采用灵敏度高的剩余电流保护装置来防止人员遭受电击。因此，TN-C 系统不适用于对抗电磁干扰和安全要求较高的场所。

（3）TN-C-S 系统。系统的一部分中性导体的功能与保护导体的功能合并在一根导体中，如图 1-9（c）所示。此系统多用于变电所在建筑物外部的场合。TN-C-S 系统自电源到建筑物内电气装置之间采用较经济的 TN-C 型式，对安全要求及抗电磁干扰要求较高的建筑物内部采用 TN-S 型式。虽然 PEN 导体产生的电压降导致整个建筑物电气装置对地电位有所升高，但由于建筑物内设有总等电位连接，但在电源接线点后保护导体即和中性导体分开，在建筑物电气装置内并没有出现电位差，因此，它的安全水平与 TN-S 系统是相仿的。

对 TN 系统，在同一电源供电的范围内，所有的 PE 导体或 PEN 导体都是连通的，因此，TN 系统内 PE 导体或 PFN 导体上的故障电压可在各个装置间互窜，对此需要采取等电位连接措施加以防范，以免故障电压的传导而引起事故。正因为如此，各类 TN 系统不宜用于路灯、施工场地、农业用电等无等电位连接的户外场所。

（二）TT 系统

TT 系统电源只有一点（中性点）直接接地，而电气装置的外露可导电部分是利用保护导体（PE）连接到独立于电源系统接地的接地极上，如图 1-10 所示。由于各装置的 PE 导体之间无电气联系，且与电源端的系统接地无关，因此，当电源侧或电气装置发生接地故障时，不会像 TN 系统那样沿 PE 导体或 PEN 导体在电气装置间传导和互窜，也不会发生一装置的

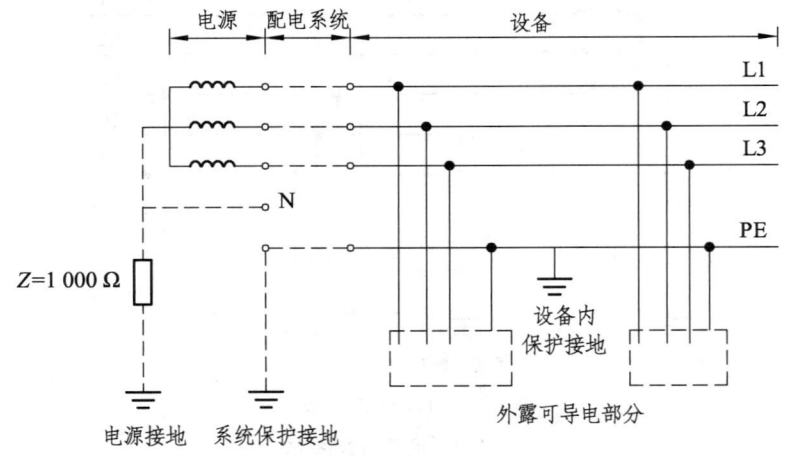

图 1-10 低压 TT 系统

故障在另一装置内引发电击事故,这是 TT 系统优于 TN 系统之处。因此,TT 系统能就地埋设接地极并引出 PE 导体,它不依赖等电位联结来消除由 PE 导体传导的电气事故,所以广泛应用于无等电位联结作用的户外装置,如路灯装置等。

但 TT 系统内发生接地故障时,故障电流通过设备内保护接地和系统保护接地两个接地电阻返回电源,由于这两个接地电阻的限制,故障电流不足以保障过电流保护电器有效动作,因此利用动作灵敏度高的剩余电流动作保护器来切断电源,但系统保护电器的设置趋于复杂化。

（三）IT 系统

IT 系统电源的所有带电部分都与地隔离,或有一点（中性点）通过阻抗接地,电气装置的外露可导电部分被单独或集中接地,如图 1-11 所示。

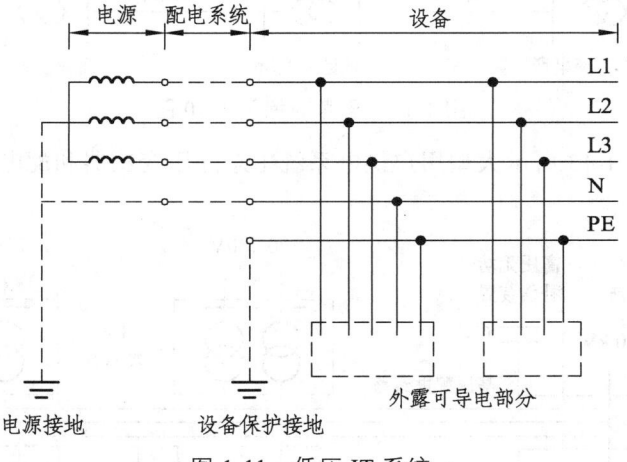

图 1-11　低压 IT 系统

在发生一个接地故障时,由于不具备故障电流返回电源的通路,其故障电流仅为两非故障相对地电容电流的相量和,其值很小,因此对地故障电压很低,不致引发人身电击、电气爆炸和火灾等事故,所以 IT 系统适宜于这类电气危险大的特殊场所。IT 系统在发生一个接地故障时不需要切断电源,因此它也适用于对供电不间断要求高的电气装置,如医院手术室、矿井下等。但 IT 系统一般不引出中性导体,需设置 380/220 V 降压变压器来提供照明、控制等需用的 220 V 电源,使得线路结构复杂化。

思考与练习

1-1　变电所和配电所各自的任务是什么?

1-2　水电站、火电站和核电站各采用什么一次能源?各自又是如何产生电能的?

1-3　什么叫电力系统和电力网?什么叫动力系统?

1-4　什么叫电力负荷?电力负荷分为哪几类?对供电质量分别有什么要求?

1-5　表征电能质量的指标是什么?我国采用的工频是什么?一般要求的频率偏差为多少?电压质量包括哪些内容?

1-6　我国规定的三相交流电网额定电压有哪些等级?电力变压器的额定一次电压为什

么有的高于供电电网标称电压 5%，有的又低于供电电网标称电压？电力变压器的额定二次电压为什么有的高于其二次电网标称电压10%，有的又只高于其二次电网标称电压 5%？

1-7 什么是电压偏差？电压偏差对电气设备的运行有什么影响？如何进行电压调整？

1-8 三相交流电力系统的电源中性点有哪些运行方式？中性点不直接接地的电力系统与中性点直接接地的电力系统在发生单相接地故障时各有什么特点？

1-9 低压配电系统中的中性线（N 线）、保护线（PE 线）和保护中性线（PEN 线）各有哪些功能？TN-C 系统、TN-S 系统、TN-C-S 系统各有什么特点？

1-10 试确定图 1-12 所示电力系统中各变压器的一次绕组、二次绕组的额定电压。

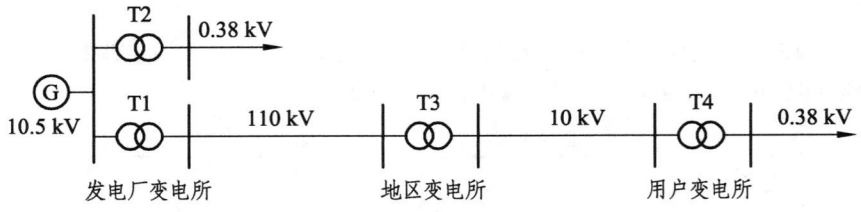

图 1-12 思考与练习 1-10 图

1-11 试确定图 1-13 所示大型用户供电系统中总降压变压器和配电变压器一、二次侧的额定电压。

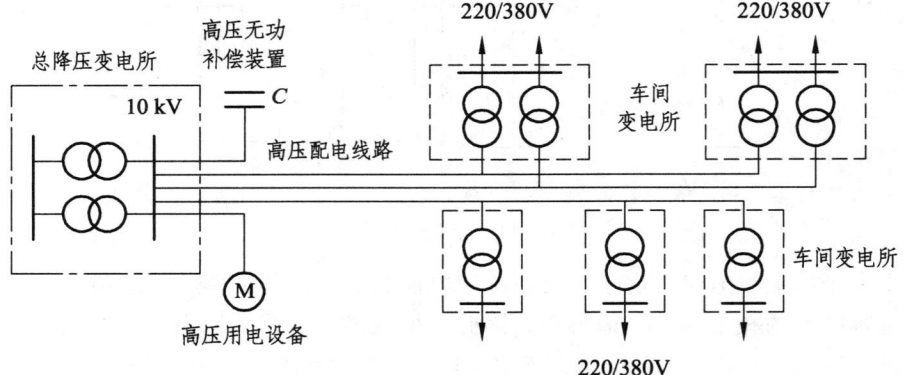

图 1-13 思考与练习 1-11 图

第二章　电力负荷及其计算

负荷计算是正确选择供配电系统中导线、电缆、开关电器、变压器等设备的基础，也是保障供配电系统安全可靠运行必不可少的环节。学会如何计算或估算电力负荷的大小非常重要。本章首先介绍负荷曲线的基本概念、类别及有关物理量，以及用电设备容量的确定方法；重点介绍负荷计算的方法和步骤；讨论功率损耗和电能损耗；并重点讨论功率因数对供配电系统的影响以及如何进行无功补偿。

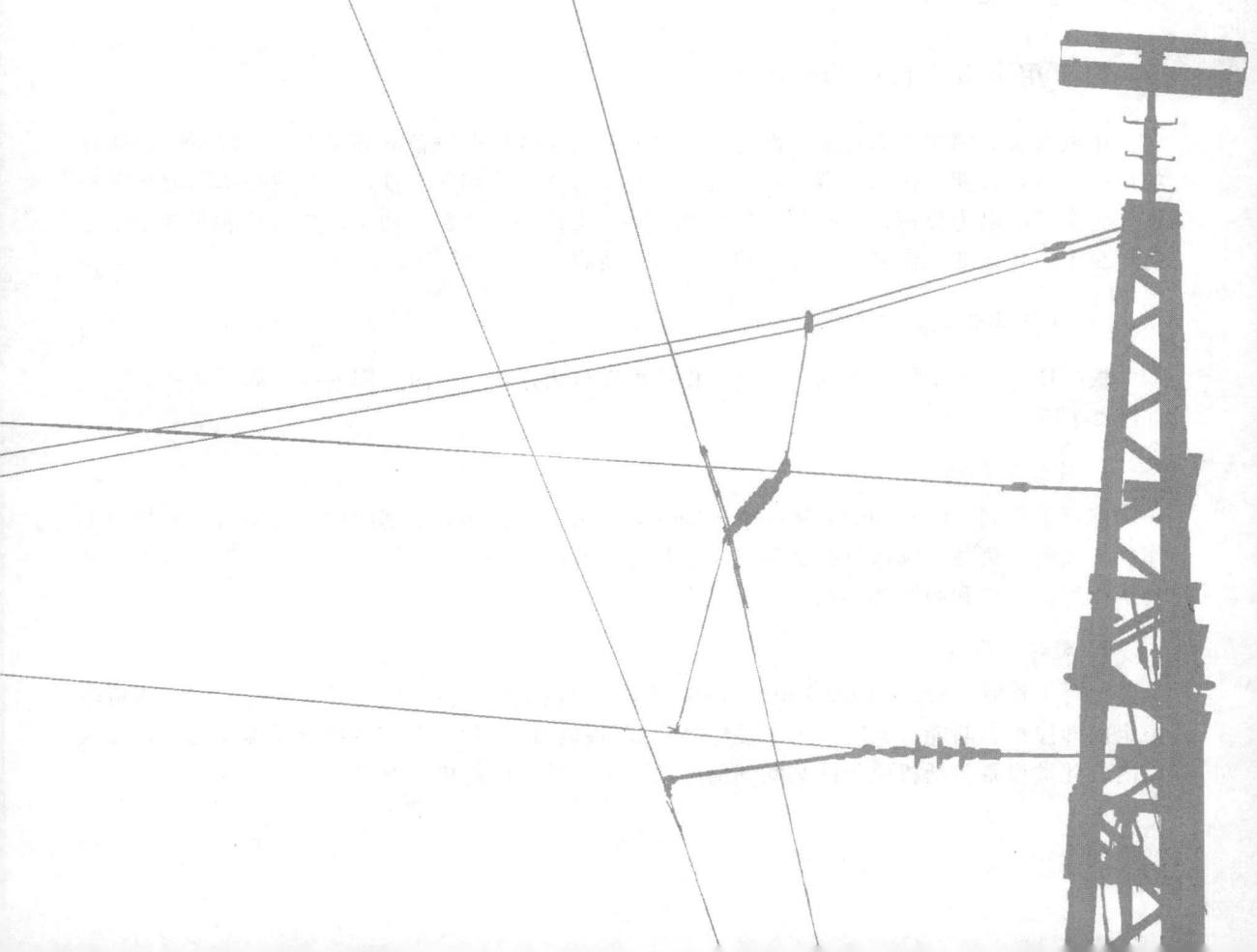

第一节　计算负荷与负荷曲线

一、计算负荷的概念和目的

电力系统中的各种用电设备所消耗的电功率称为电力负荷（Power Load），实际负荷通常是随机变动的。假设一个持续性的负荷，在一定时间间隔和特定效应上与实际负荷相等，这一计算过程就是负荷计算。这个假设的持续性的负荷就称为计算负荷。

计算负荷是用于按发热条件选择供电系统中各元件的依据。当系统在正常持续运行时，按计算负荷选择的电力变压器、高低压电器和电线电缆，其发热温度不得超出允许值或影响其使用寿命。

计算负荷是供电系统设计计算的基本依据。如果计算负荷过大，将使设备和导线选择偏大，造成投资和有色金属的浪费；计算负荷过小，又将使设备和导线选择偏小，造成运行时过热，增加电能损耗和电压损失，甚至使设备和导线烧毁，造成事故。可见，正确确定计算负荷具有重要意义。在实际应用中负荷情况很复杂，影响计算负荷的因素很多，它与设备的性能、生产的组织及能源供应的状况等多种因素有关，因此，准确确定计算负荷十分困难，负荷计算也只能力求接近实际。

二、用电设备容量的确定

用电设备的铭牌上都有一个额定功率，但是由于各用电设备的额定工作条件不同，如有的用电设备是长期工作制，有的是短时工作制。因此这些铭牌上规定的额定功率不能直接相加作为全厂的电力负荷，而必须首先换算成同一工作制下的额定功率，然后才能相加。经过换算至统一规定的工作制下的额定功率称为设备容量。

（一）用电设备的工作制

根据用电设备工作性质的不同，工作制可以分为连续、短时、周期或非周期几种类型，如图 2-1 所示。

1. 连续工作制

连续工作制（Continuous Running Duty）是指设备在无规定期限的长时间内是恒载的工作制，在恒定负载连续运行时达到热稳定状态。此类设备有通风机、水泵、空气压缩机、电动扶梯等。电炉和照明器也属于连续工作制。

2. 短时工作制

短时工作制（Short-Time Duty）是指设备在恒定负载下按规定的时间运行，在未达到热稳定前即停机和断能，其时间足以使电动机或冷却器冷却到与最终冷却介质温度之差在 2 K 以内。此类设备包括机床上的某些辅助电动机（如进给电动机、升降电动机）等。

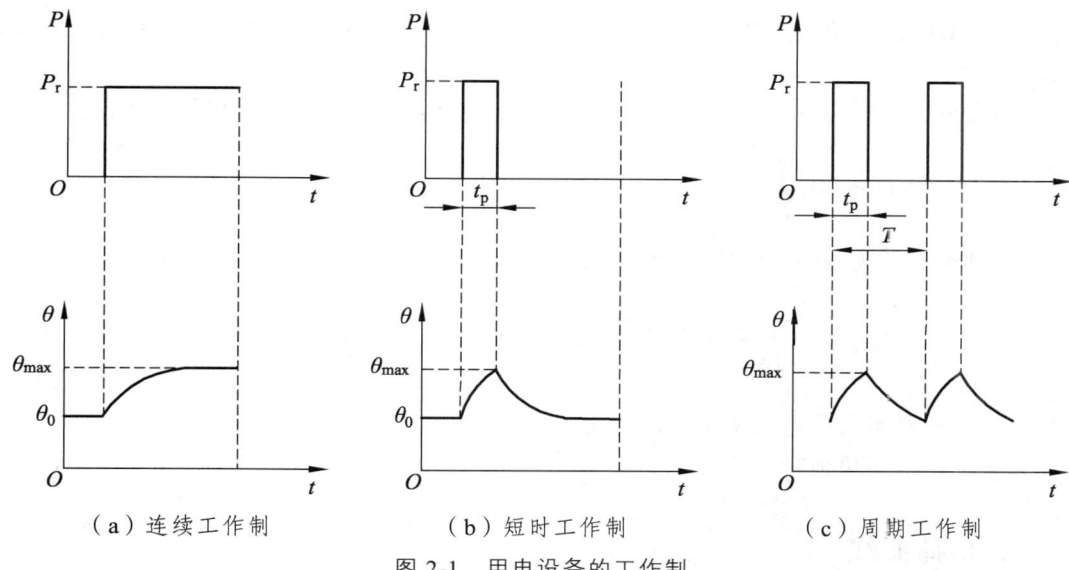

（a）连续工作制　　　（b）短时工作制　　　（c）周期工作制

图 2-1　用电设备的工作制

3. 周期工作制

周期工作制（Intermittent Periodic Duty）是指设备按一系列相同的工作周期运行，每一周期由一段恒定负载运行时间和一段停机并断能时间组成，但在每一周期内运行时间较短，不足以使设备达到热稳定，且每一周期的启动电流对温升无明显影响。这类设备的工作周期一般不超过 10 min，如电焊机和起重机械。

周期工作制的设备，可用负荷持续率来表征其工作特征。负荷持续率为工作周期中的负荷（包括起动与制动在内）持续时间与整个周期的时间之比，以百分数表示，即

$$\varepsilon = \frac{t_p}{T} \times 100\% = \frac{t_p}{t_p + t_0} \times 100\% \tag{2-1}$$

式中：T —— 工作周期；

　　　t_p —— 周期内的工作时间；

　　　t_0 —— 周期内的关停时间。

（二）设备容量的确定

1. 连续工作制的设备功率

连续工作制的设备功率，一般取所有设备铭牌上标示的额定功率 P_r 之和。当用电设备的额定值为视在功率时，应换算为有功功率。

照明设备的功率为光源的额定功率加上附属设备（如镇流器）的额定功率。统计建筑消防设备总功率时，正常不工作的建筑消防设备与火灾时必须切除的设备取其大者计入设备总功率，季节性负荷如空调制冷设备与采暖设备取其大者计入设备总功率。

2. 周期工作制和短时工作制的设备功率

周期工作制和短时工作制的设备，其电流通过导体时的发热，与恒定电流的发热不同。

应把这些设备的额定功率换算为等效的连续工作制的设备功率（有功功率），才能与其他负荷相加。

根据发热量相等的原则，可以推导出设备功率与负荷持续率的平方根值成正比，即

$$P_e = P_r \sqrt{\frac{\varepsilon_r}{\varepsilon}} \tag{2-2}$$

当把设备功率统一换算到负荷持续率 $\varepsilon = 100\%$ 时，则

$$P_e = P_r \sqrt{\frac{\varepsilon_r}{\varepsilon_{100}}} = P_r \sqrt{\varepsilon_r} = S_r \cos\varphi \sqrt{\varepsilon_r} \tag{2-3}$$

式中：P_r——额定负荷持续率下的额定功率；
ε_r——额定负荷持续率。

三、负荷曲线

负荷曲线（Load Curve）是表征电力负荷随时间变动情况的图形，纵坐标表示负荷功率，横坐标表示负荷变动所对应的时间。负荷曲线按负荷对象分为工厂级、车间级、设备级的负荷曲线；按负荷的功率性质分为有功和无功负荷曲线；按所表示的负荷变动时间分为年、月、日或最大负荷工作班的负荷曲线。图 2-2 所示是一班制企业的日有功负荷曲线。

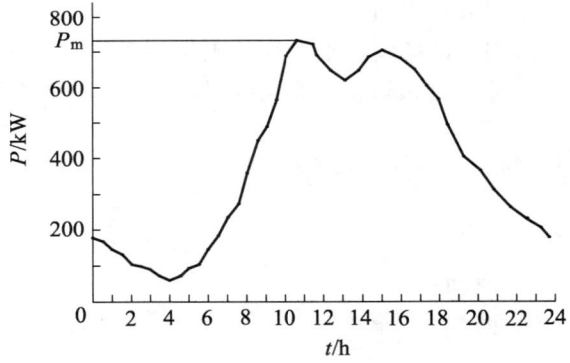

图 2-2 一班制企业日有功负荷曲线

为了便于确定计算负荷，绘制负荷曲线采用的时间间隔通常取 30 min，这是考虑到对于较小截面积的载流导体而言，30 min 的时间已能使之接近稳定温升。对于较大截面积的导体发热，显然有足够的裕量。另外，确定计算负荷的有关系数，一般依据用电设备组最大负荷工作班的负荷曲线，所谓最大负荷工作班并不是指偶然出现的，而是每月至少应出现 2~3 次。

年负荷曲线通常是根据典型的冬日和夏日负荷曲线来绘制的。这种曲线的负荷从大到小依次排列，反映了全年负荷变动与对应的负荷持续时间（全年 8 760 h）的关系。这种年负荷曲线全称为年负荷持续时间曲线，如图 2-3 所示。另一种年负荷曲线，是按全年每日的最大半小时平均负荷来绘制的，又称为年每日最大负荷曲线，这种年负荷曲线主要用来确定经济

运行方式，即用来确定何段时间宜多投入变压器台数而另一段时间又宜少投入变压器台数，使供电系统的能耗达到最小，以获得最大的经济效益。

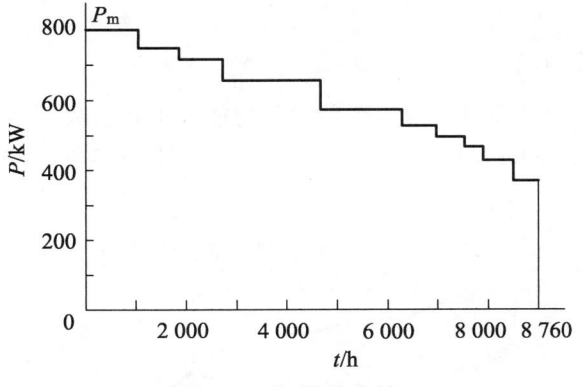

图 2-3　年负荷曲线

根据年负荷曲线可以查得年最大负荷 P_m，即全年中有代表性的最大负荷班的半小时最大负荷，因此也可用 P_{30} 表示。从发热等效的观点来看，计算负荷实际上与年最大负荷是基本相当的。所以，计算负荷也可以认为就是年最大负荷，即 $P_e = P_m = P_{30}$。

年平均负荷 P_{av} 曲线如图 2-4 所示，表示电力负荷在全年时间内平均耗用的功率，即

$$P_{av} = \frac{W_a}{8760} \tag{2-4}$$

式中：W_a——全年耗用的电能。

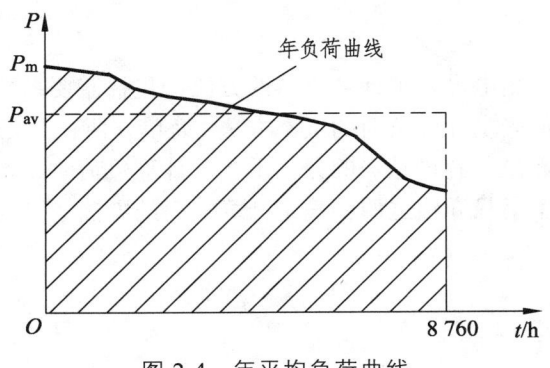

图 2-4　年平均负荷曲线

通常将年平均负荷 P_{av} 与最大负荷的比值称为负荷曲线填充系数，用 α 表示，即

$$\alpha = \frac{P_{av}}{P_m} \tag{2-5}$$

负荷曲线填充系数表征了负荷曲线不平坦的程度，即负荷变动的程度。从发挥整个电力系统效能来说，就是要将起伏波动的负荷曲线"削峰填谷"，尽量设法提高 α 值，因此系统在运行中必须实行负荷调整。

年最大负荷利用小时数 T_{max} 是假设电力负荷按年最大负荷 P_m 持续运行时，在此时间内电

力负荷所耗用的电能 W_a 与电力负荷全年实际耗用的电能相同，如图 2-5 所示。因此，年最大负荷利用小时数是一个假想时间，有

$$T_{\max}=\frac{W_a}{P_m} \qquad (2\text{-}6)$$

年最大负荷利用小时数是反映电力负荷时间特征的重要参数，它与企业的班制有关，例如一班制企业 $T_{\max}=1\,800\sim3\,000\,\text{h}$；两班制企业 $T_{\max}=3\,500\sim4\,500\,\text{h}$，三班制企业 $T_{\max}=5\,000\sim7\,500\,\text{h}$。

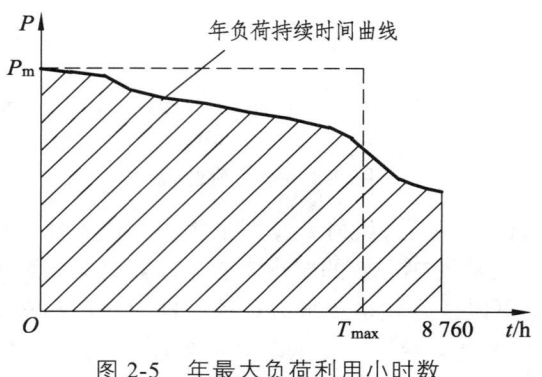

图 2-5　年最大负荷利用小时数

第二节　三相用电设备组的计算负荷

目前普遍采用的确定用电设备组计算负荷的方法，包括需要系数法和二项式法。需要系数法是国际上普遍采用的确定计算负荷的基本方法，简单方便。二项式法应用的局限性较大，但在确定设备台数较少而设备容量悬殊的分支干线的计算负荷时，采用二项式法更为合理，且计算也较简便。因此本书只介绍这两种确定计算负荷的方法。

一、需要系数法

需要系数定义为：

$$K_d=\frac{P_m}{P_e} \qquad (2\text{-}7)$$

式中：P_m——某最大负荷工作班组用电设备的半小时最大负荷；
　　　P_e——某最大负荷工作班组用电设备的设备功率。

需要系数的大小取决于用电设备组中设备的负荷率、设备的平均效率、设备的同时利用系数以及电源线路的效率等因素。实际上，人工操作的熟练程度、材料的供应、工具的质量等随机因素，都对 K_d 有影响，所以 K_d 只能靠测量统计确定。

（一）一组用电设备的计算负荷

按需要系数法确定三相用电设备组计算负荷的基本公式如下。

有功计算负荷（kW）

$$P_c = P_m = K_d P_e \tag{2-8}$$

无功计算负荷（kvar）

$$Q_c = P_c \tan\varphi \tag{2-9}$$

视在计算负荷（kV·A）

$$S_c = \frac{P_c}{\cos\varphi} \tag{2-10}$$

计算电流（A）

$$I_c = \frac{S_c}{\sqrt{3}U_n} \tag{2-11}$$

式中：U_n——用电设备所在电网的标称电压（kV）。

例 2-1 已知某机修车间的金属切削机床组，包含 380 V AC 的三相电动机 2 台 22 kW，6 台 7.5 kW，12 台 4 kW，6 台 1.5 kW。试用需要系数法确定其计算负荷 P_c、Q_c、S_c 和 I_c。

解： 此机床组电动机的总功率为

$$P_e = \sum P_{N,i} = 22\ \text{kW} \times 2 + 7.5\ \text{kW} \times 6 + 4\ \text{kW} \times 12 + 1.5\ \text{kW} \times 6 = 146\ \text{kW}$$

查"附录表 1 工业用电设备组的需要系统及功率因数"中的"小批生产的金属冷加工机床"可得，$K_d = 0.12 \sim 0.16$（取 0.16），$\cos\varphi = 0.5$，$\tan\varphi = 1.73$。

有功计算负荷

$$P_c = K_d P_e = 0.16 \times 146\ \text{kW} = 23.36\ \text{kW}$$

无功计算负荷

$$Q_c = P_c \tan\varphi = 23.26\ \text{kW} \times 1.73 = 40.41\ \text{kvar}$$

视在计算负荷

$$S_c = \frac{P_c}{\cos\varphi} = \frac{23.36\ \text{kW}}{0.5} = 46.72\ \text{kV·A}$$

计算电流

$$I_c = \frac{S_c}{\sqrt{3}U_n} = \frac{46.72\ \text{kV·A}}{\sqrt{3} \times 0.38\ \text{kV}} = 70.98\ \text{A}$$

（二）多组用电设备的计算负荷

在确定多组用电设备的干线上或变电所低压母线上的计算负荷时，应考虑各组用电设备的最大负荷不同时出现的影响因素。因此，在确定低压干线上或低压母线上的计算负荷时，可结合具体情况对其有功和无功计算负荷计入一个同时系数。

对于低压干线，可取 $K_{\Sigma p}=0.80\sim1.0$，$K_{\Sigma q}=0.90\sim1.0$。

对于低压母线，由用电设备组的各计算负荷直接相加来计算时，可取 $K_{\Sigma p}=0.75\sim0.9$，$K_{\Sigma q}=0.80\sim0.95$。由干线负荷直接相加来计算时，可取 $K_{\Sigma p}=0.90\sim1.0$，$K_{\Sigma q}=0.93\sim1.0$。

系数 $K_{\Sigma p}$ 和 $K_{\Sigma q}$ 的具体大小应根据计算范围及具体工程性质的不同而相应选择。根据设计经验，确定民用建筑多组用电设备的计算负荷时所取的同时系数值，一般比确定工厂多组用电设备的计算负荷时所取的同时系数值相应低些。如图 2-6 所示。

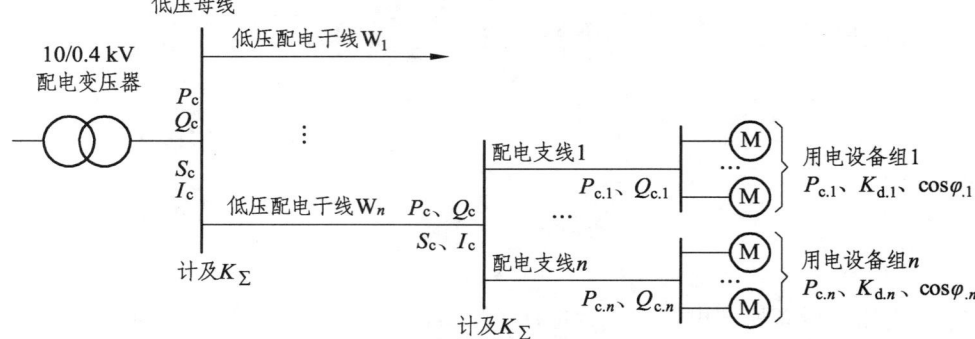

图 2-6 多组用电设备计算负荷的确定

总的有功计算负荷

$$P_c = K_{\Sigma p}\sum P_{c.i} \tag{2-12}$$

总的无功计算负荷

$$Q_c = K_{\Sigma q}\sum Q_{c.i} \tag{2-13}$$

总的视在计算负荷

$$S_c = \sqrt{P_c^2 + Q_c^2} \tag{2-14}$$

总的计算电流按式（2-11）计算。

由于各组设备的 $\cos\varphi$ 不一定相同，因此总的视在计算负荷或计算电流不能用各组的视在计算负荷或计算电流直接相加来计算。

例 2-2 某企业车间有冷加工机床电动机 50 台共 305 kW，另有生产用通风机 15 台共 45 kW，点焊机 3 台共 19 kW（$\varepsilon=20\%$）。试确定线路上总的计算负荷。

解：先求各组用电设备的计算负荷再求总的计算负荷。

（1）冷加工机床电动机组：查附录表 1 得 $K_d=0.17\sim0.20$（取 0.20），$\cos\varphi=0.5$，$\tan\varphi=1.73$，因此

$$P_{c.1} = K_{d.1}\cdot P_{e.1} = 0.20\times305\text{ kW} = 61.0\text{ kW}$$
$$Q_{c.1} = P_{c.1}\cdot\tan\varphi = 61.0\text{ kW}\times1.73 = 105.5\text{ kvar}$$

（2）通风机组：查附录表 1 得 $K_d=0.75\sim0.85$（取 0.80），$\cos\varphi=0.8\sim0.85$（取 0.8），$\tan\varphi=0.62\sim0.75$（取 0.75），因此

$$P_{c.2} = K_{d.2} \cdot P_{e.2} = 0.80 \times 45 \text{ kW} = 36.0 \text{ kW}$$
$$Q_{c.2} = P_{c.2} \cdot \tan\varphi = 36.0 \text{ kW} \times 0.75 = 27.0 \text{ kvar}$$

（3）点焊机组：查附录表 1 得 $K_d = 0.35$，$\cos\varphi = 0.60$，$\tan\varphi = 1.33$，由于点焊机的负荷持续率是 20%，须先把其负荷持续率换算到 100%下的设备功率，然后再参与计算。

$$P_{e.3} = 19 \text{ kW} \times \sqrt{20\%} = 8.5 \text{ kW}$$
$$P_{c.3} = K_{d.3} \cdot P_{e.3} = 0.35 \times 8.5 \text{ kW} = 3.0 \text{ kW}$$
$$Q_{c.3} = P_{c.3} \cdot \tan\varphi = 3.0 \text{ kW} \times 1.33 = 4.0 \text{ kvar}$$

（4）总计算负荷：取 $K_{\Sigma p} = 0.95$，$K_{\Sigma q} = 0.97$，因此有

$$P_c = K_{\Sigma p} \sum P_{c.i} = 0.95(61.0 + 36.0 + 3.0) \text{ kW} = 95.0 \text{ kW}$$
$$Q_c = K_{\Sigma q} \sum Q_{c.i} = 0.97(105.5 + 27.0 + 4.0) \text{ kvar} = 132.4 \text{ kvar}$$
$$S_c = \sqrt{P_c^2 + Q_c^2} = \sqrt{95.0^2 + 132.4^2} \text{ kV} \cdot \text{A} = 163.0 \text{ kV} \cdot \text{A}$$
$$I_c = \frac{S_c}{\sqrt{3}U_n} = \frac{163.0 \text{ kV} \cdot \text{A}}{\sqrt{3} \times 0.38 \text{ kV}} = 247.7 \text{ A}$$

在工程设计过程中，为方便审核，负荷计算过程常采用计算表格形式，如表 2-1 所示。

表 2-1　例 2-2 的计算负荷

序号	用电设备名称	台数	设备功率 P_e/kW	K_d	$\cos\varphi$	$\tan\varphi$	计算负荷			
							P_c/kW	Q_c/kvar	S_c/kV·A	I_c/A
1	机床电机	50	305	0.16	0.5	1.73	61.0	105.5	—	—
2	通风机	15	45	0.8	0.8	0.75	36.0	27.0	—	—
3	点焊机	3	19（20%） 8.5（100%）	0.25	0.60	1.33	3.0	4.0	—	—
总计		—	—	—	—	—	100	136.5		
		取 $K_{\Sigma p} = 0.95$，$K_{\Sigma q} = 0.97$		0.58	—	95.0	132.4	163.0	247.7

二、二项式法

二项式法计算负荷的特点是考虑到了多台电气设备组中有少数容量特别大的设备的影响。因此在计算电气设备台数较少，而容量差别较大的低压分支线和干线时，用需要系数法计算的结果一般偏小，而用二项式方法就比较合适。

（一）单组用电设备组的计算负荷

$$P_c = bP_{e\Sigma} + cP_x \quad (2\text{-}15)$$

式中：b、c —— 二项式系数，查附录表 5 可得；

$bP_{e\Sigma}$ —— 用电设备组的平均功率，其中 $P_{e\Sigma}$ 为该用电设备组的设备总容量；

cP_x —— 每组用电设备组中 x 台容量较大的设备投入运行时增加的附加负荷，其中 P_x

为 x 台容量最大设备的总容量，查附录表 5 可得。

（二）多组用电设备组的计算负荷

在确定多组用电设备组的总计算负荷时，同样需要考虑各组用电设备的最大负荷不同时出现的因素，故只能在各组用电设备中取一组最大的附加负荷，再加上各组用电设备的平均负荷，即

$$P_c = \sum(bP_{e\Sigma})_i + (cP_x)_{\max} \quad (2\text{-}16)$$

$$Q_c = \sum(bP_{e\Sigma}\tan\varphi)_i + (cP_x)_{\max}\tan\varphi_{\max} \quad (2\text{-}17)$$

式中：$(cP_x)_{\max}$——附加负荷最大的一组设备的附加负荷；

$\tan\varphi_{\max}$——最大附加负荷设备组的平均功率因数角的正切值，查附录表 5 可得。

例 2-3 某机修车间的 380 V AC 线路上，有金属切削机床电动机 20 台共 50 kW，其中较大容量电动机有 2 台 7.5 kW，2 台 4 kW，2 台 2.2 kW，另有通风机 2 台共 2.4 kW，电阻炉 1 台 2 kW，试求计算负荷。

解： 首先求出各组的平均功率 bP_e 和附加负荷 cP_x。

（1）金属切削机床电动机组：查附录表 1 得 $\cos\varphi = 0.5$，$\tan\varphi = 1.73$；查附录表 5 得 $b = 0.14$，$c = 0.4$，$x = 5$。则

$$(bP_{e\Sigma})_1 = 0.14 \times 50 \text{ kW} = 7 \text{ kW}$$

$$(cP_x)_1 = 0.4(7.5 \text{ kW} \times 2 + 4 \text{ kW} \times 2 + 2.2 \text{ kW} \times 1) = 10.08 \text{ kW}$$

（2）通风机组：查附录表 1 得 $\cos\varphi = 0.8$，$\tan\varphi = 0.75$；查附录表 5 得 $b = 0.65$，$c = 0.25$，$x = 2$。则

$$(bP_{e\Sigma})_2 = 0.65 \times 2.4 \text{ kW} = 1.56 \text{ kW}$$

$$(cP_x)_2 = 0.25 \times 2.4 \text{ kW} = 0.6 \text{ kW}$$

（3）电阻炉：查附录表 1 得 $\cos\varphi = 1$，$\tan\varphi = 0$；查附录表 5 得 $b = 0.7$，$c = 0$，$x = 1$。则

$$(bP_{e\Sigma})_3 = 0.7 \times 2 \text{ kW} = 1.4 \text{ kW}$$

$$(cP_x)_3 = 0$$

显然，第一组用电设备的附加负荷最大，因此总计算负荷为

$$P_c = \sum(bP_{e\Sigma})_i + (cP_x)_{\max} = (7 + 1.56 + 1.4) \text{ kW} + 10.08 \text{ kW} = 20.04 \text{ kW}$$

$$Q_c = \sum(bP_{e\Sigma}\tan\varphi)_i + (cP_x)_1\tan\varphi_1$$

$$= (7 \text{ kvar} \times 1.73 + 1.56 \text{ kvar} \times 0.75 + 0) + 10.08 \text{ kvar} \times 1.73$$

$$= 30.72 \text{ kvar}$$

$$S_c = \sqrt{P_c^2 + Q_c^2} = \sqrt{20.04^2 + 30.72^2} \text{ kV·A} = 36.68 \text{ kV·A}$$

$$I_c = \frac{S_c}{\sqrt{3}U_n} = \frac{36.68 \text{ kV·A}}{\sqrt{3} \times 0.38 \text{ kV}} = 55.73 \text{ A}$$

从计算结果可以看出，由于二项式系数法考虑了用电设备中几台功率较大的设备工作时对负荷影响的附加功率，计算结果比按需要系数法的计算结果偏大，所以一般适用于低压配

电支干线和配电箱的负荷计算。而需要系数法比较简单，该系数是按照车间及以上的负荷情况来确定，适用于变配电所的负荷计算。

第三节 单相用电设备组的计算负荷

除了三相用电设备外，用户还广泛使用各种单相用电设备。单相设备连接到三相线路中，应尽可能地使三相负荷平衡。如果三相线路中单相设备的总功率不超过三相设备总功率的15%，则不论单相设备如何分配，单相设备可与三相设备综合起来按三相负荷平衡计算。如果单相设备功率超过三相设备功率的15%，则应将单相设备功率换算为等效三相设备功率，再与三相设备功率相加。对于单个功率小而数量多的灯具和其他用电器具，容易均衡地被分配到三相线路中，可视同三相设备。

一、接于相电压的单相设备功率换算

按最大负荷相所连接的单相设备功率 $P_{e.mph}$ 乘以 3 来计算，其等效三相设备功率为

$$P_e = 3P_{e.mph} \tag{2-18}$$

二、接于线电压的单相设备功率换算

由于容量为 $P_{e.ph}$ 的单相设备接在线电压上产生的电流 $I = P_{e.ph}/(U_n \cos\varphi)$，这一电流应与等效三相功率 P_e 产生的电流 $I' = P_e/(U_n \cos\varphi)$ 相等，因此其等效三相设备功率为

$$P_e = \sqrt{3}P_{e.ph} \tag{2-19}$$

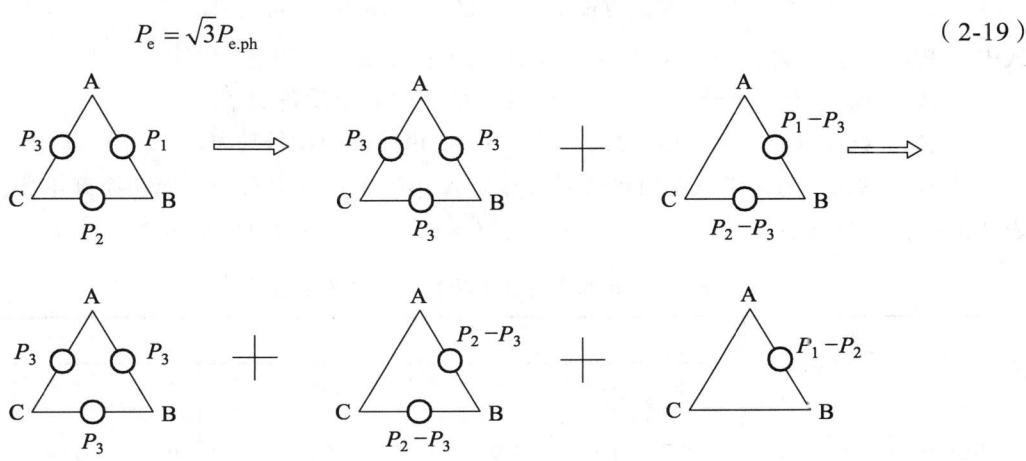

图 2-7 接于不同线电压的单相负荷等效变换

三、单相设备接于不同线电压时的计算

如图 2-7 所示，设 $P_1 > P_2 > P_3$，且 $\cos\varphi_1 \neq \cos\varphi_2 \neq \cos\varphi_3$，$P_1$ 接于 U_{AB}，P_2 接于 U_{BC}，P_3 接

于 U_{CA}。按等效发热原理，可等效为三种接线的叠加：

（1）U_{AB}、U_{BC}、U_{CA} 间各接 P_3，其等效三相容量为 $3P_3$；

（2）U_{AB}、U_{BC} 间各接 P_2-P_3，其等效三相容量为 $3(P_2-P_3)$；

（3）U_{AB} 间接 P_1-P_2，其等效三相容量为 $\sqrt{3}(P_1-P_2)$。

由此可得 P_1、P_2、P_3 接于不同线电压时的等效三相设备功率为

$$P_e = \sqrt{3}P_1 + (3-\sqrt{3})P_2 \tag{2-20}$$

$$Q_e = \sqrt{3}P_1 \tan\varphi_1 + (3-\sqrt{3})P_2 \tan\varphi_2 \tag{2-21}$$

此时的等效三相计算负荷同样按需要系数法计算。

四、单相设备分别接于线电压和相电压时的计算负荷

首先应将接于线电压的单相设备功率换算为接于相电压的单相设备功率，然后分相计算各相的设备功率，并按需要系数法计算其计算负荷，而总的等效三相有功计算负荷为其最大有功负荷相的有功计算负荷的 3 倍，总的等效三相无功计算负荷为其最大有功负荷相的无功计算负荷的 3 倍。

将接于线电压的单相设备功率换算为接于相电压的单相设备功率，换算过程如下。

A 相
$$P_A = p_{AB-A}P_{AB} + p_{CA-A}P_{CA}\;;\quad Q_A = q_{AB-A}P_{AB} + q_{CA-A}P_{CA}$$

B 相
$$P_B = p_{BC-B}P_{BC} + p_{AB-B}P_{AB}\;;\quad Q_B = q_{BC-B}P_{BC} + q_{BC-B}P_{AB}$$

C 相
$$P_C = p_{CA-C}P_{CA} + p_{BC-C}P_{BC}\;;\quad Q_C = q_{CA-C}P_{CA} + q_{BC-C}P_{BC}$$

式中：P_{AB}、P_{BC}、P_{CA} ——接于 AB、BC、CA 相间的有功设备功率；

P_A、P_B、P_C ——换算为接于 A、B、C 相的有功设备功率；

Q_A、Q_B、Q_C ——换算为接于 A、B、C 相的无功设备功率。

p_{AB-A}、q_{AB-A} 为接于 AB 相间功率换算为 A 相设备功率的有功和无功换算系数，取值如表 2-2 所示。P_{BC-B}、q_{BC-B}、P_{CA-C}、q_{CA-C}、P_{AB-B}、q_{AB-B}…的取值如表 2-2 所示。

表 2-2 相间负荷换算相负荷的功率换算系数

功率换算系数	负荷功率因数								
	0.35	0.4	0.5	0.6	0.65	0.7	0.8	0.9	1.0
p_{AB-A}、p_{BC-B}、p_{CA-C}	1.27	1.17	1.0	0.89	0.84	0.8	0.72	0.64	0.5
p_{AB-B}、p_{BC-C}、p_{CA-A}	−0.27	−0.17	0	0.11	0.16	0.2	0.28	0.36	0.5
q_{AB-A}、q_{BC-B}、q_{CA-C}	1.05	0.86	0.58	0.38	0.3	0.22	0.09	−0.05	−0.29
q_{AB-B}、q_{BC-C}、q_{CA-A}	1.63	1.44	1.16	0.96	0.88	0.8	0.67	0.53	0.29

第四节　无功功率补偿

电力系统在运行过程中，无论是公用还是民用，都存在大量感性负载，如工厂中的感应电动机、电焊机等，致使电网无功功率增加，对电网的安全经济运行及电气设备的正常工作产生一系列危害，使负载功率因数降低，供配电设备使用效能得不到充分发挥，设备的附加功耗增加。

视频：无功功率补偿

如果在充分发挥设备潜力、改善设备运行性能、提高其自然功率因数的情况下，仍达不到规定的功率因数要求，则需采用人工手段进行无功功率补偿。

图 2-8 表示采取无功功率补偿、提高功率因数时，无功功率和视在功率的变化（有功功率固定不变的条件下）。当采取无功功率补偿使功率因数由 $\cos\varphi$ 提高到 $\cos\varphi'$ 时，无功功率 Q_C 和视在功率 S_C 将分别减小为 Q_C' 和 S_C'（P_C 不变的条件下），从而使负荷电流相应减小。这就使得供电系统的电能损耗和电压损失降低，并可选用较小容量的电力变压器、开关设备和较小截面积的电线电缆，减少投资和节约有色金属。因此采取无功功率补偿、提高功率因数对整个供电系统具有重要意义。

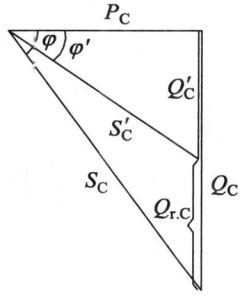

图 2-8　无功补偿原理

一、无功补偿容量的确定

当自然功率因数达不到要求时，需装设无功补偿装置。由图 2-8 可知最大负荷时的无功补偿容量应为

$$Q_{r.C} = Q_C - Q_C' = P_C(\tan\varphi - \tan\varphi') \tag{2-22}$$

由式（2-22）得到的无功补偿容量为最大负荷时所需的容量，当负荷减小时，补偿容量也应相应减小，以免造成过补偿。因此，无功补偿装置通常装设无功功率自动补偿控制器，根据负荷的变化相应投切电容器组数，使功率因数、电压偏差等各项指标满足系统运行的要求。

在设计供电系统方案时，若不具备计算条件，无功补偿容量也可按变压器容量的 15%～30% 进行估算。

二、无功补偿装置的装设方式

用户供电系统中，无功补偿装置的装设方式一般有三种：集中补偿（包括高压集中补偿和低压集中补偿）、分组补偿和末端（就地）补偿。以并联电容器为例，其装设方式和补偿效果如图 2-9 所示。

（一）集中补偿

集中补偿是指将无功功率补偿装置安装在变电所配电母线上进行无功功率补偿的方式。

集中补偿装置利用率高、便于运行维护管理，能对企业高压侧的无功功率进行有效补偿，以满足企业电源侧功率因数的要求。高压集中补偿主要用于补偿高压用电设备部分的无功功率，也用于补偿总降压变压器的无功功率损耗。低压集中补偿方式的效果较高压集中补偿方式好，可直接补偿低压侧的无功功率，特别是它能减少变压器的视在功率，从而可使主变压器容量选得较小，可广泛应用于实际工程中。但集中补偿不能减少配电母线至用电设备端的无功电流引起的损耗。

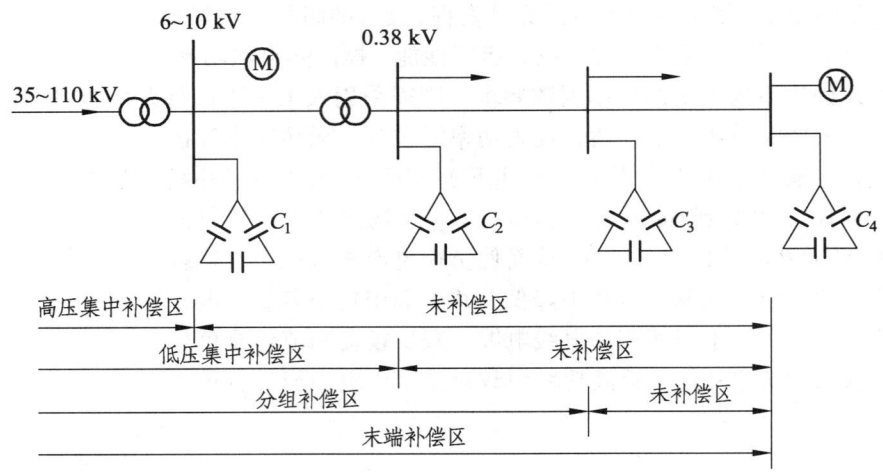

图 2-9　并联电容器组安装位置和补偿效果

（二）分组补偿

分组补偿是指将无功功率补偿装置安装在功率因数较低的用电单元或母线上，对供配电系统中的一部分（区域）无功功率进行分段（区域）补偿的方式。分组补偿可降低配电线路的损耗，补偿效果优于集中补偿。不过对于供配电系统中基本无功功率的补偿，仍宜采用集中补偿的方式。只是采用分组补偿后，集中补偿装置的容量可相应降低。

（三）末端补偿

末端补偿是指将无功功率补偿装置直接安装在感性用电设备附近，对其单独就地进行无功功率补偿的方式。显然，末端补偿效果最好，应优先采用。但这种补偿方式总投资较大，且电容器组在被补偿的设备停止运用时，它也将一并被切除，因此其利用率较低。这种就地补偿方式特别适用于负荷平稳、长期运行而容量又大的设备，如大型感应电动机、高频电炉等；也适用于容量虽小但数量多而分散且长期稳定运行的设备，如荧光灯、高压汞灯、高压钠灯等。

在供电工程中，需综合考虑采用上述三种补偿方式，以求经济合理地达到总的无功功率补偿要求，使用户电源进线处在最大负荷时的功率因数不低于规定值。

例 2-4　某用户 10 kV 变电所低压侧的计算负荷为 800 kW+j480 kvar，若欲使低压侧的功率因数达到 0.97，则在低压侧进行补偿的并联电容器无功自动补偿装置容量是多少？并选择电容器组数及每组容量。

解：（1）求补偿前的视在计算负荷及功率因数。

视在计算负荷 $S_\mathrm{c} = \sqrt{P_\mathrm{c}^2 + Q_\mathrm{c}^2} = \sqrt{800^2 + 480^2}\ \mathrm{kV\cdot A} = 933.0\ \mathrm{kV\cdot A}$

功率因数 $\cos\varphi = \dfrac{P_\mathrm{c}}{S_\mathrm{c}} = \dfrac{800\ \mathrm{kW}}{933.0\ \mathrm{kV\cdot A}} = 0.857$

（2）确定无功补偿容量。

$$\begin{aligned}Q_\mathrm{r.c} &= Q_\mathrm{c} - Q_\mathrm{c}' = P_\mathrm{c}(\tan\varphi - \tan\varphi')\\ &= 800\ \mathrm{kW}\times(\tan\arccos 0.857 - \tan\arccos 0.97) = 280.5\ \mathrm{kvar}\end{aligned}$$

（3）选择电容器组数及每组容量。考虑到无功自动补偿控制器可控制电容器投切的回路数为 4、6、8、10、12，故选择成套并联电容器组，安装的电容器组数为 12 组，则单组容量为

$$q_\mathrm{r.C} = \dfrac{Q_\mathrm{r.C}}{n} = \dfrac{280.5\ \mathrm{kvar}}{12} = 23.4\ \mathrm{kvar}$$

查附录表 6，选择 BSMJ0.4-25-3 型自愈式并联电容器，单组容量 25 kvar，总容量 300 kvar，则补偿后的计算负荷和功率因数为

$$S_\mathrm{c} = \sqrt{P_\mathrm{c}^2 + (Q_\mathrm{c} - Q_\mathrm{r.c})^2} = \sqrt{800^2 + (480-300)^2}\ \mathrm{kV\cdot A} = 820\ \mathrm{kV\cdot A}$$

$$\cos\varphi = \dfrac{P_\mathrm{c}}{S_\mathrm{c}} = \dfrac{800\ \mathrm{kW}}{820\ \mathrm{kV\cdot A}} = 0.976$$

满足设计要求。

第五节　供电系统的计算负荷

一、供电系统的功率损耗

供电系统在运行中，由于电力变压器和电力线路具有阻抗，因此在电能的传输和分配过程中不可避免地产生损耗，所以在计算供电系统的计算负荷时，应把此部分损耗计入总计算负荷。

（一）电力变压器的损耗

1. 变压器的有功功率损耗

变压器的有功功率损耗包括铁心中的有功功率损耗以及一、二次绕组中的功率损耗。

（1）铁心中的有功功率损耗（俗称铁损），它在变压器一次绕组的外施电压和频率不变的条件下是固定不变的，与负荷无关。铁损可由变压器空载试验测定。变压器的空载损耗 ΔP_0 可认为就是铁损 ΔP_Fe。因为变压器的空载电流很小，在一次绕组中产生的有功功率损耗可略去不计。

（2）一、二次绕组中的功率损耗（俗称铜损），它与负荷电流的二次方成正比。铜损可由变压器短路试验测定。变压器的短路损耗（亦称负载损耗）ΔP_k 可认为就是铜损 ΔP_Cu，因为变压器二次侧短路时，一次侧的阻抗电压（亦称短路电压）很小，在铁心中产生的有功功率损耗可略去不计。

因此，变压器的有功功率损耗为

$$\Delta P_\mathrm{T} = \Delta P_\mathrm{Fe} + \Delta P_\mathrm{Cu}\beta_\mathrm{c}^2 \approx \Delta P_0 + \Delta P_\mathrm{k}\beta_\mathrm{c}^2 \qquad (2\text{-}23)$$

式中：β_c —— 变压器的计算负荷系数，$\beta_c = S_c / S_\mathrm{r.T}$；

$S_\mathrm{r.T}$ —— 变压器的额定容量；

S_c —— 变压器的计算负荷。

2. 变压器的无功功率损耗

变压器的无功功率损耗包含用来产生磁通的励磁电流的部分无功功率以及消耗在变一、二次绕组电抗上的无功功率。

（1）用来产生磁通的励磁电流的一部分无功功率，与一次电压有关，与负荷无关。它与励磁电流或近似地与空载电流成正比，即

$$\Delta Q_0 \approx \frac{I_0\%}{100} S_\mathrm{r.T} \qquad (2\text{-}24)$$

式中：$I_0\%$ —— 变压器空载电流占额定一次电流的百分值。

（2）消耗在变压器一、二次绕组电抗上的无功功率，它与负荷电流的二次方成正比。额定负荷下的这部分无功损耗用 ΔQ_k 表示。由于变压器的电抗远大于电阻，因此 ΔQ_k 近似地与阻抗电压（短路电压）成正比，即

$$\Delta Q_k \approx \frac{U_k\%}{100} S_\mathrm{r.T} \qquad (2\text{-}25)$$

式中：$U_k\%$ —— 变压器阻抗电压占额定一次电压的百分值。

因此，变压器的无功损耗为

$$\Delta Q_\mathrm{T} = \Delta Q_0 + \Delta Q_k \beta_\mathrm{c}^2 \approx \left(\frac{I_0\%}{100} + \frac{U_k\%}{100}\beta_\mathrm{c}^2\right) S_\mathrm{r.T} \qquad (2\text{-}26)$$

在负荷计算中，当变压器技术数据不详时，变压器的功率损耗在负荷率不大于85%可采用简化公式进行估算，即 $\Delta P_\mathrm{T} \approx 0.01 S_c$，$\Delta Q_\mathrm{T} \approx 0.05 S_c$。

（二）电力线路的损耗

设三相供电线路参数对称，则线路在运行中产生的有功损耗和无功损耗为

有功损耗

$$\Delta P_\mathrm{WL} = 3 I_c^2 R \times 10^{-3} \qquad (2\text{-}27)$$

无功损耗

$$\Delta Q_\mathrm{WL} = 3 I_c^2 X \times 10^{-3} \qquad (2\text{-}28)$$

式中：R —— 线路带负荷运行时每相电阻（Ω），$R = rl$；

X —— 线路每相电抗（Ω），$X = xl$；

l —— 线路每相计算长度（km）；

r、x —— 线路每相单位长度的电阻和电抗（Ω）。

电力线路每相单位长度的电阻和电抗见附录表7。

二、供电系统计算负荷的确定

在设计施工图时,一般采用逐级计算法确定供电系统的计算负荷,由用电设备逐步向电源进线侧计算。各级计算点的选取,一般为各级配电箱(屏)的出线和进线、变电所低压出线、变压器低压母线、高压进线等处。确定变配电所的计算负荷时,应计入较长配电干线的功率损耗以及变压器的功率损耗,并且取无功补偿后的负荷进行计算。

(一)配电变电所高压侧计算负荷的确定

配电变电所高压侧的计算负荷为

有功计算负荷

$$P_{C.1} = P_{C.2} + \Delta P_T \quad (2-29)$$

无功计算负荷

$$Q_{C.1} = (Q_{C.2} - Q_{r.C}) + \Delta Q_T \quad (2-30)$$

视在计算负荷

$$S_{C.1} = \sqrt{P_{C.1}^2 + Q_{C.1}^2} \quad (2-31)$$

计算电流

$$I_{C.1} = \frac{S_{C.1}}{\sqrt{3}U_{1n}} \quad (2-32)$$

式中: $P_{C.2}$、$Q_{C.2}$ —— 变压器低压母线有功、无功计算负荷;
$Q_{r.C}$ —— 变压器低压母线无功补偿装置容量;
U_{1n} —— 变压器高压侧电网标称电压。

(二)配电所或总降压变电所计算负荷的确定

配电所或总降压变电所的计算负荷由各配电变电所的计算负荷(计入高压配电线路的功率损耗)相加获得。对配电所的同时系数分别取 $K_{\Sigma p}=0.85\sim1.0$ 和 $K_{\Sigma q}=0.95\sim1.0$;对总降压变电所的同时系数分别取 $K_{\Sigma p}=0.80\sim0.90$ 和 $K_{\Sigma q}=0.93\sim0.97$。

同理,计算总降压变电所的变压器高压侧计算负荷时,应计入总降压变压器的功率损耗。

例 2-5 某民用建筑供电系统的概略图如图 2-10 所示,其负荷①~⑧数据列于表 2-3 中,求系统中 A~G 各点的计算负荷。

表 2-3 负荷①~⑧数据

负荷编号	①	②	③	④	⑤	⑥	⑦	⑧
负荷名称	冷冻机组	冷冻水泵	冷却水泵	冷却塔	电梯	商场照明	办公照明	客房照明
设备功率/kW	156	80	22	7.5	30	100	30	20
功率因数	0.75	0.8	0.8	0.8	0.6	0.85	0.85	0.9
回路数	2	4	4	2	4	5	4	6
备注		两用两备	两用两备					

解： 由用电设备逐步向电源进线侧计算。A～G 点计算负荷分别见表 2-4～表 2-12。

表 2-4 D1～D4 点的计算负荷

计算点	设备功率 P_e/kW	功率因数 $\cos\varphi$	有功计算负荷 P_c/kW	无功计算负荷 Q_c/kvar	视在计算负荷 S_c/(kV·A)	计算电流 I_c/A
D1	156	0.75	156.0	137.6	208.0	316.0
D2	30	0.8	30.0	22.5	37.5	57.0
D3	22	0.8	22.0	16.5	27.5	41.8
D4	7.5	0.8	7.5	5.6	9.4	14.3

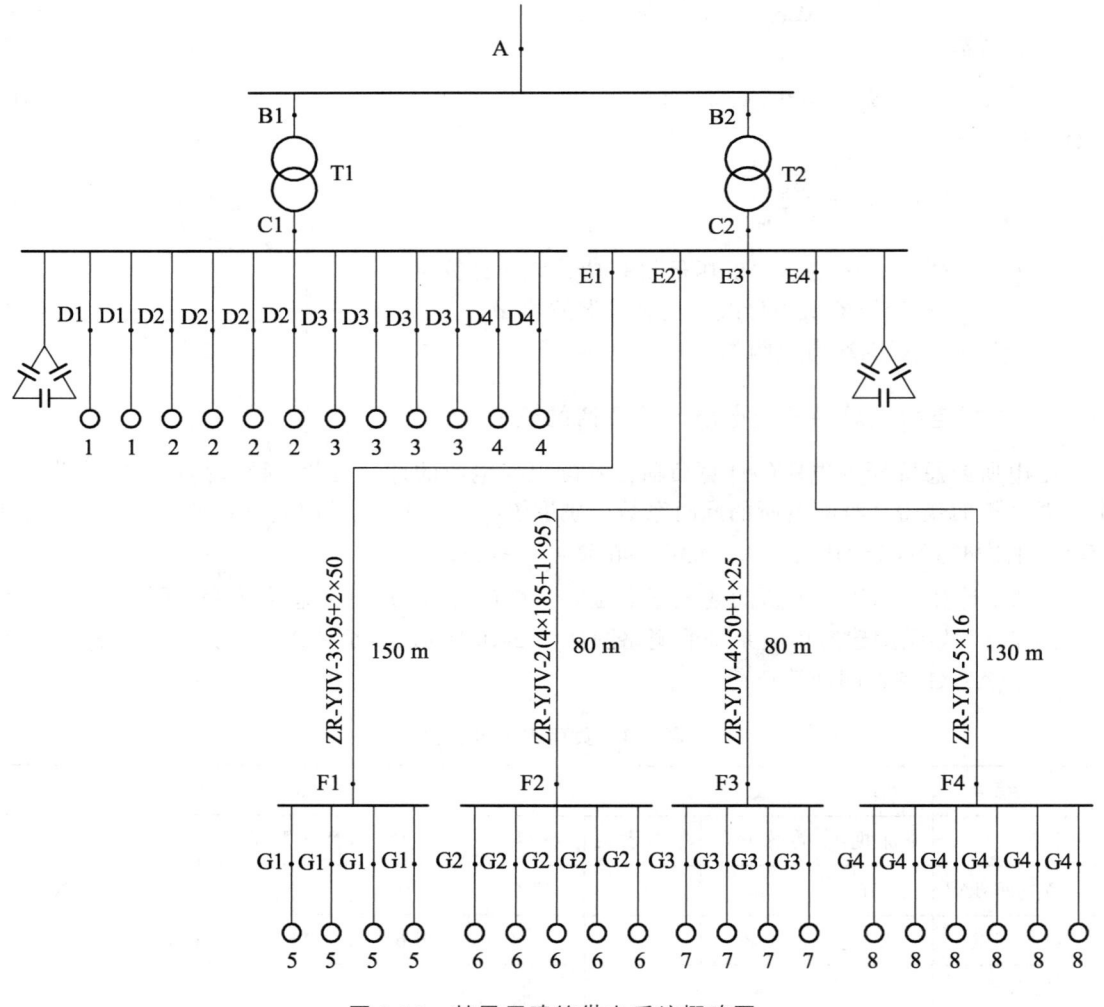

图 2-10 某民用建筑供电系统概略图

第二章 电力负荷及其计算

表 2-5 C1 点计算负荷

计算点	成组设备有功计算负荷 $\sum P_{c.1}$/kW	成组设备无功计算负荷 $\sum Q_{c.1}$/kvar	同时系数	有功计算负荷 P_c/kW	无功计算负荷 Q_c/kvar	视在计算负荷 S_c/(kV·A)	计算电流 I_c/A	功率因数 $\cos\varphi$
补偿前 C1 点计算负荷	2×431.0	364.2	$K_{\Sigma p}$=0.95 $K_{\Sigma q}$=0.97	409.5	353.3	540.8	821.7	0.757
补偿容量 $Q_{r.c1}$/kvar $Q_{r.c1}$ = 409.5(tan arccos 0.757 − tan arccos 0.97) = 250.8 取 10 组,总补偿容量 250 kvar					−250			
补偿后 C2 点计算负荷				409.5	103.3	422.3	641.7	0.970

表 2-6 B1 点计算负荷

计算点	S_C = 444.9 kV·A, $S_{r.T}$ = 630 kV·A						有功计算负荷 P_c/kW	无功计算负荷 Q_c/kvar	视在计算负荷 S_c/(kV·A)	计算电流 I_c/A	功率因数 $\cos\varphi$
	ΔP_0/kW	ΔP_T/kvar	I_0%	U_K%	ΔP_T/kW	ΔQ_T/kvar					
B1	1.30	5.96	0.85	6.0	4.0	22.3	413.5	125.6	413.5	23.9	0.957

表 2-7 G1~G4 点计算负荷

计算点	设备功率 P_e/kW	功率因数 $\cos\varphi$	需要系数	有功计算负荷 P_c/kW	无功计算负荷 Q_c/kvar	视在计算负荷 S_c/(kV·A)	计算电流 I_c/A
G1	30	0.60	1	30.0	40.0	50	76.0
G2	100	0.85	0.85	85.0	52.7	100	151.9
G3	30	0.85	0.8	24.0	14.9	28.2	42.8
G4	20	0.90	0.4	8.0	3.9	8.9	13.5

表 2-8 F1~F4 点计算负荷

计算点	设备功率 P_e/kW	功率因数 $\cos\varphi$	需要系数	有功计算负荷 P_c/kW	无功计算负荷 Q_c/kvar	视在计算负荷 S_c/(kV·A)	计算电流 I_c/A
F1	120	0.60	0.7	84.0	112.0	140 0	212.7
F2	500	0.85	0.80	400.0	248.0	470 6	715.0
F3	120	0.85	0.75	90.0	55.0	105 8	160.8
F4	120	0.90	0.3	36.0	17.6	40.1	60.9

表 2-9 E1~E4 点计算负荷

计算点	r_0/(Ω/km)	x_0/(Ω/km)	线路功率损耗				有功计算负荷 P_c/kW	无功计算负荷 Q_c/kvar	视在计算负荷 S_c/(kV·A)	计算电流 I_c/A
			l/km	I_c/A	ΔP_{W1}/kW	ΔQ_{W1}/kvar				
E1	0.229	0.077	0.15	212.7	4.7	1.6	88.7	113.6	144.1	219.0
E2	0.118	0.078	0.05	357.5	4.6	3	404.6	251.0	476.1	723.4
E3	0.435	0.079	0.08	160.8	2.7	0.5	92.7	56.4	108.5	164.9
E4	1.359	0.082	0.13	60.9	2.0	0.1	38	17.7	41.9	63.7

表 2-10 C2 点计算负荷

计算点	成组设备有功计算负荷 $\sum P_{c.2}$/kW	成组设备无功计算负荷 $\sum Q_{c.2}$/kvar	同时系数	有功计算负荷 P_c/kW	无功计算负荷 Q_c/kvar	视在计算负荷 S_c/(kV·A)	计算电流 I_c/A	有功计算负荷 P_c/kW
补偿前 C2 点计算负荷	624.0	438.7	$K_{\Sigma p}=0.9$ $K_{\Sigma q}=0.93$	561.6	408.0	540.8	1 054.8	0.809
补偿容量 $\sum Q_{r.C2}$/kvar $Q_{r.C2} = 561.6(\tan\arccos 0.809 - \tan\arccos 0.97) = 267.3$ 取 9 组，总补偿容量 270 kvar					-270			
补偿后 C2 点计算负荷				561.6	138.0	561.8	878.7	0.971

表 2-11 B2 点计算负荷

计算点	变压器功率损耗 $S_C = 561.6$ kV·A, $S_{r.T} = 800$ kV·A					有功计算负荷 P_c/kW	无功计算负荷 Q_c/kvar	视在计算负荷 S_c/(kV·A)	计算电流 I_c/A	功率因数 $\cos\varphi$
	ΔP_0/kW	ΔP_T/kvar	I_0%	U_K%	ΔP_T/kW	ΔQ_T/kvar				
B2	1.52	6.96	0.85	6.0	5.2	31.9	566.8	169.9	566.8	32.7	0.958

表 2-12 A 点计算负荷

计算点	B1 和 B2 有功计算负荷 $\sum P_{c.i}$/kW	B1 和 B2 无功计算负荷 $\sum Q_{c.i}$/kvar	同时系数	有功计算负荷 P_c/kW	无功计算负荷 Q_c/kvar	视在计算负荷 S_c/(kV·A)	计算电流 I_c/A	功率因数 $\cos\varphi$
A	980.3	295.5	$K_{\Sigma p}=1$ $K_{\Sigma q}=1$	980.3	295.5	1 023.9	59.1	0.957

第六节 尖峰电流的计算

尖峰电流是指只持续 1 s 左右的短时最大负荷电流，它是用来计算电压下降、电压波动以及选择保护电器和保护元件等的依据。

一、单台用电设备的尖峰电流

单台用电设备（如电动机）的尖峰电流 I_{pk} 就是其启动电流 I_{st}，即

$$I_{PK} = I_{st} = K_{st} \cdot I_{r.M} \tag{2-33}$$

式中：$I_{r.M}$——用电设备的额定电流；

K_{st}——用电设备的直接启动电流倍数，笼型异步电动机为 5~7，绕线转子异步电动机为 2~3，电焊变压器为 3 或稍大。

二、多台用电设备的尖峰电流

接有多台用电设备的线路，只考虑一台设备启动时的尖峰电流，即

$$I_{pk} = I_{st.max} + I_{c(n-1)} \tag{2-34}$$

式中：$I_{st.max}$——启动电流最大的一台设备的启动电流；
　　　$I_{c(n-1)}$——除启动设备以外的线路计算电流。

两台及以上设备有可能同时启动时，尖峰电流按实际情况确定。

按式（2-33）和式（2-34）计算的尖峰电流仅是启动电流的周期分量。在校验低压断路器瞬动元件时，还应考虑启动电流的非周期分量。

思考与练习

2-1　什么是负荷持续率？它表征哪类设备的工作特性？

2-2　什么是计算负荷？为什么计算负荷通常采用半小时最大负荷？正确确定计算负荷有何意义？

2-3　确定计算负荷的需要系数法和二项式法各有什么特点？各适用哪些场合？

2-4　在确定多组用电设备总的视在计算负荷和计算电流时，可否将各组的视在计算负荷和计算电流分别直接相加？为什么？应如何计算？

2-5　进行无功功率补偿、提高功率因数有什么意义？如何确定无功补偿容量？

2-6　什么是尖峰电流？尖峰电流的计算有什么用处？

2-7　有一机修车间，有冷加工机床 52 台，共 200 kW。其中，行车 1 台，共 5.1 kW（$\varepsilon=15\%$）；通风机 4 台，共 5 kW；点焊机 3 台，共 10.5 kW（$\varepsilon=65\%$）。车间采用 220V/380V 三相四线制（TN-C 系统）供电。试确定车间的计算负荷。

2-8　有一 380 V 的三相线路，给 35 台小批生产的冷加工机床电动机供电，总容量为 85kW，其中较大容量的电动机有 1 台 7.5 kW、3 台 4 kW、12 台 3 kW。试分别用需要系数法和二项式法确定其计算负荷。

2-9　某企业变电所装有一台 S17-630/6 型电力变压器，其二次侧（380 V）的有功计算负荷为 420 kW，无功计算负荷为 350 kvar。试求此变电所一次侧的计算负荷及其功率因数。如果功率因数未达到 0.95，此变电所低压母线上应装设多大并联电容器容量才能达到要求？

2-10　某车间共有小批量生产冷加工机床电动机 40 台，总容量 152 kW，其中较大容量的电动机有 1 台 10 kW、2 台 7 kW、5 台 4.5 kW、10 台 2.8 kW；卫生用通风机 6 台共 6 kW。试分别用需要系数法和二项式法求车间的计算负荷。

2-11　某工厂 35 kV 变电所 10 kV 侧计算负荷为：1 号车间 720 kW+j510 kvar；2 号车间 580 kW+j400 kvar；3 号车间 630 kW+j490 kvar；4 号车间 475 kW+j335 kvar。试求：

（1）全厂计算负荷，平均功率因数。

（2）功率因数是否满足供用电规程？若不满足，应补偿多少？

（3）补偿后全厂的计算负荷及平均功率因数。

2-12　某车间有一条 380 V 线路供电给表 2-13 所列 5 台交流电动机。试计算该线路的计算电流和尖峰电流。（计算电流在此可近似计算为 $I_c = K_\Sigma \sum I_N$，其中 K_Σ 取 0.9）。

表 2-13　习题 2-12 的负荷资料

参数	电动机				
	M1	M2	M3	M4	M5
额定电流 I_N/A	10.2	32.4	30	6.1	20
启动电流 I_{st}/A	66.3	227	165	34	140

第三章 短路电流计算

本章首先介绍短路的基本概念和形成原因、短路的形式以及对电力系统产生的影响,接着重点分析无限大容量系统三相对称短路的物理过程和短路的有关物理量,供配电系统短路电流的计算,最后讲述短路电流引起的效应,为高低压开关电器的选型和校验打下基础。

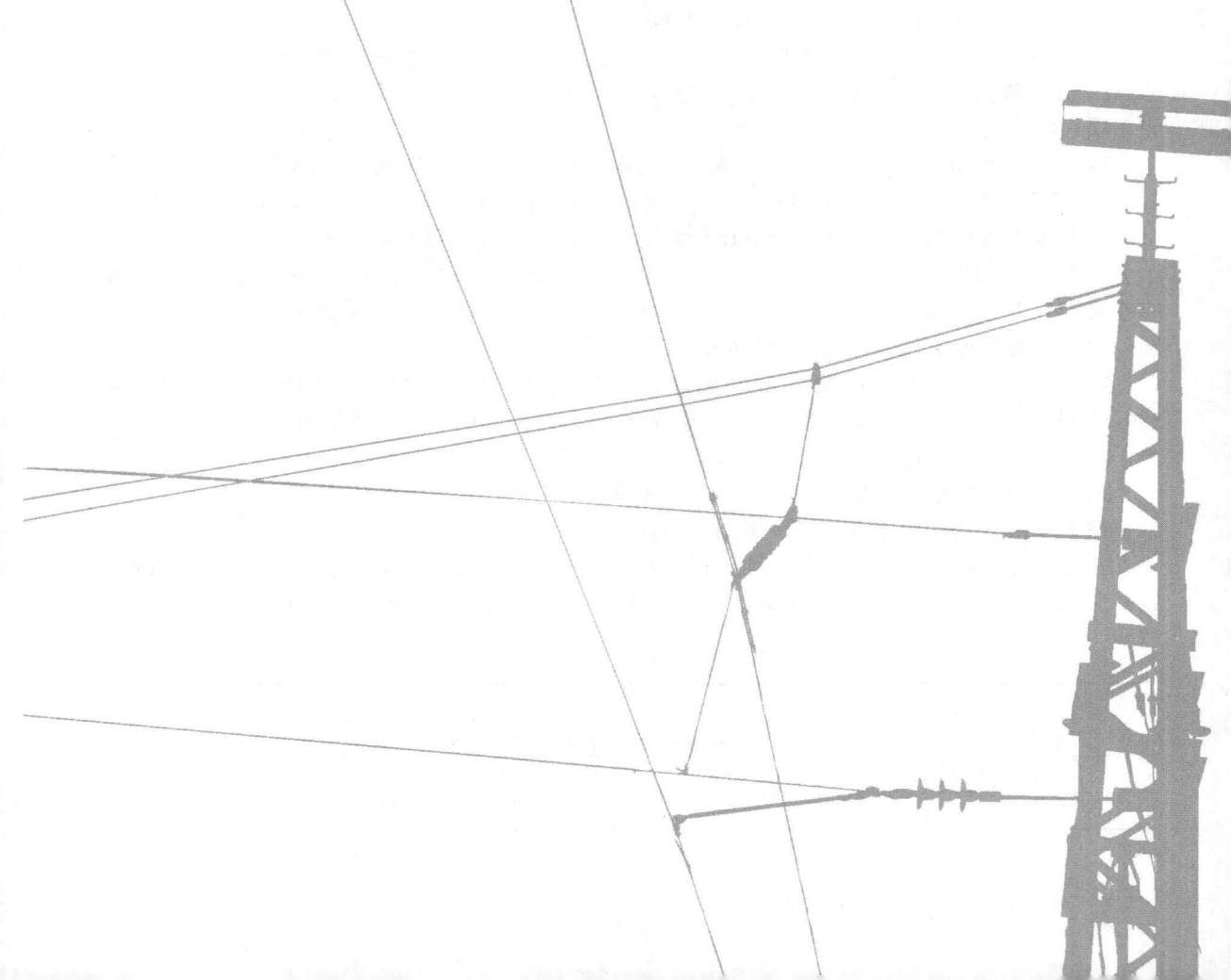

第三章 短路电流计算

第一节 概 述

一、短路及其原因

短路是指供电系统中不同电位的导电部分（各相导体、地线等）之间发生的低阻性短接。短路是电力系统最常见的一种故障，也是最严重的一种故障。

短路发生的主要原因是系统中某些部位的绝缘遭到破坏。绝缘遭到破坏的原因有很多，根据长期的事故统计分析，主要有下面这些原因：

（1）雷击或高电位入侵。电气设备的绝缘是有一定的介电强度的，即绝缘耐压值，超过规定的介电强度，绝缘就会被击穿。雷击或高电位入侵是系统常见的过电压形式，一旦过电压超过电气设备绝缘的耐压值，绝缘就会被击穿，从而形成短路。

（2）绝缘老化。大部分的绝缘都是由高分子材料制造的，老化是这类材料不可避免的一种现象。老化会带来绝缘性能的降低，当绝缘性能降低到一定程度后，在正常工作电压或允许过电压的作用下，绝缘也可能被击穿。

（3）机械损伤。机械损伤是绝缘破坏的另一种途径，如掘沟时损伤电缆等。对这类绝缘破坏，应采取技术措施和管理措施并重，才能有效避免。

（4）误操作。最常见的误操作是带负荷拉隔离开关和未拆检修接地线就合闸引起短路。

（5）动、植物造成的短路。如动物躯体或植物跨于相导体之间，相导体与地之间，藻类植物的生长使相导体间绝缘净距减小，这些因素造成绝缘性能下降，都可能引发短路。

二、短路的种类

在供电系统中，短路的基本类型有三相短路、两相短路、单相短路和两相接地短路，如图 3-1 所示。

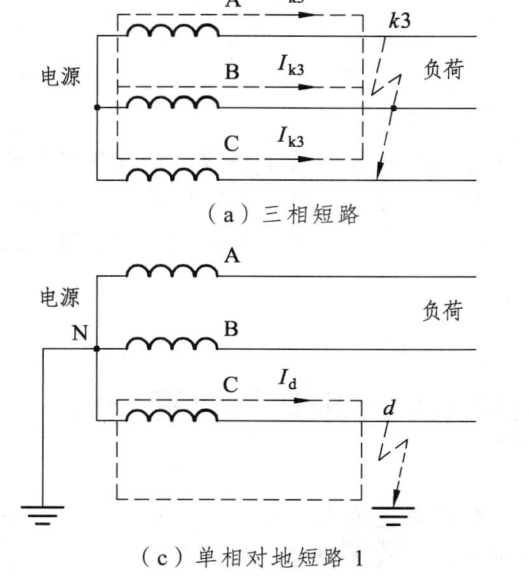
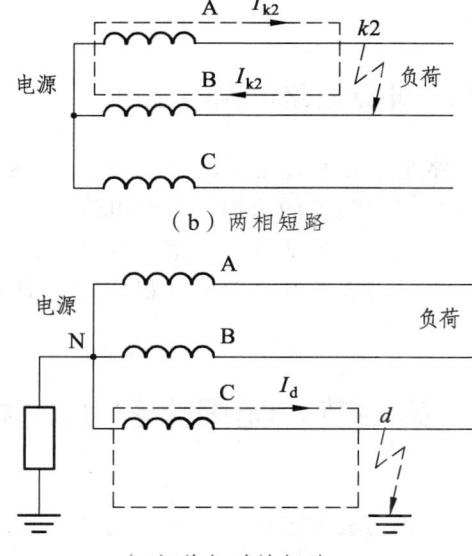

（a）三相短路　　　　　　　　　　　　（b）两相短路

（c）单相对地短路 1　　　　　　　　　（d）单相对地短路 2

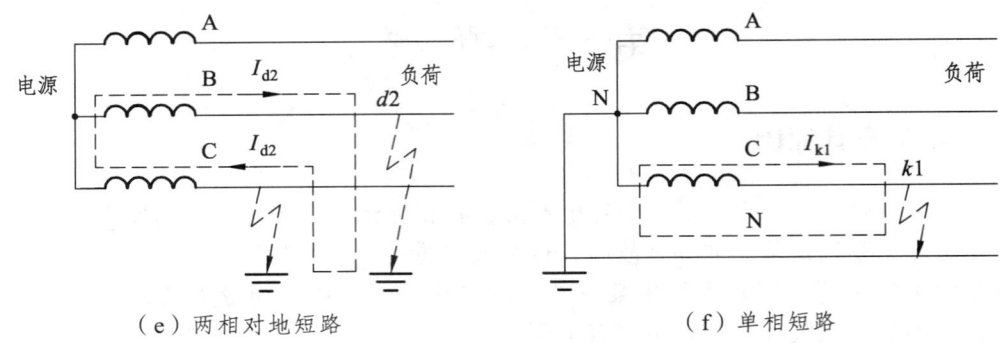

(e) 两相对地短路　　　　　　　　(f) 单相短路

图 3-1　短路的类型

其中三相短路属"对称性短路",而其他形式的短路均属"非对称性短路"。

供电系统中单相短路发生的概率最大,两相短路较少,三相短路的机会最少,但三相短路电流通常最大,危害也最严重。

三、短路的危害

短路的危害主要包括:

(1)短路电流远大于正常工作电流,短路电流产生的力效应和热效应足以使设备受到破坏。

(2)短路点附近母线电压严重下降,使接在母线上的其他回路电压远低于正常工作电压,影响电气设备的正常工作,甚至可能造成电机烧毁等事故。

(3)短路点处可能产生电弧,电弧高温对人身安全及环境安全带来危害。如:误操作隔离开关产生的电弧常会使操作者严重灼伤,低压配电系统的不稳定电弧短路可能引发火灾等。

(4)不对称短路可能在系统中产生复杂的电磁过程,从而产生过电压等新的危害。

(5)不对称短路使磁场不平衡,会影响通信系统和电子设备的正常工作,造成空间电磁污染。

四、计算短路电流的作用

短路是电力系统常见的故障之一,短路电流是系统重要的技术参数,是选择和校验电气设备及保护装置的依据。短路电流计算应求出最大短路电流值,用以校验电气设备的动稳定、热稳定及分断能力,整定继电保护装置;还应求出最小短路电流值,作为校验继电保护装置灵敏系数和校验电动机启动的依据。

第二节　无限大容量电源供电系统三相短路过程分析

所谓"无限大容量"电源,是指电力系统中某局部无论发生了什么扰动,电源的电压幅值与频率均保持恒定的电源。从电路的角度来看,无限大容量电源就是一个理想的电压源,内阻抗等于零。实际电力系统中真正的无限大容量电源是不存在的,但由于供配电系统处于电力系统的末端,尽管短路故障对系统中靠近短路点的局部系统影响很大,但对距短路点很远的系统,其扰动就相对较小。从工程角度看,总能在系统中找到一点,当供配电系统发生短路时,该点的电压变化小到可忽略不计,则这一点就可以看成是无限大容量电源的输出点。

在工程计算中,如果以供电电源容量为基准的短路回路计算阻抗不小于 3,短路时即认为电源母线电压将维持不变,不考虑短路电流交流分量(周期分量)的衰减,可按短路电流不含衰减交流分量的系统,即无限大电源容量的系统或远离发电机端短路进行计算。否则,应按短路电流含衰减交流分量的系统,即有限电源容量的系统或靠近发电机端短路进行计算。

一、三相短路过程分析

当供电系统内某处发生三相短路时,可等效为图 3-2(a)所示的典型电路。假设电源和负荷都三相对称,可取一相来分析,如图 3-2(b)所示。

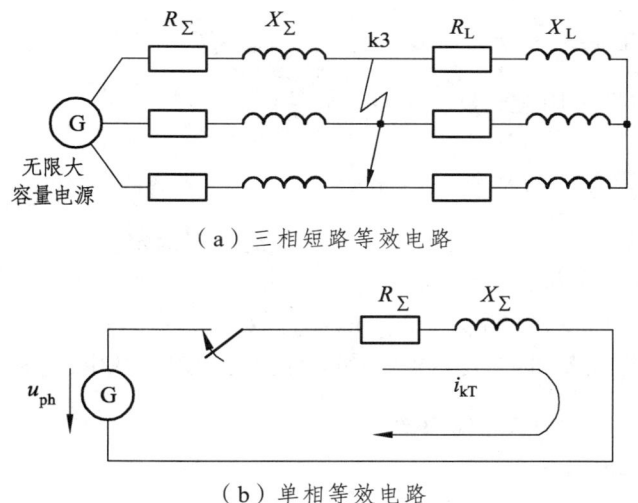

(a)三相短路等效电路

(b)单相等效电路

图 3-2 无限大容量电力系统中发生的三相短路

(一)定性分析

三相短路过程的定性分析主要包括:

(1)由于短路回路的阻抗远小于正常工作回路的阻抗,在系统无限大容量电源的作用下,将产生一个远大于正常工作电流的交流短路电流,这一电流因系电源产生,故称其为短路的强制分量;又因为这一电流为正弦交流电流,故又称其为短路电流的周期分量。

(2)由于短路后正弦交流电流幅值与相位角都发生了变化,正弦交流电流会有突变产生。由于短路电路含有感抗,根据磁链守恒定律,短路回路中将产生一个自由电流来抵消这一突变。这个电流没有电源维持,故称之为短路电流的自由分量;又由于它不是交变的,因此又称之为短路电流的非周期分量或直流分量。

（二）定量分析

短路前，设电源相电压 $u_{ph} = U_{ph.m}\sin\omega t$，正常负荷电流 $i = I_m\sin(\omega t - \varphi)$。

假设 $t = 0$ 时发生短路（等效为开关突然闭合），如图 3-2（b）所示，根据 KVL 可得微分方程：

$$u_{ph} = i_{kT}R_\Sigma + L_\Sigma\frac{di_{kT}}{dt} \qquad (3-1)$$

其中：R_Σ、L_Σ —— 短路回路的总电阻和总电感；

i_{kT} —— 短路电流瞬时值。

将式（3-1）两边同时除以 L_Σ，并代入 $u_{ph} = U_{ph.m}\sin\omega t$，有

$$\frac{U_{ph.m}}{L_\Sigma}\sin\omega t = \frac{R_\Sigma}{L_\Sigma}i_{kT} + \frac{di_{kT}}{dt} \qquad (3-2)$$

式（3-2）为一个常系数线性一阶非齐次微分方程，解此方程得

$$i_{kT} = I_{k.m}\sin(\omega t - \varphi_k) + Ce^{-t/\tau} \qquad (3-3)$$

式中：$I_{k.m}$ —— 短路电流周期分量幅值，$I_{k.m} = U_{ph.m}\big/\sqrt{R_\Sigma^2 + X_\Sigma^2}$；

φ_k —— 短路电路的阻抗角，$\varphi_k = \arctan\left(\dfrac{X_\Sigma}{R_\Sigma}\right)$；

τ —— 短路电路的时间常数，$\tau = \dfrac{L_\Sigma}{R_\Sigma}$；

C —— 积分常数，由短路发生瞬间（$t = 0$）的状态确定。

当 $t = 0_-$ 时，由正常负荷电流可得 $i_{0-} = I_m\sin(-\varphi)$；

当 $t = 0_+$ 时，由式（3-3）可得 $i_{0+} = I_{k.m}\sin(-\varphi_k) + C$

由于电路中存在着电感，因此短路发生瞬间电流不会突变，故由 $i_{0-} = i_{0+}$ 可求得积分常数

$$C = I_{k.m}\sin\varphi_k - I_m\sin\varphi$$

代入式（3-3）可得短路电流。

$$i_{kT} = I_{k.m}\sin(\omega t - \varphi_k) + (I_{k.m}\sin\varphi_k - I_m\sin\varphi)e^{-t/\tau} = i_k + i_D \qquad (3-4)$$

式中：i_k —— 短路电流周期分量（也称交流分量）；

i_D —— 短路电流非周期分量（也称直流分量）。

下面讨论下上述两个短路电流分量的特点。

1. 短路电流周期分量

由式（3-4）可知，$i_k = I_{k.m}\sin(\omega t - \varphi_k)$

假设电压刚好过零时（$u_{ph} = 0$）发生三相短路，由于短路电路的电抗一般远大于电阻，即 $X_\Sigma \gg R_\Sigma$，$\varphi_k \approx 90°$，因此在短路瞬间的短路电流周期分量为

$$i_{k0} = -I_{k.m} = -\sqrt{2}I_k''$$

式中：I_k'' —— 短路电流初始值。

由式（3-4）可以得到：当 $t \to \infty$ 时（实际上只经过 10 个周期左右的时间），$i_D \to 0$，这时短路电流达到稳态。

$$i_{kT} = i_k = I_{k.m}\sin(\omega t - \varphi_k) = \sqrt{2}I_k\sin(\omega t - \varphi_k)$$

式中：I_k —— 稳态短路电流有效值。

当在无限大电源容量系统中或在远离发电机端发生短路时，短路电流周期分量不衰减，故

$$I_k = I_k''$$

2. 短路电流非周期分量

由式（3-4）可知，$i_D = (I_{k.m}\sin\varphi_k - I_m\sin\varphi)e^{-t/\tau}$

由于 $\varphi_k \approx 90°$，而 $I_{k.m} \gg I_m\sin\varphi$，故 $i_D \approx I_{k.m}e^{-t/\tau} = \sqrt{2}I_k''e^{-t/\tau}$

由上述指数函数可以看出，短路电路中 $R_\Sigma = 0$ 时，短路电流非周期分量 i_D 将成为不衰减的直流电流。短路全电流 i_{kT} 的曲线，将为一偏轴的等幅电流曲线。当然，这是不存在的，因为电路总是有 R_Σ 的，所以非周期分量总要衰减，而且 R_Σ 越大，τ 越小，衰减越快。

（三）波形及特点

远离发电机端发生三相短路前后的电流、电压波形如图 3-3 所示。

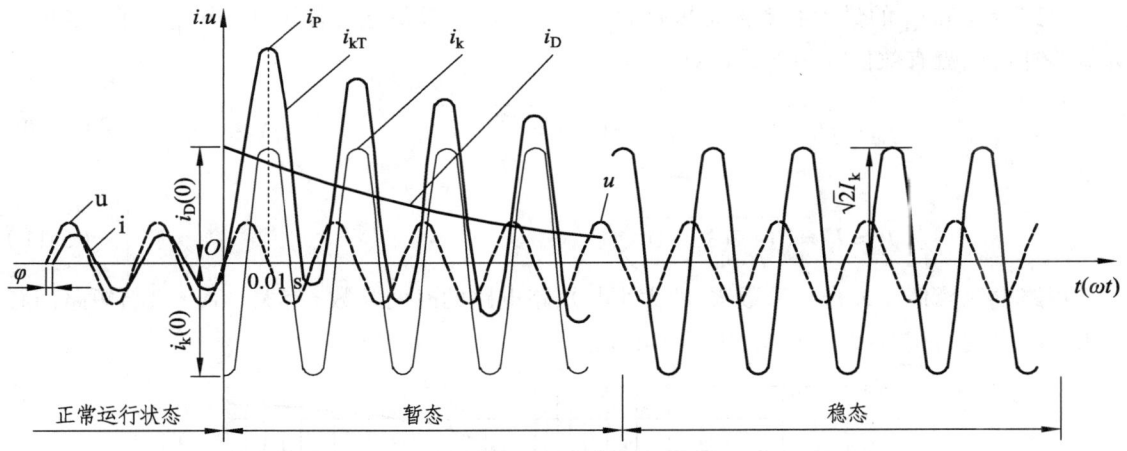

图 3-3 无限大容量系统发生三相短路时的电流、电压曲线

二、三相短路全电流特征值

上面对短路的过程进行了全面的分析，但从工程应用的角度来说，仅有对过程的了解是不够的，还必须从这一过程中提取出解决问题所需的特征信息，并以量值的形式表达出来，即特征值，又称特征参数。

（一）短路全电流

短路全电流为短路电流周期分量与非周期分量之和，即

$$i_{kT} = i_k + i_D \tag{3-5}$$

某一瞬时 t 的短路全电流有效值 I_{kT}，是以时间 t 为中点的一个周期内的 i_k 有效值 I_k 与 i_D 在 t 的瞬时值 $i_D(t)$ 的均方根值，即

$$I_{kT} = \sqrt{I_k^2 + i_D^2(t)} \tag{3-6}$$

（二）短路电流峰值

短路电流峰值为短路全电流中的最大瞬时值。由图 3-3 可知，短路电流峰值出现在短路后的半个周期（即 0.01 s）时刻，此时的电流又称短路冲击电流。

短路峰值电流为

$$i_p = i_{k(0.01)} + i_{D(0.01)} \approx \sqrt{2} I_k''(1 + e^{-0.01/\tau}) \tag{3-7}$$

令

$$K_p = (1 + e^{-0.01/\tau}) = (1 + e^{-0.01 R_\Sigma / L_\Sigma}) \tag{3-8}$$

则有

$$i_p \approx K_p \sqrt{2} I_k'' \tag{3-9}$$

式中：K_p —— 短路电流峰值（冲击）系数。

短路全电流 i_{kT} 的最大有效值是短路后第一个周期的短路电流有效值，用 I_p 表示，也可称为短路冲击电流有效值，用下式计算：

$$I_p = \sqrt{I_k^2 + i_{D(0.01)}^2} \approx \sqrt{I_k''^2 + (\sqrt{2} I_k'' e^{-0.01/\tau})^2} \tag{3-10}$$

或

$$I_p \approx I_k'' \sqrt{1 + 2(K_p - 1)^2} \tag{3-11}$$

短路电流峰值（冲击）系数 K_p 的大小与短路电路的时间常数 τ 有关，而 τ 又与短路回路的阻抗与电抗的相对大小有关，如图 3-4 所示。

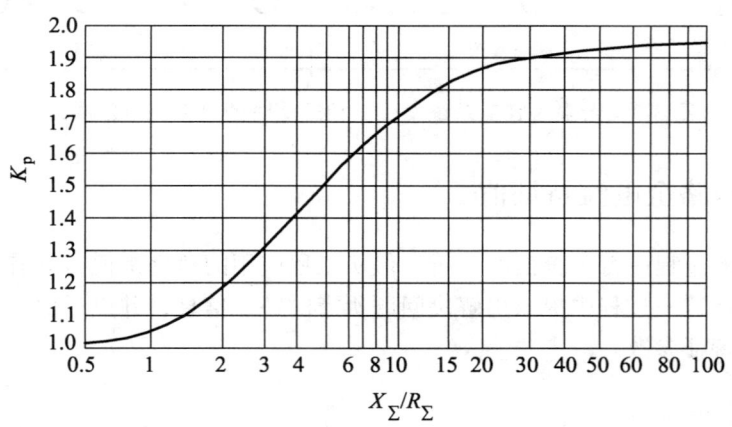

图 3-4　K_p 与 X_Σ / R_Σ 的关系曲线

从图 3-4 可知，若 $R_\Sigma = 0$，相当于 i_{kT} 不衰减，此时 $K_p = 2$，即 i_p 是周期分量幅值的 2 倍，这种情况叫做无衰减；若 $L_\Sigma = 0$（也即 $X_\Sigma = 0$），因不存在磁链突变问题，此时 $K_p = 1$，即 i_p 等于周期分量的幅值，这种情况叫做无冲击发生。以上是两种极端情况，实际情况总是处于这两者之间，因此 $1 \ll K_p \ll 2$，工程上对 K_p 的取值通常为：

（1）对 L 较大的中、高压系统，取 $K_p = 1.8$，则

$$i_p = 2.55 I_k''$$

（2）对 R 较大的低压系统，取 $K_p = 1.3$，则

$$i_p = 1.84 I_k''$$

（三）短路容量

三相短路时短路容量的定义为

$$S_k = \sqrt{3} U_{av} I_k \tag{3-12}$$

式中：S_k ——系统中某一点的短路容量；
U_{av} ——短路点所在电压等级的平均电压；
I_k ——某点短路时的三相短路电流稳态值。

三相短路时短路点的电压趋于零，那么此时用系统平均电压乘以短路电流的物理意义是什么呢？由于短路电流是由无限大容量电源提供的，电源电压约等于 U_{av}，因此短路容量的物理意义为无限大容量电源向短路点提供的视在功率。

第三节　高压网络短路电流计算

由本章第二节的分析可知，在无限大容量电源供电系统中发生三相短路时，短路电流周期分量有效值可按下式计算：

$$I_{k3} = I_{k3}'' = \frac{U_{av}}{\sqrt{3}\sqrt{R_\Sigma^2 + X_\Sigma^2}} \tag{3-13}$$

式中：I_{k3}'' ——三相对称短路电流初始值（kA）；
I_{k3} ——三相对称短路电流稳态值（kA）；
U_{av} ——短路点所在电压等级的平均电压。

从式（3-13）可知，三相短路电流稳态值取决于短路点所在电压等级的平均电压和短路回路阻抗值，而短路回路的阻抗是由各种系统元件阻抗构成的，这些元件包括变压器、线路、串联电抗器等。

在高压电路短路时，通常总电抗远大于总电阻，所以一般可以只计电抗，不计电阻。因此，式（3-13）可简化为

$$I_{k3} = I_{k3}'' = \frac{U_{av}}{\sqrt{3} X_\Sigma} \tag{3-14}$$

由式（3-14）可知，计算短路电流的关键是求出 X_Σ。求 X_Σ 的方法有两种，一种是标幺值法，另一种是有名值法。有名值法将在本章第四节中详细介绍，本节重点介绍标幺值法。

一、标幺值法

标幺值法是用标幺值表示系统或元件参数，并用标幺值进行分析计算的一套工程方法体系。所谓标幺值，是以某一量值大小为基准的一个相对值，即

$$标幺值 = \frac{实际值（又称有名值，任意单位）}{基准值（又称基值，与实际值同单位）}$$

首先必须明确，基准值的选取是人为的，可任意选择，并不受客观规律的限制，但是为了表述或分析计算方便，可人为地对基准值的选取加以约束。

按标幺值法进行短路计算时，一般是先选定基准容量 S_b 和基准电压 U_b。

基准容量 S_b，工程设计中通常取 $S_b = 100 \text{ MV} \cdot \text{A}$；基准电压 U_b，通常取元件所在处电压等级的平均电压 U_{av}。选定了基准容量 S_b 和基准电压 U_b 以后，基准电流 I_b 就可以按下式求出。

$$I_b = \frac{S_b}{\sqrt{3}U_b} \tag{3-15}$$

基准电抗 X_b

$$X_b = \frac{U_b}{\sqrt{3}I_b} = \frac{U_b^2}{S_b} \tag{3-16}$$

二、供电系统各元件电抗标幺值

（一）电力系统的电抗标幺值

电力系统的电阻相对于电抗来说很小，一般不予考虑。电力系统的电抗，可由电力系统变电所高压馈电线出口处的短路容量 S''_{k3} 来计算，即

$$X_s = \frac{U_{av}^2}{S''_{k3}}$$

所以电力系统电抗的标幺值为

$$X_s^* = \frac{X_s}{X_b} = \frac{U_{av}^2}{S_{k3}} \bigg/ \frac{U_b^2}{S_b} = \frac{S_b}{S''_{k3}} \tag{3-17}$$

（二）电力线路的电抗幺值

电力线路的电抗标幺值

$$X_W^* = \frac{X_W}{X_b} = Xl \bigg/ \frac{U_b^2}{S_b} = Xl \frac{S_b}{U_{av}^2} \tag{3-18}$$

式中：l ——线路长度；

U_{av} ——电力线路所在处的系统平均电压；

X ——线路单位长度的电抗，当线路结构数据不详时，X 可取其平均值，对 35～110 kV 架空线路可取 $X=0.4\ \Omega/km$，对 10 kV 架空线路可取 $X=0.35\ \Omega/km$，对 10 kV 电力电缆可取 $X=0.10\ \Omega/km$。

（三）电力变压器的电抗标幺值

电力变压器电抗 X_T，可由变压器的短路电压（即阻抗电压）百分数 $U_k\%$ 近似地计算。

$$X_T = \frac{U_k\%}{100} \frac{U_b^2}{S_{r.T}}$$

因此，电力变压器的电抗标幺值为

$$X_T^* = \frac{X_T}{X_b} = \frac{U_k\%}{100} \frac{U_b^2}{S_{r.T}} \bigg/ \frac{U_b^2}{S_b} = \frac{U_k\%}{100} \frac{S_b}{S_{r.T}} \tag{3-19}$$

式中：$U_k\%$ ——变压器的短路电压百分数；

$S_{r.T}$ ——变压器的额定容量（MV·A）。

（四）串联电抗器的电抗标幺值

串联电抗器的主要作用是限制短路电流的大小，其额定参数有额定电压 U_r、额定电流 I_r、电抗百分数 $X_L\%$。$X_L\%$ 是以 U_r、I_r 为基准值的标幺值，以百分数表示，当以 S_b(MV·A)、U_b(kA) 为基准值时，电抗标幺值为

$$X_L^* = \frac{X_L\%}{100} \frac{U_r}{\sqrt{3}I_r} \bigg/ \frac{U_b^2}{S_b} \tag{3-20}$$

三、三相短路电流计算

采用标幺值计算短路电流时，各元件电抗均采用相对值，与短路计算点的电压无关，因此这里无须进行电压换算。

短路电流的计算步骤如下：

（1）选基准值，一般按如下方式选择：

$$S_b = 100\ MV·A$$
$$U_{bi} = U_{i·av}$$

式中：U_{bi} ——U_i 电压等级电网的电压基准值（kV）；

$U_{i·av}$ ——U_i 电压等级平均电压（kV）。

（2）绘出取消了变压器的标幺值阻抗网络图。

（3）计算各元件阻抗标幺值。

（4）简化网络，求出从无限大容量电源点到短路点间的短路总电抗 X_Σ^*。

（5）电源电压 U_s 的标幺值 $U_s^* = U_s/U_{av} \approx 1$，短路电流的标幺值 $I_{k3}^* = U_s^*/X_\Sigma^* \approx 1/X_\Sigma^*$。

（6）将短路电流和短路容量的标幺值转换为有名值，则短路电流的有名值 $I_{k3}=I_{k3}^{*}I_{bi}$，短路容量的有名值 $S_{k3}=\sqrt{3}U_{av}I_{k3}=\sqrt{3}U_{b}I_{bi}/X_{\Sigma}^{*}=S_{b}/X_{\Sigma}^{*}=S_{b}I_{k3}^{*}$。

例 3-1 某供电系统如图 3-5 所示，可将系统视为无限大容量电源。当降压变电所 10.5 kV 母线上发生了三相短路时，试求此时短路点的三相短路电流和短路容量。

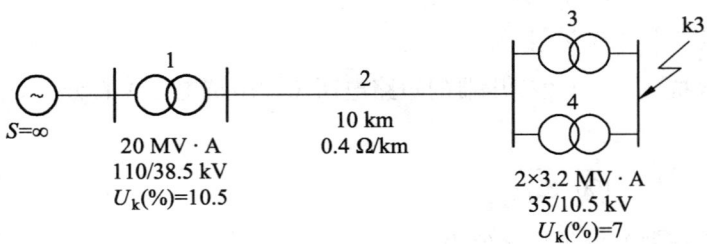

图 3-5 例 3-1 某供电系统短路示意图

解：（1）确定基准值。

取 $S_b=100$ MV·A，$U_{b1}=37$ kV，$U_{b2}=10.5$ kV，则

$$I_b=\frac{S_{b2}}{\sqrt{3}U_b}=\frac{100}{\sqrt{3}\times 10.5}=5.5 \text{ kA}$$

（2）计算短路电路中各元件的电抗标幺值。

$$X_1^*=\frac{U_k\%}{100}\frac{S_b}{S_{r.T}}=\frac{10.5}{100}\times\frac{100}{20}=0.525$$

$$X_2^*=Xl\frac{S_b}{U_{b1}^2}=0.4\times 10\times\frac{100}{37^2}=0.292$$

$$X_3^*=X_4^*=\frac{U_k\%}{100}\frac{S_b}{S_{r.T}}=\frac{7}{100}\times\frac{100}{3.2}=2.19$$

（3）简化网络，绘出取消了变压器的标幺值阻抗网络图，如图 3-6 所示。

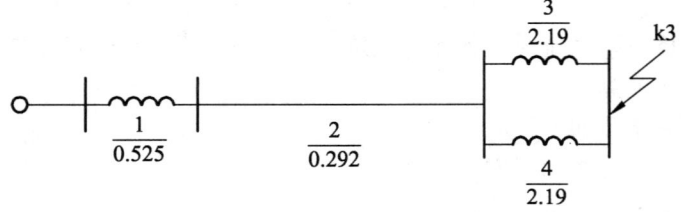

图 3-6 例 3-1 短路计算标幺值阻抗网络图

（4）计算短路回路总电抗。

$$X_\Sigma^*=X_1^*+X_2^*+X_3^*//X_4^*=0.525+0.292+0.5\times 2.19=1.912$$

（5）计算三相短路电流标幺值。

$$I_{k3}^*=\frac{1}{X_\Sigma^*}=\frac{1}{1.912}=0.523$$

（6）计算三相短路电流及短路容量。

$$I_{k3} = I_{k3}^* I_b = 0.523 \times 5.5 = 2.88 \text{ kA}$$

若取冲击系数 $K_p = 1.8$，则短路冲击电流为

$$i_{p3} = 1.8 \times \sqrt{2} I_{k3} = 2.55 I_{k3} = 2.55 \times 2.88 = 7.34 \text{ kA}$$
$$I_{p3} = 1.52 I_{k3} = 1.52 \times 2.88 = 4.38 \text{ kA}$$

短路容量为 $\quad S_{k3} = S_b I_{k3}^* = 100 \times 0.523 = 52.3 \text{ MV} \cdot \text{A}$

四、两相短路电流计算

在远离发电机的无限大容量电源供电系统中发生两相短路时（如图 3-7 所示），其短路电流可由下式求得：

$$I_{k2} = I_{k2}'' = \frac{U_{av}}{2\sqrt{R_\Sigma^2 + X_\Sigma^2}}$$

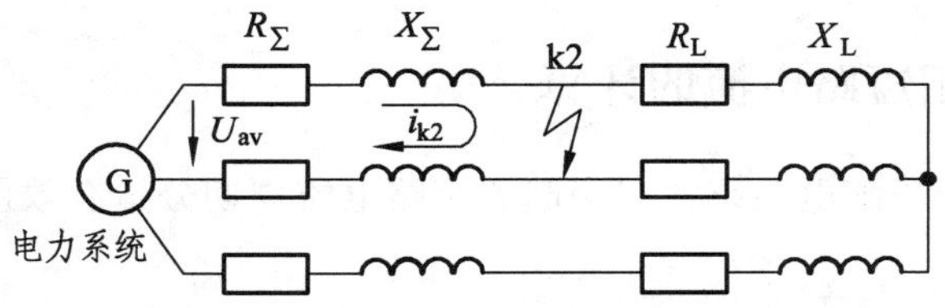

图 3-7 无限大容量系统发生两相短路

如果只计电抗，则两相短路电流为

$$I_{k2} = I_{k2}'' = \frac{U_{av}}{2X_\Sigma} \quad (3-21)$$

由式（3-21）和式（3-14）可以条件得出两相短路电流与三相短路电流的关系为

$$I_{k2} = \frac{\sqrt{3}}{2} I_{k3} = 0.866 I_{k3} \quad (3-22)$$

式（3-22）表明在无限大容量电源系统中，同一地点的两相短路电流为三相短路电流的 0.866 倍。因此，无限大容量电源系统中的两相短路电流，可在求出三相短路电流后利用式（3-22）直接求得。其他两相短路电流特征值 i_{p2}、I_{p2} 等，均可由前面计算三相短路电流时的对应公式计算。

第四节　低压网络短路电流计算

一、低压网络与高压网络短路计算的区别

高压网络短路电流计算条件可用于 1 kV 以下的低压网络短路电流计算，但低压网络短路计算时还有其自身的一些特点：

（1）用户变电所变压器一次侧可作为无限大容量电源系统来考虑，即认为高压母线电压在低压侧发生短路时保持不变。

（2）需计算短路回路各元件的有效电阻，但短路点的电弧电阻及线路、设备等的接触电阻可以忽略不计。

（3）当电路电阻较大时，短路电流直流分量衰减较快，一般可以不考虑直流分量。只有在离配电变压器低压侧很近处（如变配电房低压配电屏内部发生短路等情况时），才需要计算直流分量。

（4）单位线路长度电阻的计算温度不同，在计算三相最大短路电流时，导体计算温度取 20 °C；在计算单相短路（包括单相接地故障）电流时，假设的计算温度升高，电阻值增大，其值一般取 20 °C 时电阻的 1.5 倍。

（5）计算过程采用有名单位制，电压用 V、电流用 kA、容量用 kV·A、阻抗用 mΩ。

（6）计算 220/380 V 网络三相短路电流时，计算电压 cU_n 时系数 c 取 1.05，计算单相短路电流时系数 c 取 1.0，U_n 为系统标称电压 380 V。

二、三相和两相短路电流的计算

三相阻抗相同的低压配电系统，三相起始短路电流周期分量有效值 I''_{k3} 可表示为：

$$I''_{k3} = \frac{cU_n}{\sqrt{3}\sqrt{R_\Sigma^2 + X_\Sigma^2}} \qquad (3\text{-}23)$$

式中：U_n——低压网络标称电压，220/380 V 网络为 380 V；

c——电压系数，计算三相短路电流时取 1.05；

R_Σ、X_Σ——电源至短路点的总电阻、总电抗（mΩ），包括变压器高压侧系统、变压器、低压母线及配电线路等元件的阻抗，开关电器及导线等接触电阻可忽略不计。

短路计算中各元件的阻抗，采用有名值。

（一）高压侧系统的阻抗

归算到低压侧的高压系统阻抗可表示为

$$Z_s = \frac{(cU_n)^2}{S_{k3}} \times 10^{-3} \qquad (3\text{-}24)$$

式中：S_{k3}——变压器高压侧的短路容量（MV·A）。

高压侧系统的电抗

$$X_s = 0.995 Z_s \qquad (3\text{-}25)$$

高压侧系统的电阻

$$R_s = 0.1 X_s \qquad (3\text{-}26)$$

（二）变压器的阻抗

变压器绕组的电阻为

$$R_T = \frac{\Delta P_k (cU_n)^2}{S_{r.T}^2} \quad (3\text{-}27)$$

式中：ΔP_k——变压器的短路损耗（kW）。

变压器的阻抗为

$$Z_T = \frac{U_k\%(cU_n)^2}{100 S_{r.T}^2} \quad (3\text{-}28)$$

式中：$U_k\%$——变压器的短路电压百分数。

变压器的电抗为

$$X_T = \sqrt{Z_T^2 - R_T^2} \quad (3\text{-}29)$$

（三）配电线路的阻抗

低压母线、电缆、电线的阻抗可由下式求得：

$$R_W = rl \quad (3\text{-}30)$$
$$X_W = xl \quad (3\text{-}31)$$

同高压电网一样，低压电网两相短路电流与三相短路电流的关系也为 $I_{k2} = 0.866 I_{k3}$。

三、单相短路电流的计算

（一）单相接地故障电流计算

TN 接地系统的低压网络发生单相对地短路时，根据对称分量法可以计算其单相对地短路电流为

$$I_d'' = \frac{cU_n/\sqrt{3}}{|Z_{(1)} + Z_{(2)} + Z_{(0)}|/3} = \frac{1.0 \times U_n/\sqrt{3}}{\sqrt{R_{\Sigma L\text{-}PE}^2 + X_{\Sigma L\text{-}PE}^2}} = \frac{220}{\sqrt{R_{\Sigma L\text{-}PE}^2 + X_{\Sigma L\text{-}PE}^2}} \quad (3\text{-}32)$$

式中：$Z_{(1)}$、$Z_{(2)}$、$Z_{(0)}$——单相对地短路回路的正序、负序和零序阻抗；

$R_{\Sigma L\text{-}PE}$、$X_{\Sigma L\text{-}PE}$——故障回路所有元件的总相-保护导体电阻、电抗（mΩ），包括变压器高压侧系统、变压器、低压母线及配电线路等元件的相-保护导体电阻、电抗。

短路计算中各元件的相-保护导体电阻、电抗可通过计算求得或查有关设计手册。

（二）单相与中性线短路（即相线与中性线间的短路）电流计算

TN 和 TT 接地系统的低压网络相线与中性线之间短路的单相短路电流 I_{k1}'' 的计算，与上述单相接地故障电流计算相似，仅将元件的相-保护导体阻抗改为相-中性导体阻抗。

（三）单相短路电流与三相短路电流的关系

在远离发电机的用户变电所低压侧发生单相短路时，$Z_{(1)} \approx Z_{(2)}$，因此由式（3-32）得单相短路电流为

$$I_{k1}'' = \frac{cU_n/\sqrt{3}}{|2Z_{(1)} + Z_{(0)}|/3}$$

由于远离发电机短路时，$Z_{(1)} < Z_{(0)}$，而三相对称短路总阻抗仅为正序阻抗，因此

$$I_{k1}'' < \frac{cU_n}{\sqrt{3}Z_{(1)}} = I_{k3}''$$

由上式和第三节可知，在无限大电源容量系统中和远离发电机端短路时，两相短路电流和单相短路电流均比三相短路电流小。

第五节 短路电流的效应

当短路电流通过电器和导体时，由于电磁效应将产生很大的电动力，即电动力效应，电器和导体会受到破坏或产生永久性变形。短路电流也会产生大量的热，造成电器和导体温度迅速升高，即热效应，可能使电器和导体的绝缘加速老化甚至损坏。为了保证电器和导体在短路情况下不致损坏，必须校验其动稳定和热稳定。

一、短路电流的电动力效应

两根平行导体分别通过电流 i_1 和 i_2 时，其相互间的作用力 F 为

$$F = 0.2 i_1 i_2 K_f \frac{1}{D} \tag{3-33}$$

式中：i_1、i_2——流过两根平行导体的电流瞬时值（kA）；

L——平行导体长度（m）；

D——两导体中心间距（m）；

K_f——相邻矩形截面导体的形状系数，可根据与导体厚度 b、宽度 h 和中心距离 D 有关的关系式 $\frac{D-b}{h+b}$ 和 $\frac{b}{h}$，从图 3-8 查得（对圆形导体取 1）。

两相短路时，导体间最大作用力 F_{k2} 为

$$F_{k2} = 0.2 K_f (i_{p2})^2 \frac{1}{D} \tag{3-34}$$

式中：i_{p2}——两相短路峰值电流或两相短路冲击电流（kA）。

当三相短路电流通过在同一平面的三相导体时，中间相导体所处的情况最严重，其最大作用力 F_{k3} 为

$$F_{k3} = 0.173 K_f (i_{p3})^2 \frac{1}{D} \tag{3-35}$$

式中：i_{p3}——三相短路峰值电流或三相短路冲击电流（kA）。

电器和导体应能承受短路电流电动力效应的作用，不致产生永久变形或遭到机械损伤，即具有足够的动稳定性。

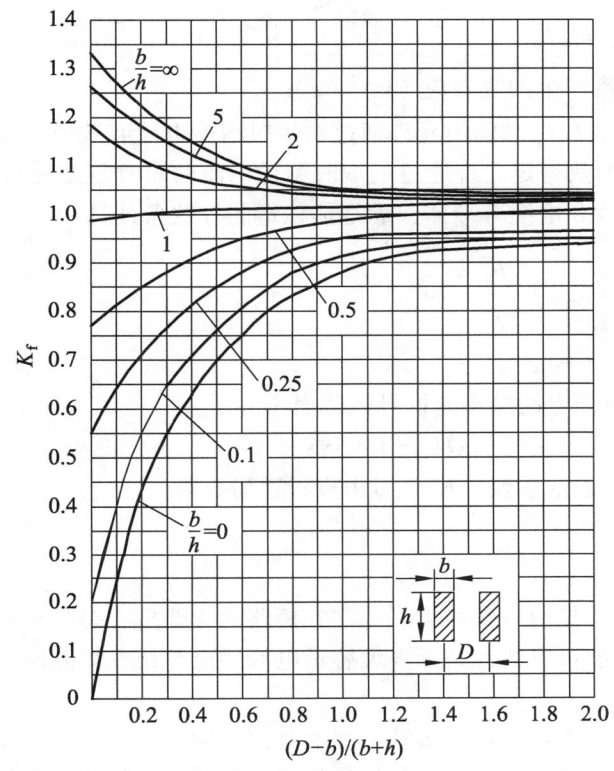

图 3-8 矩形截面母线的形状系数曲线

二、短路电流的热效应

在线路发生短路时，短路电流将使电器和导体温度迅速升高。但由于短路后线路的保护装置会很快动作，切除短路故障，所以短路电流通过电器和导体的时间不长，一般不超过 3 s。因此在短路过程中，可不考虑导体向周围介质的散热，即近似地认为电器和导体在短路时间内是与周围介质绝热的，短路电流在电器和导体中产生的热量，全部用来使导体的温度升高。

按实用计算法，短路电流在电器和导体中引起的热效应为

$$Q_t = \int_0^{t_k} i_{kT}^2 dt \approx Q_k + Q_D = I_{k3}''^2(t_k + t_D) \tag{3-36}$$

式中：Q_k——短路电流周期分量的热效应（$kA^2 \cdot s$）；

t_k——短路电流持续时间（s）。$t_k = t_p + t_b$，t_p 为继电保护动作时间，t_b 为断路器全分闸时间（含分闸时间与灭弧时间），对于高速断路器，$t_b = 0.1$ s；

Q_D——短路电流非周期分量的热效应（$kA^2 \cdot s$）；

t_D——计算短路电流非周期分量热效应的等值时间，对于用户变电所各级电压母线及出线，$t_D = 0.05$ s。

高压电器必须能耐受短路电流流过时间内的热效应，而不致产生变形损坏，则认为该电气设备对短路电流是热稳定的，校验时应满足

$$Q_t \leqslant I_{th}^2 t_{th} \tag{3-37}$$

式中：Q_t——短路电流产生的热效应（$kA^2 \cdot s$）；

I_{th}——高压电器在t_{th}时间内允许通过的短时耐受电流有效值（kA）；

t_{th}——高压电器热稳定允许通过的短时耐受电流的短时耐受时间（s）。

对母线、绝缘导线和电缆等导体，满足热稳定的等效条件是：

$$S \geqslant S_{min} = \frac{\sqrt{Q_t}}{c} \times 10^3 \tag{3-38}$$

式中：S——导体截面（mm^2）；

S_{min}——满足热稳定的最小允许导体截面（mm^2）；

Q_t——短路电流产生的热效应（$kA^2 \cdot s$）；

C——导体的热稳定系数（A），可由设计手册查得。

思考与练习

3-1 供配电系统常见的短路种类有哪些？短路的主要危害是什么？

3-2 什么样的系统可以认为是无限大容量电源供电系统？短路时，系统中的短路电流将如何变化？

3-3 短路容量的物理意义是什么？工程上有何用途？

3-4 短路电流周期分量和非周期分量是如何产生的？其初始值与什么物理量有关？

3-5 短路电流计算的标幺值法和有名值法各有什么特点？各自分别适用于什么情况？

3-6 什么是短路电流的电动力效应和热效应？

第四章 供配电系统电气设备的选择

正确选择电气设备是电气主接线和配电装置安全、可靠、经济运行的重要条件。在进行电气选择时,应根据工程实际情况,在保证安全、可靠的前提下,积极而稳妥地采用新技术,并注意节省投资,选择合适的电气设备。本章首先概述供配电系统电气设备的分类,然后分别讲述电力变压器和互感器、高低压开关电器、熔断器等的功用、结构特点、主要性能及使用注意事项,最后介绍高低压成套配电装置的类型和结构特点等。

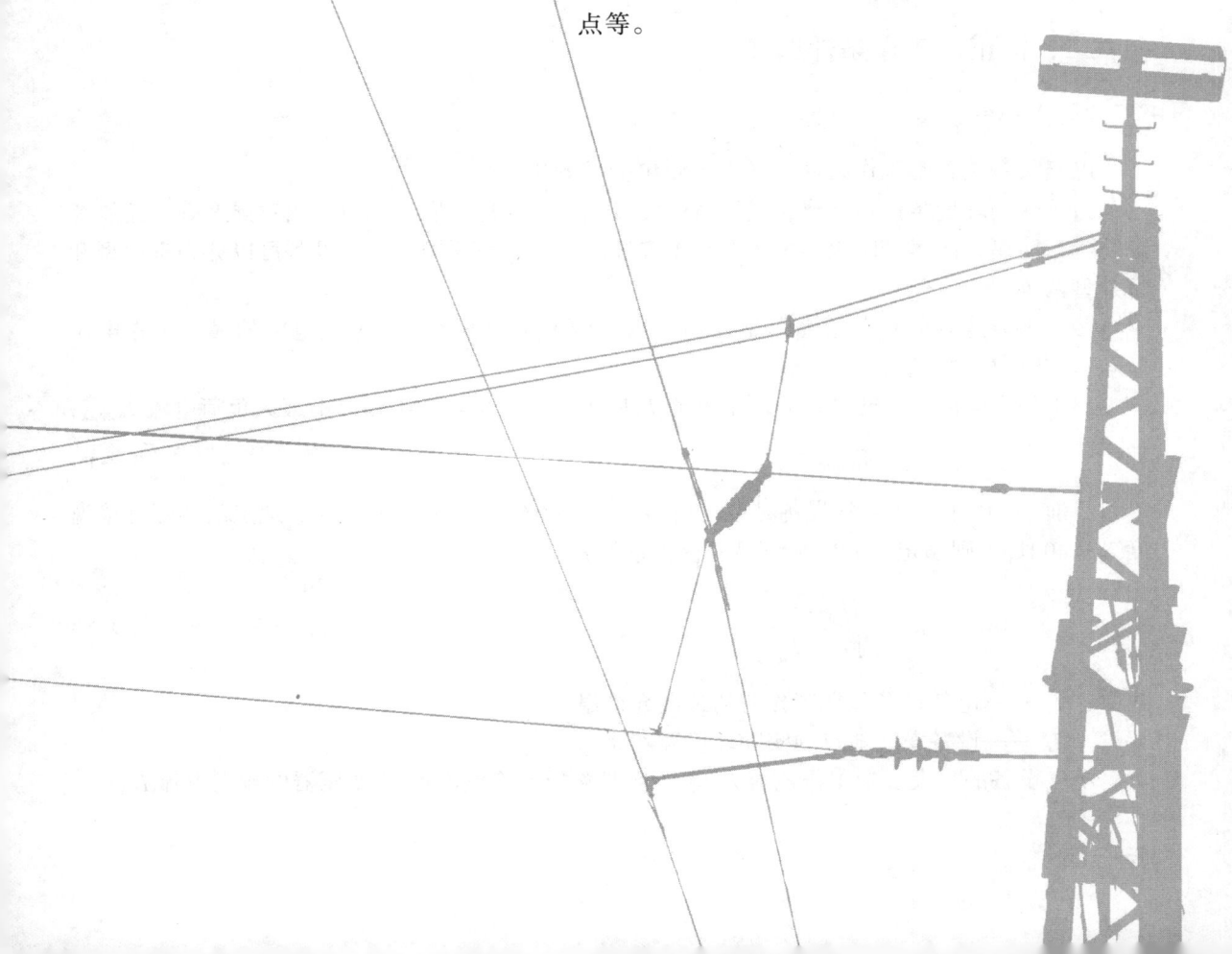

第一节　电气设备选择的一般原则

在变电所中，电气设备的种类很多，它们的工作条件和运行要求各不相同，但选择这些电气设备的基本要求却是一致的。在选择时，应根据实际工作特点，按照有关规范的规定，在保证供配电安全可靠的前提下，力争做到技术先进，经济合理。

一、选择的一般原则

在电气设备的选择过程中，应满足以下原则：
（1）应满足正常运行、检修、短路和过电压情况下的相关要求，并考虑发展远景；
（2）应按当地环境条件校核；
（3）应力求技术先进和经济合理；
（4）与整个工程的建设标准应协调一致；
（5）同类设备应尽量减少品种；
（6）选用的新产品均应具有可靠的数据，并经正式鉴定合格。在特殊情况下选用未经正式鉴定的新产品时，应经上级批准。

二、按正常工作条件选择

（一）电气设备选择条件

电气设备按正常工作条件选择，主要包括以下几个方面：
（1）使用环境条件：主要包括设备的安装地点、环境温度、海拔、相对湿度等，还要考虑防尘、防腐、防爆、防火等要求。根据安装地点的环境不同，电气设备可以分为室内型和室外型两种。

（2）额定电压：电气设备的额定电压 U_N 应不小于设备安装地点电网的最高工作电压 $U_{w.max}$，即：$U_N \geqslant U_{w.max}$

（3）额定电流：电气设备的额定电流 I_N 应不小于设备正常工作时的最大负荷电流 $I_{w.max}$，即：

$$I_N \geqslant I_{w.max} \tag{4-1}$$

目前，我国生产的电气设备是按环境温度 $T_0 = 40\ ℃$ 设计的，如果安装地点的实际环境温度 $T_0' \neq 40\ ℃$，则额定电流应乘以温度校正系数 K_θ

$$K_\theta = \sqrt{\frac{T_{al} - T_0'}{T_{al} - T_0}} \tag{4-2}$$

式中：T_{al}——电气设备长期工作时的最高允许温度；
　　　T_0'——设备安装地点的实际环境温度。

电气设备的最大长期工作电流 $I_{w.max}$，取线路的计算电流 I_{30} 或变压器的额定电流 I_{NT}。

（二）按短路情况进行校验

1. 动稳定校验

动稳定是指电气设备承受短路电流力效应的能力，满足动稳定的条件是：

$$i_{\max} \geqslant i_{sh}^{(3)} \quad \text{或} \quad I_{\max} \geqslant I_{sh}^{(3)} \tag{4-3}$$

式中：$i_{\max}$、$I_{\max}$——电气设备允许通过的最大电流峰值和有效值；

$i_{sh}^{(3)}$、$I_{sh}^{(3)}$——设备安装地点短路冲击电流的峰值和有效值。

2. 热稳定校验

热稳定是指电气设备承受短路电流热效应的能力，满足热稳定的条件是：

$$I_t^2 t \geqslant I_\infty^2 t_{ima} \tag{4-4}$$

式中：I_t——电气设备在 t 时间内的热稳定电流（kA）；

I_∞——三相短路稳态短路电流（kA）；

t——厂家给出的热稳定试验时间（s）；

t_{ima}——假想时间（s）。

高低压电气设备的选择和检验项目如表 4-1 所示。

表 4-1 高低压电气设备的选择和校验项目

设备名称	电压	电流	断流容量	短路电流效应检验	
				动稳定	热稳定
高压断路器	√	√	√	√	√
高压隔离开关	√	√	×	√	√
高压负荷开关	√	√	×	√	√
熔断器	√	√	√	×	×
低压断路器	√	√	√	×	×
低压刀开关	√	√	×	×	×
低压负荷开关	√	√	×	×	×
电流互感器	√	√	×	√	√
电压互感器	√	√	×	×	×
限流电抗器	√	√	×	×	×
消弧线圈	√	√	×	×	×
母线	×	√	×	√	√
电缆、绝缘导线	√	√	×	×	√
支持绝缘子	√	×	×	√	×
穿墙套管	√	√	×	√	√

注：表中"√"表示选择此项，"×"表示不选择此项。

三、高压电气设备选择的条件

为了保证高压电器及开关设备的可靠运行，高压电器及开关设备应按下列条件选择：

（1）按主要额定特性参数（如电压、电流、频率、开断电流等）选择。
（2）按承受过电压能力及绝缘水平选择。
（3）按环境条件（如温度、湿度、海拔等）选择。
（4）按各类高压电器及开关设备的不同特点进行选择。
（5）按短路条件进行动稳定、热稳定校验。
（6）高压电器及开关设备的接线端子应做机械荷载校验，户外导体、套管和绝缘子应根据气象条件和受力状况进行力学计算和校验。

高压电器、开关设备及导体的选择与校验项目见表4-2。

表4-2 高压电器、开关设备及导体的选择与校验项目

电器设备名称	额定电压	额定电流	额定开断电流	短路电流校验		绝缘水平
				动稳定	热稳定	
高压交流断路器	√	√	√	√	√	√
高压交流负荷开关	√	√	√	√	√	√
高压交流真空接触器	√	√	√	√	√	√
高压交流隔离开关和接地开关	√	√		√	√	√
高压交流熔断器	√	√	√			√
限流电抗器	√	√		√	√	√
接地变压器	√	√				√
接地电阻	√	√			√	
消弧线圈	√	√				
电流互感器	√	√		√	√	√
电压互感器	√					√
避雷器	√					√
高压阻容吸收器	√					√
支柱绝缘子	√			√		√
悬式绝缘子	√					√
绝缘套管	√	√		√	√	√
软导体		√			√	
硬导体		√		√	√	
电缆	√	√			√	√
交流金属封闭开关设备	√	√	√	√	√	√

注 1. 表中"√"为选择高压电器及开关设备时应进行校验的项目。
 2. 表中皆为高压电器及开关柜用于频率为50 Hz的情况，用于其他频率时对频率也要校验。

第二节 高压开关设备的选择

高压开关设备包括高压交流断器、高压交流负荷开关、高压交流隔离开关、高压交流熔断器等。

一、高压断路器

（一）用　途

高压断路器的主要作用是：在正常运行时接通或切断负荷电流；在发生短路故障或严重过负荷时，自动、迅速地切断故障电流，以防止扩大事故范围。

断路器工作性能好坏直接关系到工厂供配电系统的安全运行。为此要求断路器具有相当完善的灭弧装置和足够强的灭弧能力。

（二）类　型

高压断路器种类繁多，但主要结构相似，包括导电回路、灭弧室、外壳、绝缘体、操作和传动机构等部分。

断路器按所采用的灭弧介质及作用原理可分为油断路器、空气断路器、六氟化硫断路器、真空断路器等。

（三）主要技术参数

高压断路器的主要技术参数包括：

（1）额定电压 U_n：保证正常长期工作时断路器所耐受的电压值。铭牌上标注的电压指线电压的额定值。

（2）额定电流 I_n：断路器可以长期通过的最大电流。在长期通过额定电流时，断路器各部分温升不会超过国家标准。目前我国采用的额定电流等级有 200 A、250 A、314 A、400 A、500 A、630 A、1 000 A、1 250 A、1 600 A、2 000 A、2 500 A、3 150 A、4 000 A、5 000 A、6 300 A、10 000 A、12 500 A、16 000 A、20 000A 等。

（3）额定开断电流 I_{nk}：断路器在额定电压下能正常开断的最大电流。它表示断路器切断电路的能力。

（4）额定断流容量 S_{nk}：表示断路器的开断能力。额定断流容量等于额定电压与额定开断电流的乘积，在三相电路中可表示为

$$S_{nk} = \sqrt{3} U_k I_{nk} \tag{4-5}$$

额定断流容量的大小取决于断路器灭弧装置的结构和尺寸。因此，对于一般断路器，当使用电压低于额定电压时，因额定开断电流不变，所以断流容量相应降低。即

$$S_k = S_{nk} \frac{U}{U_m} \tag{4-6}$$

式中：S_k——电压为 U 时的断流容量。

（5）额定关合电流：在断路器合闸之前，若线路上已存在短路故障，则在断路器合闸过程中，动、静触头之间还未接触时即有巨大的短路电流通过（称为预击穿），此时更容易发生触头熔焊和因电动力损坏。而且，断路器在关合短路电流时，不可避免地在接通后又自动跳闸，此时还要求能够切断短路电流。因此，额定关合电流是断路器的重要参数之一。为了保证断路器在关合短路时的安全，断路器的额定关合电流不应小于短路电流最大冲击值。

（6）热稳定电流 I_t：表示断路器能承受短路电流热效应的能力，通常以电流有效值表示。

短路时电流很大,在短时间内所产生的大量热量(其值与通过电流平方成正比)来不及向外散发,全部用来加热断路器,使其温度迅速上升,严重时会使断路器触头焊住,损坏断路器。因此,断路器铭牌规定了一定时间(如1s、4s、5s、10s)的热稳定电流。例如I_4即表示短路电流通过4s的热稳定电流。其物理意义是:当热稳定电流I_t通过断路器时,在规定的时间$t(s)$内,断路器各部分温度不超过国家规定的短时允许发热温度,保证断路器不被损坏。

(7)动稳定电流i_{dw}:表示断路器能承受短路电流电动力作用的能力,通常用短路电流峰值表示。其物理意义:当断路器在闭合状态时所能承受的最大电流峰值,在此电流下不会因电动力的作用发生任何机械损坏。该最大电流峰值称为动稳定电流i_{dw},也称为极限通过电流。

(四)高压断路器的选择与校验

1. 高压断路器型号的表示和含义

高压断路器型号的组成和排列顺序可表示为:

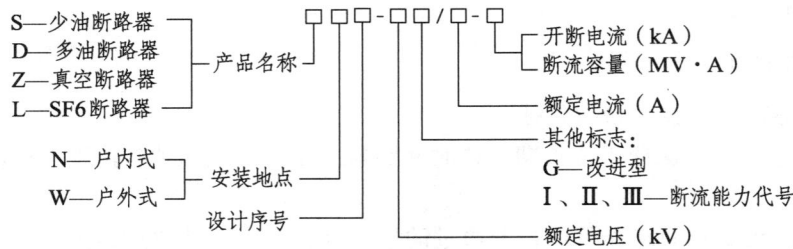

选择高压断路器时,要注意以下三种不同类型断路器的各自特点:

(1)少油断路器具有体积小、质量轻、节约油和钢材、价格低等优点,但不能频繁操作,适用于6~35kV的室内配电装置;

(2)真空断路器具有噪声低、体积小、质量轻、寿命长、结构简单、无污染、不爆炸、可靠性高等优点,因此,在35kV配电系统及以下电压等级中处于主导地位,但价格较贵;

(3)SF_6断路器具有断流能力强、灭弧速度快、电绝缘性能好、检修周期长等优点,适用于需频繁操作及有易燃易爆危险的场所,但要求加工精度高,对其密封性能要求更严,价格高。

高压断路器的选择条件主要包括:

(1)电气设备的额定电压应不低于所在线路的额定电压;

(2)额定电流应不小于该回路的最大持续工作电流,一般用计算电流作为选择依据,但在选择变电所高压侧设备时,计算电流取变压器一次侧额定电流。

2. 按短路电流或短路容量选择断流能力

高压断路器作为短路保护设备时,其额定开断电流I_∞或断流容量S_∞不应小于其实际开断瞬间的短路电流周期分量有效值$I_k^{(3)}$或短路容量$S_k^{(3)}$,即

$$I_\infty \geqslant I_k^{(3)} \tag{4-7}$$

或

$$S_\infty \geqslant S_k^{(3)} \tag{4-8}$$

3. 按短路冲击电流选择短路关合能力

为了保证断路器在关合短路时的安全，断路器的额定关合电流 I_{mc} 不应小于短路冲击电流值 $I_{sh}^{(3)}$，即

$$I_{mc} \geqslant I_{sh}^{(3)} \tag{4-9}$$

4. 操作性能的要求

有频繁操作要求的线路或设备，配置的断路器应选择真空断路器或 SF_6 断路器。

例 4-1 图 4-1 所示为某工厂 35/10 kV 总降压变电所的主接线简图，主变压器 T 的容量 $S_n = 6\,300$ kV·A，10 kV 母线短路电流 $I_k^{(3)} = 16.5$ kA，10 kV 侧继电保护的动作时间为 1.1 s。试选择 10 kV 侧高压断路器和高压隔离开关的型号规格。

解： 10 kV 侧额定电流为

$$I_N = \frac{S_N}{\sqrt{3}U_N} = \frac{6300}{\sqrt{3} \times 10} = 364 \text{（A）}$$

初步选择 10 kV 侧高压断路器和高压隔离开关型号分别为 VS1-630 和 GN8-10T/600。

10 kV 侧短路冲击电流为

$$i_{sh} = 2.55 I_k^{(3)} = 2.55 \times 16.5 = 42.075 \text{（kV·A）}$$

短路电流热效应假想时间为

$$t_{i.ma} = 1.1 + 0.2 = 1.3 \text{（s）}$$

高压断路器和高压隔离开关的选择与校验数据见表 4-3 所示。

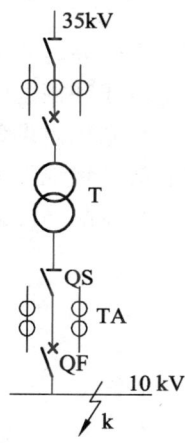

图 4-1 例 4-1 图

表 4-3 高压断路器和高压隔离开关的选择检验表

选择与校验项目	安装地点数据	VS1-630	GN8-10T/600
额定电压	$U_N = 10$ kV	12 kV	10 kV
额定电流	$I_N = 364$ A	630 A	600 A
断流能力	$I_k^{(3)} = 16.5$ kA	$I_\infty = 20$ kA	—
动稳定度	$i_{sh}^{(3)2} = 42.075$ kA	$i_{max} = 50$ kA	$i_{max} = 52$ kA
热稳定度	$[I_k^{(3)}]^2 \cdot t_{ima} = 16.5^2 \times 1.3$ $= 353.9$（kA²·s）	$I_t^2 \times t = 20^2 \times 4$ $= 1\,600$（kA²·s）	$I_t^2 \times t = 20^2 \times 5$ $= 2\,000$（kA²·s）

二、高压隔离开关

（一）用途

高压隔离开关没有灭弧装置，因而不能接通和切断负荷电流，其用途主要包括：

（1）隔离高压电源。用隔离开关把检修的电气设备与带电部分可靠地断开，使其有一个明显的断开点，确保检修、试验工作人员的安全。若要检修断路器 DL，可先将 DL 断开，然后断开 1G 和 2G，这样 DL

视频：高压隔离开关

两侧有明显的断开点，可以保证安全检修。

（2）倒闸操作。在双母线接线的配电装置中，可利用隔离开关将设备或供电线从一组母线切换到另一组母线，接通或断开较小电流，如励磁电流不超过 2 A 的空载变压器、电容电流不超过 5 A 的空载线路及电压互感器和避雷器等回路。

（二）类　型

隔离开关类型很多，按装设地点可分为户内式和户外式，按绝缘支柱数目可分为单柱式、双柱式和三柱式等。

（三）高压隔离开关的选择与校验

由于隔离开关主要用于电气隔离而不能分断正常负荷电流和短路电流，因此只需要选择额定电压和额定电流、校验动稳定和热稳定即可。成套开关柜生产厂商一般都提供开关柜的方案号及柜内设备型号供用户选择，用户也可以自己指定设备型号。开关柜柜内高压隔离开关有的带接地刀，有的不带接地刀。

高压隔离开关型号的组成和排列顺序可表示：

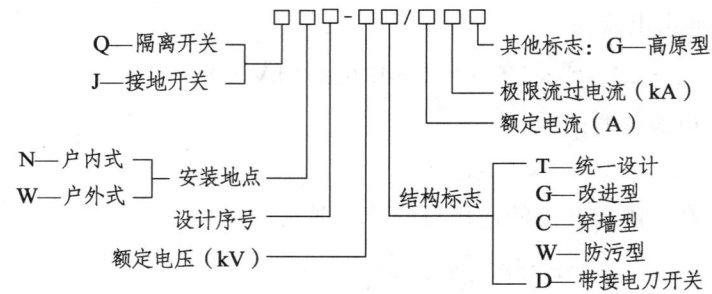

例 4-2　试选择某 35 kV 户内变电所主变压器二次侧高压开关柜的高压隔离开关。已知变压器参数为 35/10.5 kV，5 000 kV·A，三相最大短路电流为 3.35 kA，冲击短路电流为 8.54 kA，三相短路容量为 60.9 MV·A，继电保护动作时间为 1.1 s。

解：由于 10 kV 出线控制采用成套开关柜，查表 4-4，选择 GN2 10T/600 高压隔离开关，该高压隔离开头的选择校验数据如表 4-5 所示。

表 4-4　常用高压隔离开关的技术参数

型号	额定电压/kV	额定电流/A	极限通过电流/kA 峰值	极限通过电流/kA 有效值	5 s 热稳定电流/kA	操动机构型号
CN_8^6—6T/200	6	200	25.5	14.7	10	CS6-1T（CS6-1）
CN_8^6—6T/400	6	400	40	30	14	CS6-1T（CS6-1）
CN_8^6—6T/600	6	600	52	30	20	CS6-1T（CS6-1）
CN_8^6—10T/200	10	200	25.5	14.7	10	CS6-1T（CS6-1）
CN_8^6—10T/400	10	400	40	30	14	CS6-1T（CS6-1）
CN_8^6—10T/600	10	600	52	30	20	CS6-1T（CS6-1）
CN_8^6—10T/1000	10	1 000	75	43	30	CS6-1T（CS6-1）

表 4-5　高压隔离开关选择校验表

序号	CN_8^6—10T/600		选择要求	装设地点电气条件		结论
	项目	数据		项目	数据	
1	U_N/kV	10	≥	$U_{W \cdot N}$/kV	10	合格
2	I_N/kA	600	≥	I_c/kA	275	合格
3	i_{max}/kA	52	≥	$i_{sh}^{(3)}$/kA	8.54	合格
4	$I_t^2 t$ / (kA²·s)	2 000	≥	$I_\infty^2 \cdot t_{ima}$ / (kA²·s)	13.5	合格

三、高压负荷开关

（一）用　途

在高压配电装置中，负荷开关是专门用于接通和断开负荷电流的电气设备；在装有脱扣器时，过负荷情况下也能自动跳闸。但因只配备简单的灭弧装置，所以不能切断短路电流。在大多数情况下，负荷开关可与高压熔断器（一般为 RN1 型）串联，借助熔断器切除短路电流。

（二）类　型

高压负荷开关分为户内式（如 FN-10 型、FN-10R 型）和户外式（如 FW-10 型、FW-35 型）两大类。其型号中文字符号的含义：F—负荷开关，N—户内，W—户外，R—带有高压熔断器。

（三）高压负荷开关的选择与校验

高压负荷开关能带负荷操作，但不能切断短路电流，因此其断流能力按切断最大可能的过负荷电流来校验，满足的条件为

$$I_\infty \geqslant I_{OL.max} \tag{4-10}$$

式中：I_∞——负荷开关的最大分断电流；

$I_{OL.max}$——负荷开关所在电路的最大可能的过负荷电流，一般取（1.5 ~ 3）I_{30}，这里 I_{30} 为电路计算电流。

另外，通用负荷开关还应具有有功负荷电流和闭环电流（其值等于负荷开关的额定电流）、电缆充电电流（对于 3 ~ 35 kV 等级为 10 A）、空载变压器（对于 3 ~ 35 kV 等级为额定容量 1 250 kV·A）等的开断能力，并且各种负荷开关应当具有短路关合能力（额定短路关合电流等于其额定峰值耐受电流），以保证负荷开关误投到短路回路时不至于被损坏。

与限流熔断器配合使用的负荷开关可不进行动稳定度和热稳定度的校验。

四、高压熔断器

（一）用途

高压熔断器是一种常用的简单保护电器，由熔体、支持金属体的触头和保护外壳三个部分组成，串接在电路之中。当电路发生过负荷或短路故障时，故障电流超过熔体的额定电流，熔体被迅速加热熔断，从而切断电流，防止故障扩大。

视频：高压熔断器

高压熔断器广泛用于高压配电装置中，如保护线路、变压器及电压互感器等设备。与负荷开关合用时，既可以切断和接通负荷电流，又可以切断故障电流。

（二）类型

在 6～35 kV 高压熔断器中，户内型广泛采用 RN2、RN3 型管式熔断器，户外型则广泛采用 RW3、RW5 等跌落式熔断器。

（三）高压熔断器的选择与校验

高压熔断器有户内型和户外型两种，熔断器额定电压一般不超过 35 kV。熔断器没有触头，而且分断短路电流后熔体熔断，故不必校验动稳定和热稳定，仅需校验断流能力。高压熔断器在选择时，要注意以下几点：

1. 型式的选择

3～35 kV 的电站和变电所常用的高压熔断器有两类：一类是户内型高压限流熔断器，最高额定电压达到 40.5 kV，常用的型号有 RN1、RN3、RN5、XRNM1、XRNT1、XRNT2、XRNT3 等，主要用于电力线路、电力变压器和电力电容器等设备的过载和短路保护；RN2 和 RN4 型额定电流均为 0.5 A，是电压互感器的专用熔断器。另一类是户外高压喷射式熔断器，此类熔断器在熔体熔断时产生电弧，需要等待电流过零时才能开断电路，无限流作用，常用的型号有 RW3、RW4、RW7、RW9、RW10、RW11、RW12、RW13 等，其作用除与 RN1 型相同外，在一定条件下还可以分断和关合空载架空线路、空载变压器和小负荷电流，例如 RW10-35/0.5 型为保护区 35 kV 电压互感器专用的户外产品。所以，应根据不同的保护对象来选择熔断器型式。

2. 按工作电压选择

高压熔断器的额定电压应满足

$$U_n \geqslant U_{w.n} \tag{4-11}$$

式中：U_n——熔断器额定电压（kV）；

$U_{w.n}$——安装处电网额定电压（kV）。

对于以石英砂作为熔断器填充物的限流型熔断器，只能按 $U_n = U_{w.n}$ 的条件来选择，此类熔断器熔断产生的最大过电压倍数限制在 2.5 倍相电压之内，此值并未超过同一电压等级电器的绝缘水平。如果熔断器使用在工作电压低于其额定电压的电网中，过电压倍数造成的威胁可能增大。

3. 按工作电流及保护特性选择

（1）一般条件。

高压熔断器熔管的额定电流应满足

$$I_N \geq I_{RN} \geq I_{g.zd} \tag{4-12}$$

式中：I_N——熔断器熔管的额定电流（A）；

I_{RN}——熔断器熔体的额定电流（A）；

$I_{g.zd}$——回路最大持续工作电流（A）。

式（4-12）为选择熔断器额定电流的总体要求，其中熔体额定电流的选择最为重要，它的选择与其熔断特性有关，应能满足保护的可靠性、选择性和灵敏度要求。

（2）具体情况。

① 保护配电设备，即 35 kV 及以下电力变压器。高压熔断器熔体额定电流应满足

$$I_{RN} = kI_{b.zd} \tag{4-13}$$

式中：I_{bzd}——变压器回路最大持续工作电流（A）；

k——可靠系数，不考虑电机自启动时取 1.1~1.3，考虑电机自启动时取 1.5~2.0。

按式（4-13）选择高压熔断器，可确保变压器在通过最大持续工作电流，或通过变压器励磁涌流，或电动机自启动或保护范围以外短路产生的冲击电流时熔件不熔断，而且能保证前后级保护动作的选择性以及本段范围内短路时能在最短时间内切除故障。

② 保护电力电容器。

$$I_{rn} = kI_{c.n} \tag{4-14}$$

式中：I_{cn}——电容器回路的额定电流（A）；

k——可靠系数，对于跌落式熔断器取 1.35~1.5；在一台电容器情况下，对于限流型熔断器取 1.5~1.8；当一组电容器时取 1.35~1.8。

③ 保护电力线路。

按一般条件选择

$$I_N \geq I_{RN} \geq I_{g.zd} \tag{4-15}$$

4. 按开断电流选择

① 一般条件。

$$I_{oc} \geq I_{kt} \ (S_{oc} \geq S_{dt}) \tag{4-16}$$

式中：I_{oc}——熔断器的额定开断电流（kA）；

S_{oc}——额定开断容量（MV·A）；

I_{kt}——短路全电流（kA），对于限流型熔断器取 $I_{kt} \geq I_{sh}$（稳态短路电流最大有效值）。

② 对于跌落式熔断器，其开断能力应分别按上、下限值来验算。在验算上限值时，应用系统的最大运行方式；在验算下限值时，应用系统的最小运行方式。

5. 短路电流的稳定性

对于限流型熔断器，可不进行动稳定、热稳定的校验。对于非限流型熔断器，要求进行动稳定、热稳定的校验工作。

热稳定校验

$$I_{sh}^2 t \geqslant I_{RN}^2 \cdot t_{RN} \quad (4\text{-}17)$$

式中：I_{sh} ——稳态短路电流有效值（kA）。

动稳定校验

$$I_{RN} \geqslant i_{sh}^{(3)} \quad (4\text{-}18)$$

式中：$i_{sh}^{(3)}$ ——短路电流峰值（kA）。

6. 保护电压互感器的熔断器

选择保护电压互感器的熔断器时，只需要按额定电压和开断能力选择即可，可不验算动稳定、热稳定。

7. 注意事项

选择高压熔断器时的注意事项主要包括：

（1）高压熔断器的额定电压应大于或等于实际工作的最高电压。

（2）限流型熔断器不允许使用低于或高于它们的额定电压的线路，非限流型熔断器在选择时要进行动、热稳定性校验。

（3）熔体的额定电流应小于熔断器的额定电流，但大于回路持续工作电流。

（4）根据保护动作选择性要求来校验熔体额定电流，以保证装设回路中前后保护动作时间的配合。

（5）保护电压互感器的高压熔断器只须按工作电压与开断能力来选择。

第三节　变压器的选择

电力变压器是供配电系统的关键设备，并影响电气主接线的基本形式和变电所总体布置形式。供配电系统设计时，应经济合理地选择变压器的型式、台数及容量，并使所选变压器的总拥有费用最小。

一、电力变压器的用途和分类

电力变压器的主要功能是升高或降低电力系统中的电能电压，以利于电能的合理输送、分配和使用。电力变压器用途如图 4-2 所示。

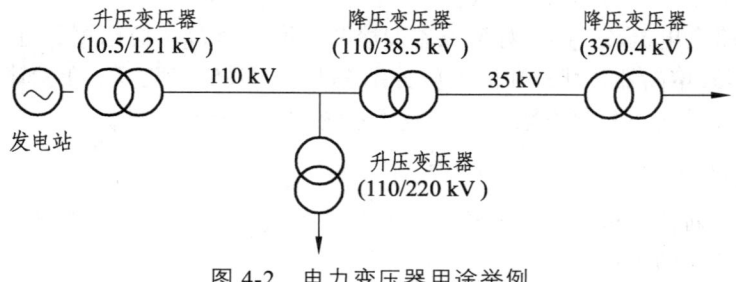

图 4-2　电力变压器用途举例

电力变压器的类型很多,可按电力变压器的相数、调压方式、绕组形式、绕组绝缘及冷却方式、联接组标号等进行分类:

(1)电力变压器按相数分为单相和三相两种。用户变电所一般采用三相变压器。

(2)电力变压器按调压方式分为无载调压(又称无励磁调压)和有载调压两种。10kV 配电变压器一般采用无载调压方式;35 kV 总降压变电所的主变压器在电压偏差不能满足要求时应采用有载调压方式。

(3)电力变压器按绕组形式分为双绕组变压器、三绕组变压器和自耦变压器等。用户变电所大多采用双绕组变压器。

(4)电力变压器按绕组绝缘及冷却方式分为油浸式、干式和充气式(SF_6)等。油浸式变压器的冷却方式有自冷式、风冷式、水冷式和强迫油循环冷却式等。干式变压器的冷却方式有自冷式和风冷式两种,采用风冷式可提高干式变压器的过载能力。干式变压器多用于高层建筑变电所。

国产电力变压器型号的组成和排列顺序可表示为:

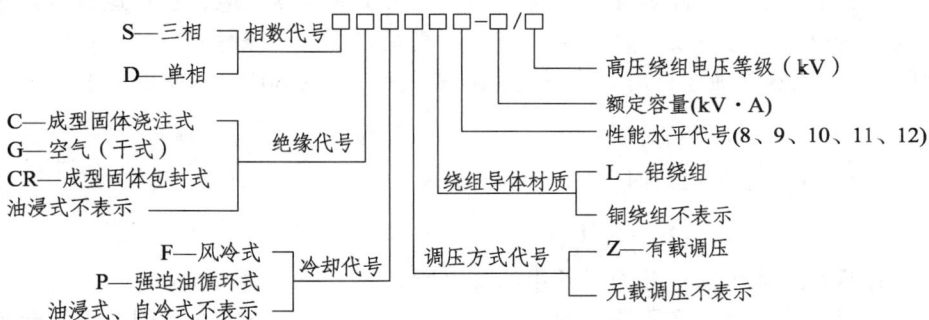

例如 S11-800/10 为三相铜绕组油浸式电力变压器,设计序号为 11,额定容量为 800 kV·A,高压绕组电压为 10kV。

二、变电所主变压器的选择

(一)变电所主变压器台数的选择

选择变电所主变压器台数时应考虑以下原则:

(1)满足用电负荷对供电可靠性的要求。

① 对接有大量一、二级负荷的变电所,宜采用两台变压器。当一台变压器发生故障或检修时,另一台变压器能保证对一、二级负荷继续供电。

② 对只有二、三级负荷的变电所,如果低压侧有与其他变电所相连的联络线作为备用电源,也可采用一台变压器。

③ 对负荷集中而容量相当大的变电所,虽为三级负荷,也可采用两台或两台以上变压器,以降低单台变压器容量及提高供电可靠性。

(2)对季节性负荷或昼夜负荷变动较大的变电所,可采用两台变压器,实行经济运行方式。

(3)除上述情况外,一般车间变电所宜采用一台变压器。

(4)在确定变电所主变压器台数时,应适当考虑近期负荷的发展。

（二）变电所主变压器容量的选择

我国变压器容量等级采用 R10 系列，该系列变压器容量等级按 $R10 = \sqrt[10]{10} \approx 1.26$ 倍数递增。如容量 100 kV·A、125 kV·A、200 kV·A、250 kV·A、315 kV·A、400 kV·A、460 kV·A、500 kV·A、630 kV·A、800 kV·A 和 1 000 kV·A 等。选择变电所主变压器容量时应遵守下列原则：

（1）只装一台主变压器的变电所。

为避免或减少主变压器过负荷运行，变压器容量 S_t 应满足全部用电设备总计算负荷 S_{30} 的需要，即

$$S_t \approx S_{n.t} \geqslant S_{30} \tag{4-19}$$

（2）装有两台主变压器且互为暗备用的变电所。

所谓暗备用是指两台主变压器同时运行（企业变电所主变压器低压侧一般采用单母线分段运行），但每台变压器都有余力向对方负荷提供容量，互为备用。当一台变压器发生故障或检修时，另一台变压器至少能够保证对所有一、二级负荷继续供电，这种运行方式称为暗备用运行方式。所以，每台主变压器容量 S_t 应同时满足以下两个条件：

① 任一台变压器单独运行时，宜满足总计算负荷 S_{30} 的 60%～70%的需要，即

$$S_t \approx S_{n.t} = (0.6\sim0.7)S_{30} \tag{4-20}$$

② 任一台变压器单独运行时，应满足全部一、二级负荷的需要，即

$$S_t \approx S_{n.t} = S_{30}(\text{I}+\text{II}) \tag{4-21}$$

（3）装有两台主变压器且互为明备用的变电所。

所谓明备用是指两台主变压器一台运行、另一台备用的运行方式。因此，每台主变压器容量的选择方法与变电所只装一台主变压器的选择方法相同，或相当于式（4-20）系数取 1。明备用运行方式显然会造成容量浪费。

车间变电所主变压器的单台容量一般不宜大于 1 000 kV·A 或 1 250 kV·A，这主要是考虑到可以使变压器更接近于车间负荷中心，以减少低压配电线路的电能损耗、电压损耗以及有色金属消耗量。如果车间负荷容量较大、负荷集中且运行合理时，那么也可以选用单台容量为 1 250～2 000 kV·A 的配电变压器，这样就能减少主变压器的台数及高压开关电器和电缆的使用量等。

对装设在二层以上的电力变压器，应考虑垂直与水平运输对通道及楼板荷载的影响。如采用干式变压器，其容量不宜大于 630 kV·A。

对住宅小区变电所内的油浸式变压器，单台容量不宜大于 630 kV·A。这是因为油浸式变压器容量大于 630 kV·A 时，按规定应装设瓦斯保护，而该变压器电源侧的断路器往往不在变压器附近，因此瓦斯保护很难实施。而且如果变压器容量增大，供电半径相应增大，势必造成供电末端的电压偏低，给居民的生活带来不便等。

应适当考虑负荷的未来发展，一般应考虑今后 5～10 年内电力负荷的增长，留有一定的余量，同时要考虑变压器的正常过负荷能力。变电所主变压器台数和容量，应结合变电所主接线方案，通过对几个较合理的方案进行技术经济比较后择优确定。

例 4-3　某 10/0.4 kV 变电所，总计负荷为 1 200 kV·A，其中一、二级负荷为 750 kV·A。

当地年平均气温 $T_{0.av}=15\ °C$，试选择其室内主变压器的台数和容量。

解：根据变电所一、二级负荷情况，确定选两台主变压器。每台主变压器容量选择应满足下列条件：

$$S_t \approx (0.6 \sim 0.7)S_{30} = (0.6 \sim 0.7) \times 1200 = 720 \sim 840 (kV \cdot A)$$
$$S_t \approx S_{30}(\text{I}+\text{II}) = 750(kV \cdot A)$$

同时满足上述两个条件，可选择两台低损耗电力变压器 S9-800/10 型并列运行。考虑当地年平均气温并且主变压器装于室内，所选变压器的实际容量为

$$S'_t = K\theta' S_m = \left(0.92 - \frac{T_{0av}-20}{100}\right) S_{NT}$$
$$= \left(0.92 - \frac{15-20}{100}\right) \times 800 = 776(kV \cdot A)$$

由此可见，主变压器实际容量基本满足上述两个条件，因此，确定所选两台主变压器为 S9-800/10 型变压器。

第四节　互感器的选择

互感器是电力系统中一次电路和二次电路之间的联络器件，包括电流互感器（简称 CT）和电压互感器（简称 PT）。从基本结构和工作原理上来讲，互感器就是一种特殊的变压器。电流互感器将高压（这里的高压，是相对二次回路的低电压而言的；用在低压开关柜中的电流互感器，其一次侧的电压为 380 V 或 220 V。）电路内的大电流按比例变为适合通用仪表或继电器的额定电流为 5 A 或 1 A 的低压小电流。电压互感器把一次电路的高电压降低到线电压为 100 V 的低电压，供给测量仪表和继电器用。

一、电压互感器

（一）电压互感器的分类及型号

电压互感器全型号的组成和排列顺序可表示为：

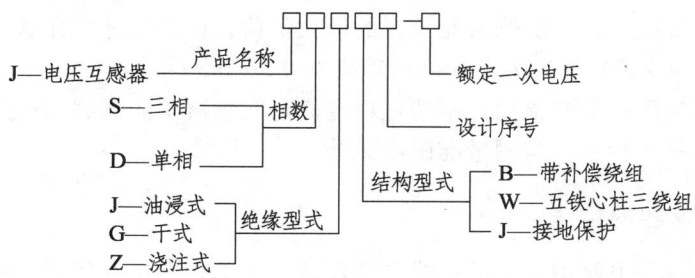

电压互感器的分类见表 4-6。

表 4-6 电压互感器的分类

分类方法	类型	应用及其他说明
相数	单相	三相电压互感器一般用于 10 kV 以下系统
	三相	
绕组数	双绕组	三绕组电压互感器有两个二次绕组，一个专门用于接测量仪表，另一个专门用于接保护继电器
	三绕组	
绝缘介质	油浸式绝缘	多用于 35 kV 及以上系统
	浇注绝缘	多用于 10 kV 及以上系统
	一般干式绝缘	多用于低压系统
	气体绝缘	多用于高压产品
安装场所	户内式	户外式电压互感器一般采用全封闭结构，二次出线端配有接线保护罩
	户外式	

（二）电压互感器的准确度等级与额定容量

电压互感器的变压比定义为

$$K_\mathrm{u} = \frac{U_\mathrm{r1}}{U_\mathrm{r2}} \approx \frac{N_1}{N_2} \tag{4-22}$$

式中：U_r1——电压互感器一次绕组额定电压；
　　　U_r2——电压互感器二次绕组额定电压；
　　　N_1——电压互感器一次绕组匝数；
　　　N_2——电压互感器二次绕组匝数；
　　　K_u——电压互感器变压比，也称互感比，简称变比。

电压互感器的误差 $\Delta U\%$ 定义为

$$\Delta U\% = \frac{K_\mathrm{i} U_2 - U_1}{U_1} \times 100\% \tag{4-23}$$

根据 $\Delta U\%$ 的大小，电压互感器的准确度等级分为 0.2 级、0.5 级、1 级和 3 级，其用途和误差规定与电流互感器的相应等级相同。因为供配电系统发生过电压时，由避雷器等保护元件实施保护，不会使用到电压互感器，因此电压互感器没有保护用的 B 级。

电压互感器的额定容量定义为：一次侧工作在额定状态时，在测量误差不超过其准确度等级所规定数值的前提下，二次侧所能承载的最大负荷，称为互感器在这一准确度等级下的额定容量，记作 S_r（XX），XX 表示准确度等级如 0.2、0.5 等。

电压互感器的极限容量是指温升不超过规定值时互感器所能承载的最大二次负荷，它是受制于工作寿命的一个参数，与测量准确度无关。

（三）电压互感器的接线

电压互感器在三相电路中常见的接线方案包括一个单相电压互感器、两个单相电压互感器（接成 V/V 形）、三个单相电压互感器（接成 Y0/Y0 形）、三个单相三绕组电压互感器或一个三相五芯柱三绕组电压互感器（接成 Y0/Y0/开口三角形），如表 4-7 所示。

表 4-7 电压互感器的接线方案

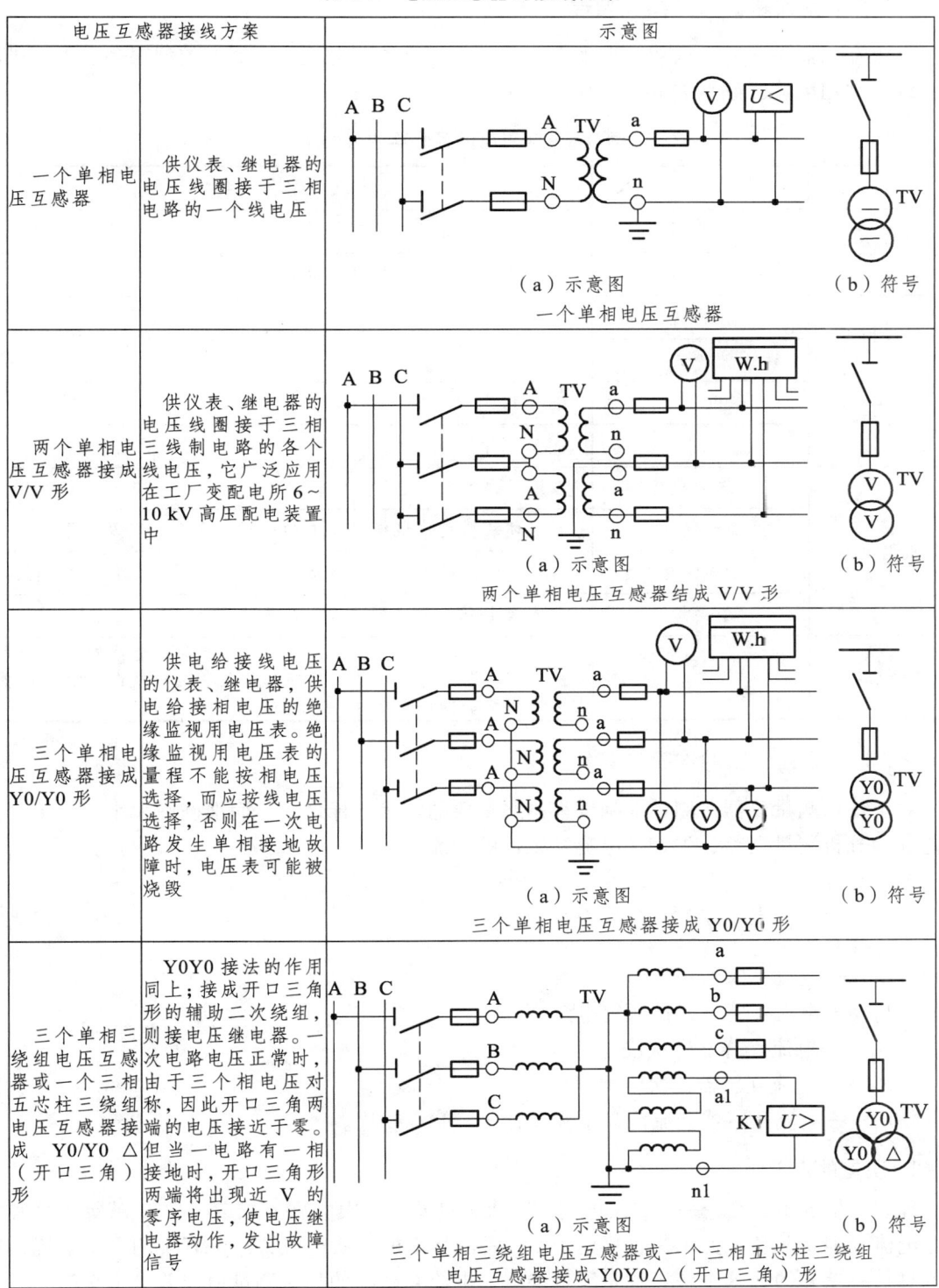

电压互感器接线方案	示意图
一个单相电压互感器	供仪表、继电器的电压线圈接于三相电路的一个线电压
两个单相电压互感器接成 V/V 形	供仪表、继电器的电压线圈接于三相三线制电路的各个线电压，它广泛应用在工厂变配电所 6～10 kV 高压配电装置中
三个单相电压互感器接成 Y0/Y0 形	供电给接线电压的仪表、继电器，供电给接相电压的绝缘监视用电压表。绝缘监视用电压表的量程不能按相电压选择，而应按线电压选择，否则在一次电路发生单相接地故障时，电压表可能被烧毁
三个单相三绕组电压互感器或一个三相五芯柱三绕组电压互感器接成 Y0Y0△（开口三角）形	Y0Y0 接法的作用同上；接成开口三角形的辅助二次绕组，则接电压继电器。一次电路电压正常时，由于三个相电压对称，因此开口三角两端的电压接近于零。但当一一次电路有一相接地时，开口三角形两端将出现近 V 的零序电压，使电压继电器动作，发出故障信号

71

二、电流互感器

（一）电流互感器的分类及型号

电流互感器是一种专门用于变换电流的特殊变流器。电流互感器的类型很多，工厂供配电系统中常用电流互感器的分类，如表 4-8 所示。

表 4-8　常用电流互感器的分类

分类方法	类型	应用及其他说明
用途	测量用	用于电流测量，准确度等级包括 0.2、0.5、1、3、5 等级
	保护用	用于继电保护，准确度等级有 5P、10P 两级
安装地点	户内式	35 kV 及以上多制成户外式，35 kV 以下多制成户内式
	户外式	
电压	高压	1 kV 以上
	低压	1 kV 以下
绝缘介质	油浸式绝缘	多用于户外
	浇注绝缘	利用环氧树脂作绝缘浇注成型，适用于 35 kV 及以下户内
	干式绝缘	由普通绝缘材料包扎，浸渍漆处理，适用于低压户内使用
	瓷绝缘	主绝缘由瓷件构成，已被浇注绝缘取代
J 次绕组匝数	单匝式（母线式、装入式等）	母线式是利用母线作为一次绕组，安装时将母线穿入电流互感器内腔。装入式是将电流互感器装入 35 kV 及以上的变压器或多油断路器的瓷套管中

（二）电流互感器的准确度等级

对于任何测量仪器，测量准确度都是最重要的技术指标之一，而准确度大小取决于测量误差。为分析测量误差，先定义电流互感器的变流比

$$K_i = \frac{I_{r1}}{I_{r2}} \approx \frac{N_1}{N_2} \tag{4-24}$$

式中：I_{r1}——电流互感器一次额定电流；

I_{r2}——电流互感器二次额定电流；

N_1——电流互感器一次绕组匝数；

N_2——电流互感器二次绕组匝数；

K_i——电流互感器变流比，也称互感比，简称变比。

1. 误差的定义

理想的情况下，无论一、二次电流有多大，只要将二次电流 I_2 乘以变比 K_i 就等于真实的一次电流，但实际情况并不是这样的。$K_i I_2$ 是测量出的一次电流，I_1 是真实的一次电流，这两者总是有差异的，这个差异就是测量误差。电流互感器的相对测量值误差可定义为

$$\Delta I\% = \frac{K_i I_2 - I_1}{I_1} \times 100\% \tag{4-25}$$

除了测量值误差，还有测量角误差。测量角误差是指将二次电流相量旋转 180°后与一次电流相量之间的夹角，并规定一次电流相量落后时为正值。在很多时候我们并不关心测量角误差，因此常常将测量值误差简称为误差。

2. 误差与准确度等级

根据误差的大小，将电流互感器按照测量精确度的要求分成若干等级，分别为 0.2 级（精密测量）、0.5 级（计量）、1 级（变配电所测量仪表）、3 级（指示仪表等供电）、B 级（继电保护用）。除 B 级以外，其他准确度等级数值与一次绕组通过额定电流时的测量误差相等。如 0.5 级的互感器，当一次电流为额定值时，测量误差 $\Delta I\% \leq 0.5$。

应当注意，一台互感器的准确度并不是出厂时就固定的，因为测量误差与使用条件有关。将一台互感器用于某一准确度等级时，就要控制相关的使用条件，使测量误差不超过规定值。

（三）电流互感器的额定容量与极限容量

由于电流互感器的测量误差与二次负载阻抗有关，因此规定：一次侧工作在额定状态下的电流互感器，在测量误差不超过其准确度等级所规定数值的前提下，二次侧所能承载的最大负荷，称为互感器在这一准确度等级下的额定容量，记作 S_r（XX），XX 表示准确度等级，如 0.2、0.5 等。

根据以上定义，一台互感器可以有若干个额定容量。因为电流互感器二次额定电流均为 5 A，有时以阻抗值替代额定容量，称为额定负载。

电流互感器的极限容量是指温升不超过规定值时互感器所能承载的最大二次负荷，它是受制于工作寿命的一个参数，与测量准确度无关。

（四）电流互感器的接线

电流互感器在三相电路中常见的接线方案有一相式接线、两相 V 形接线（两相不完全星形接线）、两相电流差接线和三相星形接线，如图 4-3 所示。

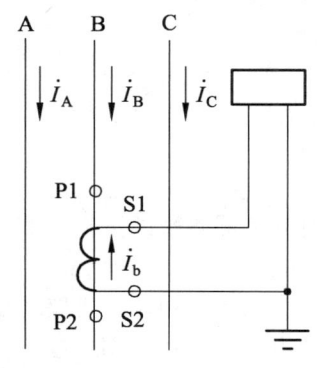

（a）一相式接线

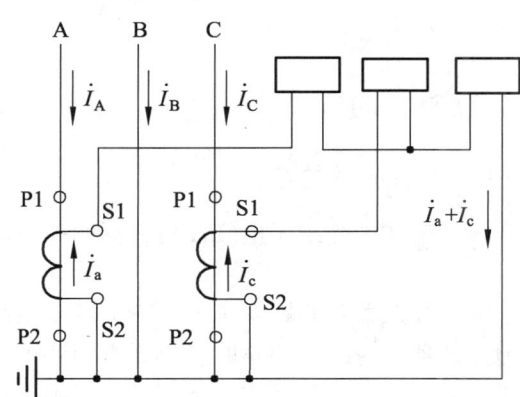

（b）两相 V 形接线（两相不完全星形接线）

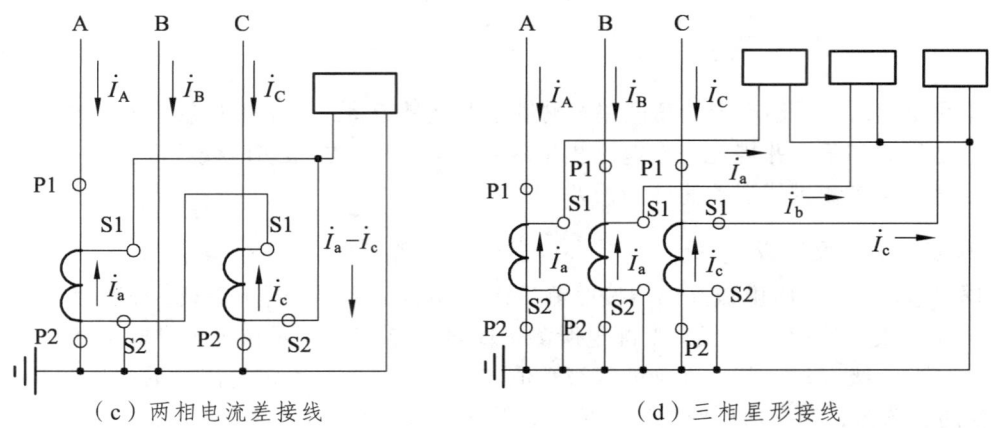

（c）两相电流差接线　　　　　　　（d）三相星形接线

图 4-3　电流互感器的常用接线方式

1. 一相式接线

一相式接线通常用于负荷平衡的三相电路中，如低压动力线路，供测量电流或过负荷保护装置之用。

2. 两相 V 形接线（两相不完全星形接线）

两相 V 形接线广泛适用于中性点不接地的三相三线制电路（6～10 kV 高压电路）中，供测量三相电流、电能及过电流继电保护之用。

通常电流互感器接于 A、C 两相，二次侧公共线上的电流为 $i_a + i_c = -i_b$，反映的是未接电流互感器那一相的相电流。

3. 两相电流差接线

二次侧公共线上的电流为 $i_a - i_c$，其量值是相电流的 $\sqrt{3}$ 倍。适用于中性点不接地的三相三线制电路（如 6～10 kV 高压电路）中，作过电流继电保护之用。

4. 三相星形接线

三个电流线圈，正好反映各相的电流。广泛用于三相负荷一般不平衡的三相四线制系统，如 TN 系统中，也用在负荷可能不平衡的三相三线制系统中，作三相电流、电能测量及过电流继电保护之用。

三、互感器的选择

（一）一般性参数的选择

本章第一节详细介绍了电气设备选择的一般原则，针对互感器参数的选择，需注意以下两点：

（1）电压互感器并联在系统上，不会承受系统短路电流，因此不用校验短路动稳定、热稳定，但互感器自身二次短路时，仍会有短路电动力和热冲击，若选择专用于互感器的熔断器作保护，其动稳定、热稳定满足要求，可不作校验；

（2）电流互感器一次侧额定电流，考虑到仪表量程和测量准确度问题，一般选为计算电流的 1.25～1.5 倍。

（二）负载能力校验

对测量用互感器，按二次侧负载小于规定准确度等级下的额定容量校验即可。对于保护用电流互感器，需要按 10%误差曲线进行校验。对于供电用的电压互感器，应按二次负载小于极限容量进行校验。

第五节　母线、绝缘子的选择

一、母　线

母线是在发电厂和变电站的各级电压配电装置中，将发电机、变压器等大型电气设备与各种电器装置连接的导体。母线包括一次设备部分的主母线和设备连接线、站用电部分的交流母线、直流系统的直流母线、二次部分的小母线等。

母线的作用：汇集、分配和传送电能。

（一）裸露母线按母线的使用材料分类

1. 铜母线

铜具有电导率高、机械强度高、耐腐蚀等优点，是很好的导电材料。但铜的贮藏量少，在其他工业中用途很广，因此在电力工业中应尽量用铝代替铜，除在特殊技术上要求必须用铜线外，一般应采用铝母线。

2. 铝母线

铝的电导率仅次于铜，且质轻、价廉、产量高，一般情况下用铝母线比用铜母线经济，因此，目前我国广泛采用铝母线。

3. 铝合金母线

铝合金母线包括铝锰合金母线和铝镁合金母线两种。铝锰合金母线载流量大，但强度较差，采用一定的补强措施后可广泛使用；铝镁合金母线机械强度大，但载流量小，焊接困难，使用范围较小。

4. 钢母线

钢的电阻率比铜大（比铜大 7 倍）。用于交流时，具有很强的集肤效应，其优点是机械强度高和价廉。它适用于高压小容量回路（如电压互感器）和电流在 200 A 以下的低压回路和直流电路以及接地装置。

（二）裸露母线按母线的截面形状分类

1. 矩形截面母线

在 35 kV 及以下的户内配电装置中，一般都采用矩形截面母线。矩形截面母线与相同截面积的圆形母线相比，具有散热条件好、冷却条件好、集肤效应较小的特点。因此，在相同的截面积和相同的容许温度条件下，矩形截面母线要比圆形截面母线的容许工作电流大；在同一容许工作电流下，矩形截面母线的截面积要比圆形截面母线的截面积小；矩形母线要比实心圆形母线所消耗的金属量少。

为了增强散热条件和减小集肤效应的影响，宜采用厚度较小的矩形母线。但考虑到母线的机械强度，通常铜和铝的矩形截面母线的边长之比为 1∶5～1∶12，最大的截面积为 10 mm × 120 mm = 1 200 mm²。

2. 圆形截面母线

圆形截面母线主要用在 110 kV 及以上的户外配电装置中，以防止发生电晕。

3. 槽形截面母线

槽形截面母线具有散热条件好、集肤效应小、安装简单、连接方便的优点。当每相需用三条以上的矩形母线时，一般采用槽形截面母线。槽形截面母线常用在 35 kV 及以下，持续工作电流在 4 000～8 000 A 的配电装置中。

4. 管形截面母线

管形截面母线常用在 110 kV 及以上，持续工作电流在 8 000 A 以上的配电装置中。它具有集肤效应小、电晕放电电压高、机械强度高、散热条件好的优点。

5. 绞线圆形软母线

钢芯铝绞线由多股铝线绕单股或多股钢线的外层构成，一般用于 35 kV 及以上户外配电装置中。组合导线由多根铝绞线固定在套环上组合而成，用于发电机与户内配电装置或户外主变压器之间的连接。

（三）封闭母线结构类型

（1）封闭母线按外壳材料分为塑料外壳母线和金属外壳母线。

（2）封闭母线按外壳与母线间的结构形式分为不隔相式、隔相式和分相封闭式。

① 不隔相式封闭母线：三相母线设在没有相间板的公共外壳内，只能防止绝缘子免受污染和外物所造成的母线短路，而不能消除发生相间短路的可能性，也不能减少相间电动力和钢构的发热。

② 隔相式封闭母线：三相母线设在相间有金属（或绝缘）隔板的金属外壳之内，可较好地防止相间故障，在一定程度上减少母线电动力和周围钢构的发热，但是仍然可能发生因单相接地而烧穿相间隔板造成相间短路的故障。

③ 分相封闭式母线：每相导体分别用单独的铝制圆形外壳封闭。根据金属外壳各段的连接方法，又可分为分段绝缘式和全连式两种。

二、绝缘子

绝缘子是输电线路中不可缺少的电器附件，第一代绝缘子是用瓷材料制成的，第二代绝缘子是用高强度玻璃制成的，而目前所使用的第三代绝缘子是用复合材料（高分子材料）制成的。复合绝缘子系列产品，其机械性能和电气性能好，运行安全裕度大。

复合绝缘子系列产品主要由玻璃纤维环氧树脂引拔棒、硅橡胶伞裙和金具三部分所组成。其硅橡胶伞裙采用整体铸塑工艺，从而解决了影响复合绝缘子可靠性的关键问题——界面电气击穿。玻璃引拔棒与金具的连接采用最先进的压接工艺，配有全自动探伤检测系统，强度高，体积小，质量轻，外形美观，金具镀锌可防锈蚀，可与瓷绝缘子互换使用。

目前，高压输电线路所使用的悬式绝缘子、耐张绝缘子（垂直串）有瓷质绝缘子、玻璃绝缘子、复合（硅橡胶）绝缘子，电压等级有 35 kV、110 kV、220 kV、330 kV、550 kV 等几种。

瓷质绝缘子、玻璃绝缘子是片状的，在安装时应按照电压等级来串接一定的片数；110 kV 一串为 8 片，220 kV 一串为 15 片，按照不同的电压等级来选择。瓷质绝缘子有光亮的瓷釉；复合绝缘（硅橡胶）绝缘子是整体结构。

高压绝缘子的型号及参数见表 4-9。

表 4-9 高压绝缘子型号及参数

序号	型号	额定电压/kV	结构高度/mm	伞数	最小电弧距离/mm	最小公称爬电距离/mm	雷电全波冲击耐受电压不小于/kV	工频湿耐受电压不小于/kV
1	FXBW4-10/70	10	370±15	2	2	200	480	150	60
2	FXBW4-35/70	35	650±15	5	4	450	1 270	230	95
3	FXBW4-110/100	110	1 240+15	12	11	1 020	3 280	550	230
4	FXBW4-220/100	220	2 150±15	23	23	1 900	6 300	1 000	395

第六节 低压电气设备的选择

一、低压电气设备选择的原则

（一）安全原则

使用安全可靠是对任何开关电器的基本要求，保证电路和用电设备的可靠运行，是使生产和生活得以正常运行的重要保障。

（二）经济原则

经济原则主要考虑开关电器本身的经济价值和使用开关电器产生的价值。前者要求选择得合理、适用；后者则考虑在运行当中必须可靠，不致因故障而造成停产或损坏设备，危及人身安全等造成的经济损失。

二、低压电气设备选择的注意事项

在选择低压电气设备时，必须满足以下条件：

（1）控制对象（如电动机或其他用电设备）的分类和使用环境。

（2）确认有关的技术参数，如控制对象的额定电压、额定功率、启动电流、操作频率、负载性质和工作制等。

（3）了解电气设备的正常工作条件，如环境温度、相对湿度、海拔、允许安装方位角度和抗冲击振动、有害气体、导体尘埃、雨雪侵袭的能力。

（4）了解低压电气设备的主要技术性能（或技术条件），如用途、分类、额定电压、额定功率、接通能力、分断能力、允许操作频率、工作制和使用寿命等。

三、低压熔断器的选择与校验

（一）低压熔断器的选择

在选择低压熔断器，必须满足以下条件：
（1）根据工作环境条件要求选择熔断器的型号。
（2）熔断器额定电压应不低于保护线路的额定电压。
（3）熔断器的额定电流应不小于其熔体的额定电流。

（二）熔体额定电流的选择

熔体的额定电流应保证低压电气设备在正常启动和正常工作时，熔体不应熔断从而切断电路；线路故障时，在满足选择性要求的情况下可靠地切断故障电路。熔体额定电流的选择应满足以下条件：

（1）熔体额定电流 I_{NFE} 应不小于线路的计算电流 I_{30}，即

$$I_{NFE} \geqslant I_{30} \tag{4-26}$$

（2）熔体额定电流 I_{NFE} 应不小于电动机正常启动产生的尖峰电流，即

$$I_{NFE} \geqslant K_r I_{pk} = K_r [I_{NM1} + I_{30(n-1)}] \tag{4-27}$$

式中：I_{NM1}——线路中所接的最大一台笼型电动机的额定电流（A）；

$I_{30(n-1)}$——除最大一台电动机外的线路计算电流（A）；

K_r——为熔体额定电流选择计算系数，通常取 1.0～1.5，取决于 $I_{NM1}/I_{30(n-1)}$ 的大小及最大一台电动机的启动状况。一般来说，$I_{NM1}/I_{30(n-1)}$ 为 0.25～0.4 时 K_r 取 1.0～1.1，为 0.5～0.6 时 K_r 取 1.2～1.3，为 0.7～0.8 时 K_r 取 1.4～1.5。

对于轻载启动的电动机，当 $I_{NM1}/I_{30(n-1)}$ 小于 0.25 时，一般可不考虑其启动的影响。对于给单台电动机供电的线路，计算系数 K_r 也与熔断器的特性及电动机的启动状况有关。

（3）低压熔断器保护与被保护线路的配合。

为了不致发生因线路过负荷或短路而引起绝缘导线或电缆过热甚至起燃而熔断器熔体不熔断的事故，低压熔断器保护必须与被保护线路相配合。

对过负荷保护，熔体电流在 16 A 以上时，熔体电流不大于线路导体允许的持续载流量即可。

对短路保护，可通过校验绝缘导体的热稳定度来确定是否配合，按导体截面积和敷设方式查出熔体电流的最大允许值。

如果选择的熔体电流不满足上述配合要求,则应重新选择熔断器的型号规格,或适当增大绝缘导线和电缆的芯线截面积。

(4)低压熔断器保护灵敏度的检验。

为了保证熔断器在其保护范围内发生轻微的短路故障时能可靠地熔断,熔断器保护的灵敏度必须满足下列条件:

$$S_p = \frac{I_{k.min}}{I_{NFE}} \geqslant K \quad (4-28)$$

式中:$I_{k.min}$——低压熔断器所保护线路的末端在系统最小运行方式下的单相短路电流(对 TN 和 TT 系统)或两相短路电流(对 IT 系统);

K——灵敏度最小值,见表 4-10。

表 4-10 低压熔断器保护灵敏度检验

熔断器熔体额定电流/A	4~10	16~32	40~63	80~200	250~500
熔断时间/s	5	4.5	5	6	7
	0.4	8	9	10	11	—

(三)熔断器断流能力的校验

对限流式熔断器,应满足

$$I_\infty \geqslant I''^{(3)} \quad (4-29)$$

对非限流式熔断器,应满足

$$I_\infty \geqslant I_{sh}^{(3)} \quad (4-30)$$

(四)前后级熔断器选择性的配合

低压线路中,熔断器较多,前后级间的熔断器在选择性上必须配合,以使靠近故障点的熔断器最先熔断。

例 4-5 有一台 Y200M-2 型三相异步电动机,其额定电压为 380 V,额定容量为 45 kW,额定电流为 84.4 A,启动电流倍数为 7,启动时间小于 3 s。已知三相短路电流 $I_k^{(3)}$ 最大可达 11 kA,单相短路电流 $I_k^{(1)}$ 可达 1.5 kA。该电动机采用熔断器作短路保护,试选择该熔断器及其熔体额定电流。

解:(1)选择熔断器及其熔体额定电流。

选择 RT16 型熔断器。根据熔体额定电流满足 $I_{NFE} \geqslant I_{30}$ =84.4 A 的条件,并由启动电流 7×84.4=590.8(A)和启动时间小于 3 s,可选用 I_{NFE} =125 A 的 RT16-1 型熔断器,其熔体最大允许通过 680 A 的启动电流,熔断器额定电流为 250 A,满足要求。

(2)校验熔断器的断流能力。

RT16-1 型熔断器的额定分断电流为 120 kA,大于 11 kA,满足断流要求。

(3)校验熔断器的保护灵敏度。

$$S_p = \frac{I_{k.min}}{I_{NFE}} = \frac{1.5}{125} = 9.8 > 6$$

满足保护灵敏度要求。

四、低压断路器的选择与校验

（一）低压断路器的选择

在选择低压断路器时应满足的条件：
（1）低压断路器的型号及操作机构形式应符合保护性能、工作环境等方面的要求。
（2）低压断路器的额定电压应不低于装设地点线路的额定电压。
（3）低压断路器的额定电流应不小于它所能安装的最大脱扣器的额定电流。
（4）低压断路器的短路断流能力应不小于安装点的最大三相短路电流。
① 对塑壳式（DZ 型或其他型号）断路器，其分断时间在 0.02 s 以下时应满足

$$I_\infty \geqslant I_{sh}^{(3)} \quad 或者 \quad i_\infty \geqslant i_{sh}^{(3)} \tag{4-31}$$

② 对万能式（DW 型）断路器，其分断时间在 0.02 s 以上时应满足

$$I_\infty \geqslant I_k^{(3)} \tag{4-32}$$

（二）低压断路器脱扣器的选择和整定

断路器的脱扣器主要有过电流脱扣器、热脱扣器、欠电压脱扣器、分励脱扣器几种。一般是先选择脱扣器的额定电流或额定电压，然后整定脱扣器的动作电流和动作时间。

1. 过电流脱扣器的选择和整定

（1）过电流脱扣器额定电流的选择。

过电流脱扣器的额定电流 $I_{N.OR}$ 应不小于线路的计算电流 I_{30} 即

$$I_{N.OR} \geqslant I_{30} \tag{4-33}$$

（2）过电流脱扣器动作电流和动作时间的整定。

① 瞬时过电流脱扣器动作电流的整定。

断路器瞬时过电流脱扣器的动作时间通常在 0.02 s 以内，因此其动作电流 I_{OP} 应不小于最大一台电动机的全启动电流（尖峰电流），即

$$I_{OP} \geqslant K_{rel}[I'_{sl.M1} + I_{30(n-1)}] \tag{4-34}$$

式中：K_{rel} ——可靠系数，一般取 1.2；

$I'_{sl.M1}$ ——线路中所接的最大一台笼型电动机的全启动电流，包括周期分量和非周期分量，其值为该电动机启动电流 $I'_{sl.M1}$ 的 1.7~2.1 倍。

电子式或智能式瞬时过电流脱扣器的动作电流可根据整定计算值进行现场调整。电磁式瞬时过电流脱扣器动作电流与脱扣器的额定电流成固定的倍数关系，不能现场调整。

② 短延时过电流脱扣器动作电流和动作时间的整定。

短延时过电流脱扣器的动作电流 $I_{OP(S)}$ 应不小于线路的尖峰电流 I_{pk}，即

$$I_{\text{OP(S)}} \geq K_{\text{rel}} I_{\text{pk}} \tag{4-35}$$

式中：K_{rel}——可靠系数，一般取 1.2。

具有短延时保护功能的断路器采用电子式或智能式脱扣器，其动作电流与动作时间均可根据整定计算值进行现场调整。动作时间包括 0.2 s、0.4 s 和 0.6 s 等级，应按前后保护装置的保护选择性要求来确定，前一级保护的动作时间应比后一级保护的动作时间长一个时间级差（0.1~0.2 s）。

③ 长延时过电流脱扣器动作电流和动作时间的整定。

长延时过电流脱扣器主要用作过负荷保护，因此其动作电流 $I_{\text{OP(1)}}$ 应不小于线路的最大负荷电流（计算电流一般不考虑电动机启动的影响），即

$$I_{\text{OP(1)}} \geq K_{\text{rel}} I_{30} \tag{4-36}$$

式中：K_{rel}——可靠系数，一般取 1.1。

长延时过电流脱扣器的动作时间，应不小于允许过负荷的持续时间，其动作特性通常为反时限，即过负荷电流越大，其动作时间越短，一般动作时间可达 1~2 h。对电动机回路，应选用电动机保护用断路器，以使其与电动机的起动特性相匹配。

2. 热脱扣器的选择和整定

热脱扣器的额定电流应不小于线路最大计算负荷电流，即

$$I_{\text{N.TR}} \geq I_{30}$$

热脱扣器的动作电流应按线路最大计算负荷电流来整定，即

$$I_{\text{OP.TR}} \geq K_{\text{rel}} I_{30} \tag{4-37}$$

式中：K_{rel}——可靠系数，一般取 1.1。该系数应在实际运行时调整。

（三）欠压脱扣器和分励脱扣器的选择

欠压脱扣器主要用于欠压或失压保护，当电压下降到低于（0.35~0.7）U_N 时便能动作。分励脱扣器主要用于断路器的分闸操作，在（0.85~1.1）U_N 时便能可靠动作。

欠压脱扣器和分励脱扣器的额定电压应等于线路的额定电压，并按直流或交流的类型及操作要求进行选择。

（四）低压断路器保护与被保护线路的配合要求

线路的过负荷保护或短路保护，即断路器应在过负荷电流或短路电流引起导体温升，对导体绝缘、接头、端子及周围物质造成损害（甚至引起火灾）前能切断电流，这说明低压断路器保护必须与被保护线路相配合。

对过负荷保护，断路器长延时过电流脱扣器的动作电流不大于线路导体允许的持续载流量即可。

对短路保护，断路器通常是利用其瞬时或短延时脱扣器作短路保护，瞬时脱扣器的全分断时间极短，一般为 10~20 ms，甚至更小。虽然短路电流很大，采用短延时脱扣器断开短路电流时，短路电流持续时间将达 0.1~0.6 s。根据经验，选用长、短延时脱扣器的断路器所

保护的配电干线的截面积不会太小，一般都能满足热稳定度要求，可不做校验。

如果不满足配合要求，则应重新选择脱扣器的动作电流，或者适当加大绝缘导线和电缆的芯线截面积。

（五）低压断路器断流能力的校验

虽然断路器产品通断能力足以满足配电系统的要求，但是其断流能力具有不同的等级，所以在配电设计时应进行校验，特别是当配电变压器容量较大而安装在靠近变压器的保护电器容量又较小时，更应进行计算和校验。

五、低压接触器的选择与校验

（一）低压接触器的选择

在选择低压接触器时，按不同类别可分为按使用类别、负荷类别、负荷容量等级等进行选择。

1. 按使用类别选择

选择接触器时，应根据接触器控制的负荷的工作状况来选择相应使用类别的接触器。控制直流负荷应选用直流接触器；控制交流负荷则应选用交流接触器。

用于控制电动机负荷时，接触器的额定工作电压、电流（功率）和额定操作频率均不得低于电动机的相应值。当用于断续周期工作制或短时工作制时，接触器的额定发热电流应不低于电动机实际运行的等效电流。此外，应按电动机的类型和实际使用的要求，选用相应使用类别和技术参数的接触器。

2. 按负荷类别选择

不同的用电设备，其负荷性质和通断过程的电流变化相差很大，因此对接触器的要求也有所不同，常用的负荷有以下几种：

（1）电热元件负荷。对电热元件负荷中采用的线绕电阻元件，其接通电流可达额定电流的 1.4 倍，例如用于室内供暖，电热空调及电烘箱等设备。

（2）照明装置负荷。当接通照明装置中的白炽灯负荷时，有较大的冲击电流产生，约为额定电流的 15 倍，若考虑到容许电压升高 10%，电流也将相应增加。

（3）低压变压器负荷。当接通低压变压器时，会出现一个持续时间很短的峰值电流，可达变压器额定电流的 15～20 倍，并与变压器的绕组布置及铁心特性有关。

（4）电容器负荷。接通电容器时产生瞬态充电过程，充电电流可达很高的数值，同时伴随着频率从几百到几千赫兹的振荡，因此，它对开关电器提出了严格的要求。接通电容器对电流的振幅和频率的影响，由电网电压、电容器容抗值及电路中的电抗值所决定，并与此馈电变压器和连接导线的截面面积、长度有关。为了较经济地切换电容器，并防止在不利的工作条件下使开关电器的触头发生接通熔焊，一般可在电容器及支路中串入附加电感或电阻以限制电流，并减小接通电路时对电网的影响。

（5）电动机负荷。低压电动机是最常用的负荷之一。交流电动机常用的有绕线式电动机和笼型异步电动机。绕线转子异步电动机启动时，在转子电路中接入电阻以限制启动电流。但不同的负荷启动时间不同，负荷越重启动时间越长。

3. 按负荷容量等级选用

（1）确定容量等级就是确定接触器的额定电流。接触器主触头的额定工作电流是指在规定的条件下（额定工作电压、使用类别、操作频率等）能够正常工作的电流值。主触头的额定工作电流应大于或等于负荷电路的电流。

（2）工作制及操作频率对容量的影响。选用接触器时，应注意控制对象是工作在重复短时工作制还是长期工作制。用于重复短时工作制时，接触器的额定电流应按等效发热电流（均方根）来计算。用于长期工作制时应尽量选用银、银合金或镶银触头的接触器，如选用铜触头的接触器，则应将其容量降至间断长期工作制额定容量的50%以下使用。此外，在操作频率很高时，还必须考虑电弧能量的影响，按等效发热电流留取适当裕量来选择接触器的容量等级。

（3）工作电压与容量的关系。接触器在不同电压下工作时，工作电流一般可按功率相等原则来换算。

（二）接触器线圈电压的选择

吸引线圈的额定电压应与控制回路电压相一致，接触器在线圈额定电压85%及以上时应能可靠地吸合，接触器线圈的额定电压视控制回路的情况而定。同一系列、同一容量等级的接触器线圈的额定电压有多种规格，选用时必须明确线圈的额定电压。

（三）直流接触器的选择

由于直流接触器的线圈以直流电驱动，铁心中不会产生涡流，因此可以选择铸铁或钢制的铁心。直流电流没有过零点，所以灭弧比交流接触器困难，必须配置可靠的灭弧装置。

六、热继电器的选择与校验

选择热继电器需要考虑以下因素：

（1）继电器的规格与安装位置的关系。对于五星/三角控制位置不同，选用的热继电器的规格也不一样。

（2）复位形式。热继电器一般都具有手动复位和自动复位两种复位形式，这两种复位形式的转换，可借助复位螺钉的调节来完成。热继电器出厂时，生产厂家一般设置为自动复位状态。在使用时，热继电器设置为手动复位状态还是自动复位状态，要根据控制回路的具体情况而定。一般情况下，被保护的电动机关停后都不应再自动启动，所以热继电器设置为自动复位状态，否则应将热继电器设置为手动复位状态，这是为了防止电动机在故障未被消除时多次重复再启动导致设备损坏。例如：一般采用手动按钮启动和停止的控制电路，热继电器可设定成自动复位形式；采用自动元件控制的自动启动电路应将热继电器设定为手动复位形式。

（3）对于额定电流等级不同但热元件调整范围相同的热继电器的选用。例如，限16系列的热继电器，在额定电流为20 A和60 A两个等级中，热元件整定值都有14～16 A的调整范围,此时,应检查热继电器使用的环境温度和被保护电动机的环境温度。当热继电器使用的环境温度高于被保护电动机的环境温度 15 ℃ 以上时,应使用比额定电流大一等级的热继电器;当热继电器使用的环境温度低于被保护电动机的环境温度 15 ℃ 以下时,应使用比额定电流大一等级的热继电器。此外,还应考虑到电动机的负荷情况及热继电器可能需要的调整范围。

(4)用于反复短时工作电动机的过载保护时整定电流的调整。对反复短时工作电动机的过载保护进行热继电器设置和整定电流的调整时,应在现场经过多次试验、调整才能实现较可靠的保护。将热继电器的整定电流调到比电动机的额定电流略小,运行时如果发现其经常动作,再逐渐调大热继电器的整定值,直至满足运行要求为止。

(5)连接导线的选择。热继电器的连接导线的粗细影响散热量,进而影响热继电器的电流热效应和热继电器的正常工作。

七、漏电保护器的选择与校验

选择漏电保护器需要考虑以下因素:

(1)正确选择漏电保护装置的动作电流。在游泳池、浴室等触电危险性很高的潮湿场所,应选用高灵敏度、瞬动型漏电保护器(动作电流不宜超过 10 mA)。如果安装场所发生触电事故时,能得到其他人的帮助及时脱离电源的,则漏电保护器的动作电流可以大于摆脱电流;如果得不到其他人的帮助及时脱离电源的,则漏电保护装置的动作电流不应超过摆脱电流。

(2)选择安装漏电保护器还应考虑安装环境是否有较强的电磁干扰,以免误动作。

(3)在多级保护的情况下,选择动作电流还应考虑上下级保护装置的选择性。在前级应选用灵敏度相对较低的延时型漏电保护器。为防止电气火灾,在电源总进线处应选用动作电流为 300 mA 的漏电保护装置。

(4)在选择漏电保护器的类型时,需要特别注意的是电磁式漏电保护器用故障电流的能量来脱扣,而电子式漏电保护器是用故障回路的残压来脱扣。当接地故障点靠近漏电保护器时,故障回路的残压值过低,不能使电子式漏电保护器动作从而避免事故的发生。因此,当采用电子式漏电保护器时,应注意漏电保护器的设置位置不能离插座等容易产生故障的点太近,以保证漏电保护器有足够的故障残压。

(5)对安装在不允许停电回路(如消防用电设备、计算机房等)上的漏电保护装置,应选用只产生漏电信号而不自动切断电源的漏电保护器。

漏电保护装置应与线路特征相匹配。单相线路选用二极保护器,仅带三相负荷的三相线路或三相设备可选用三极保护器,动力与照明合用的三相四线回路和三相照明线路必须选用四极的保护器。

在实际应用过程中,经常会遇到漏电保护器发生拒动作或误动作的情况。拒动作是指线路或设备已发生预期的触电或漏电时,漏电保护装置拒绝动作。误动作是指线路或设备未发生触电或漏电时,漏电保护装置发生动作。拒动作和误动作都会使漏电保护器失去其应有的作用,甚至造成人员伤亡和财产损失。

第七节　电力线缆截面的选择

电力电线和电力电缆统称为电力线缆，简称线缆。线缆的作用是传输电能，在电压确定的前提下，传输功率的大小与电流成正比。因此，载流量是线缆最重要的一个参数。

一、线缆的允许载流量

（一）允许载流量的概念

线缆的使用寿命取决于其工作温度，工作温度取决于环境条件与导体工作温升，而工作温升取决于导体中通过电流的大小，这就是线缆使用寿命与工作电流之间的逻辑关系。工程中根据约定的线缆使用寿命，可确定出线缆的长期允许工作温度，再根据环境与敷设条件确定出允许温升，最后根据温升所允许的损耗确定出允许载流量。因此允许载流量又可称为约定载流量，是在约定使用寿命的前提下定出的一个量值。

约定载流量：在给定环境和敷设条件下，为使线缆稳定工作温度不超过其长期允许工作温度，线缆所允许通过的最大电流，称为线缆在给定条件下的允许载流量，记作 I_{con}。

对绝缘导线或电缆，长期允许工作温度取决于绝缘材料；对裸导线，这一温度取决于接头处的发热氧化和因发热造成的机械性能劣化。

（二）影响允许载流量的工程因素

线缆的稳定工作温度是发热与散热动态平衡的结果。在通过电流一定的情况下，发热主要取决于导体电阻，因此允许载流量与线缆的导体材料和截面积紧密相关；散热取决于线缆周围的环境情况，而环境情况又是由具体的工程条件所决定的，称其为工程因素。影响线缆允许载流量的工程因素主要包括：

（1）环境温度。环境温度是指线缆无电流通过时周围介质的温度。线缆的工作温度和工作温升是两个不同的概念，工作温度等于环境温度（又称初始温度）加工作温升。电流在线缆中产生的是工作温升，在长期允许工作温度确定的情况下，允许温升随环境温度而改变，线缆允许载流量也因此随环境温度而不同。

（2）敷设方式。敷设方式影响散热，如穿管敷设的散热条件就不如空气中明敷好，而穿钢管敷设的散热条件优于穿塑料管敷设等。

（3）敷设部位。敷设部位既可能影响环境温度，又可能影响散热条件。如室外与室内敷设，在冬、夏季环境温度相差甚大；又如户外埋地敷设与户外地上架空敷设，除夏季地下温度低于地上温度外，土壤的导热系数一般也高于空气，同样的电缆，埋地与架空敷设的允许载流量就会有所不同。

（4）多根线缆并敷。多根线缆发热的相互影响，相当于提高了线缆周围的小环境温度，使得允许载流量降低。但当多根电缆中有正常工作组不载流的导线（如 PE 线）时，其传热作用反倒会使散热条件略有改善，至少不会降低允许载流量。

（三）确定线缆允许载流量的工程方法

确定线缆允许载流量的工程因素主要包括：

（1）原始数据的获取。由业界公认的或法定认可的研究机构、线缆生产厂家等通过试验得出特定条件下的线缆允许载流量数据，并将这些数据向业界发布，这些数据一般是通过人工模拟试验得出的。人工模拟试验是环境技术中环境试验的一种方法，其可信度取决于它与自然暴露试验的差异。因此，在积累了运行经验后，可能对发布的数据进行修正。

通常将发布的线缆允许载流量数据称为"标称允许载流量"，简称"标称载流量"，以区别于线缆在某一环境条件下的实际载流量。将给出标称载流量的环境条件称为"标称环境条件"。

（2）环境条件的确定。工程中每一路线缆在完工之后，其环境条件就已经确定了。其实际允许载流量与标称载流量的差异，就取决于实际环境条件与标称环境条件的差异。实际环境条件中，敷设方式、部位及多路线缆并敷情况都是明确的，其与标称条件的差异也是明确的，但环境温度的确定要复杂一些。

（3）确定线缆的实际允许载流量。以标称允许载流量为基础，依据实际环境条件与标称环境条件的差异，对标称载流量进行"修正"，就能得出线缆实际的允许载流量。修正的方法是乘以校正系数，校正系数有些可以通过计算得出，有些则通过试验得出，并以表格或曲线的形式给出。

常用校正系数有温度校正系数、并敷校正（衰减）系数、敷设方式校正系数等。对于直埋地敷设，有土壤热阻校正系数；对室外敷设，有无遮阳校正系数。

所有校正系数本质上都是对散热条件的校正。

二、线缆额定电压选择

护套电线和电缆额定电压包括缆（线）芯对地额定电压 U_0 和缆（线）芯之间的额定电压 U_r，用 U_0/U_r 表示。U_r 总是等于或大于系统标称电压 U_N（线电压），U_0 则分为两类：第Ⅰ类 U_0 等于或大于相电压，用于大接地系统；第Ⅱ类 U_0 大于第Ⅰ类，用于小接地系统，可以在小接地系统发生单相接地故障、非故障相对地电压升高时安全运行。如 10 kV 系统电缆额定电压第Ⅰ类为 6/10 kV，只能用于接地的 10 kV 系统；第Ⅱ类为 8.7/10 kV，可用于不接地的 10 kV 系统。

对 380/220 V 低压系统的电缆，建筑物外（含建筑物电源进线）只能选 0.6/1 kV 额定电压，建筑物内可选择 0.3/0.5 kV 和 0.45/0.75 kV 额定电压。

三、线缆相导体截面选择和检验

线缆相导体截面选择关系到寿命、经济、电能质量、故障耐受能力、安全防护、机械强度等诸多方面的问题，必须达到每一个方面的要求，相导体截面选择才算正确。相导体截面选择和检验主要包括以下几个方面的内容。

（一）按温升选择

为保证线缆工作寿命，要求线缆的允许载流量 I_{con} 不小于线路的计算电流 I_c，即

$$I_{con} \geqslant I_c \tag{4-38}$$

I_{con} 与环境条件有关。一回线路的敷设路径的环境条件可能不同，应选择散热条件最差且长度不小于 1 m 的那一段进行校验。确定出 I_{con} 后，就可选出相对应的相导体截面。

（二）按电压损失校验

线缆单位长度的阻抗与相导体截面相关，因此线路电压损失也与相导体截面相关。根据电能质量对电压偏差的要求，可计算出线路的允许电压损失，再根据允许电压损失校验所选线缆是否满足要求。

在有些情况下，还要根据电压闪变校验线缆截面。

（三）按机械强度校验

按线缆形式和敷设方式，可确定出满足机械强度的最小截面，所选线缆相导体最小截面不得小于该最小截面，详细情况可参见附录表 7。

（四）按经济电流校验

所谓经济电流，是指在线缆寿命期内，使投资和导体损耗费用之和最小时所对应的电流，其确定方法与变压器相似，也是采用 TOC 法。

（五）按短路热稳定性校验

要求线缆能经受短路电流的热冲击，即

$$S_{min} \geqslant \frac{I_{k \cdot max}^{(3)}}{C} \sqrt{t_{im}} \tag{4-39}$$

式中：S_{min} ——短路热稳定所要求的最小截面面积（mm²）；

$I_{k \cdot max}^{(3)}$ ——最大三相短路电流（A）；

C ——热稳定系数（A·$\sqrt{s}$/mm²）；

t_{im} ——假想时间。

计算最大三相短路电流时，应慎重选取短路电流计算点。对于电线，线路上任何一点都可能发生短路，因此应以首端为短路电流计算点；对电缆线路，一般只考虑电缆头发生短路，首端电缆头短路并不会损坏电缆，因此考虑电缆的末端或多根级联电缆的第一个接头处为短路电流计算点。

（六）按保护灵敏系数校验

在低压系统中，短路阻抗中电阻比重大，而电阻又与相导体截面积强相关，因此当线路末端短路电流太小，保护灵敏系数不满足要求时，可考虑加大相导体截面以增大短路电流。

四、导体材料与电缆芯数的选择

导体材料主要有铜和铝，铜的性能优于铝，但铝材原料丰富，价格便宜，经济性好。另外，铝材比重小，同样电阻值时，铝导体尽管截面更大，但总重量仍较铜为轻，因此架空线可考虑选用铝导线。铝导线截面大，在中频应用中其电流集肤效应弱，可优先考虑选用。

电缆有单芯电缆和多芯电缆之分。多芯电缆一条电缆就构成一回线路，具有敷设工作量小、电抗小、对外界电磁干扰小、可铁磁材料铠装等优点，可优先考虑采用。但多芯电缆导体截面不能做得太大，因此最大载流量较小。同样导体截面情况下，多芯电缆直径大于单芯电缆，弯曲半径大，单根长度短。在大电流回路、水底敷设等情况下，可考虑采用单芯电缆组成电缆束替代多芯电缆。

思考与练习

4-1 电气设备选择的基本原则是什么？中压电气设备的常规参数主要有哪些？

4-2 某 10kV 断路器额定短路开断电流为 20 kA，安装处系统的最大短路容量为 300 MV·A，试校验其开断能力是否满足要求。

4-3 某变压器一次侧设置负荷开关-熔断器组合保护，变压器二次侧短路时，一次侧最大和最小短路穿越电流分别为 1.9 kA 和 1.5 kA，负荷开关-熔断器组合的转移电流为 1 600 A，负荷开关额定开断电流为 1 250 A，熔断器的额定最小开断电流为 420 A，试校验该负荷开关-熔断器组合是否满足短路开断要求。

4-4 决定线缆允许载流量的本质因素是什么？具体因素有哪些？

4-5 电力线缆的标称载流量是如何得出的？线缆的实际允许载流量与标称载流量有什么关系？

第五章 供配电系统一次接线

本章主要介绍电力用户(包括工业和民用建筑)变配电所主接线的基本要求及一些典型的主接线方案,变配电所的地址选择、总体布置及各部分结构要求,供配电线路的基本接线方式和基本结构与敷设要求,导线和电缆截面的计算方法,最后简介供配电系统电气安装图的基本知识及示例。

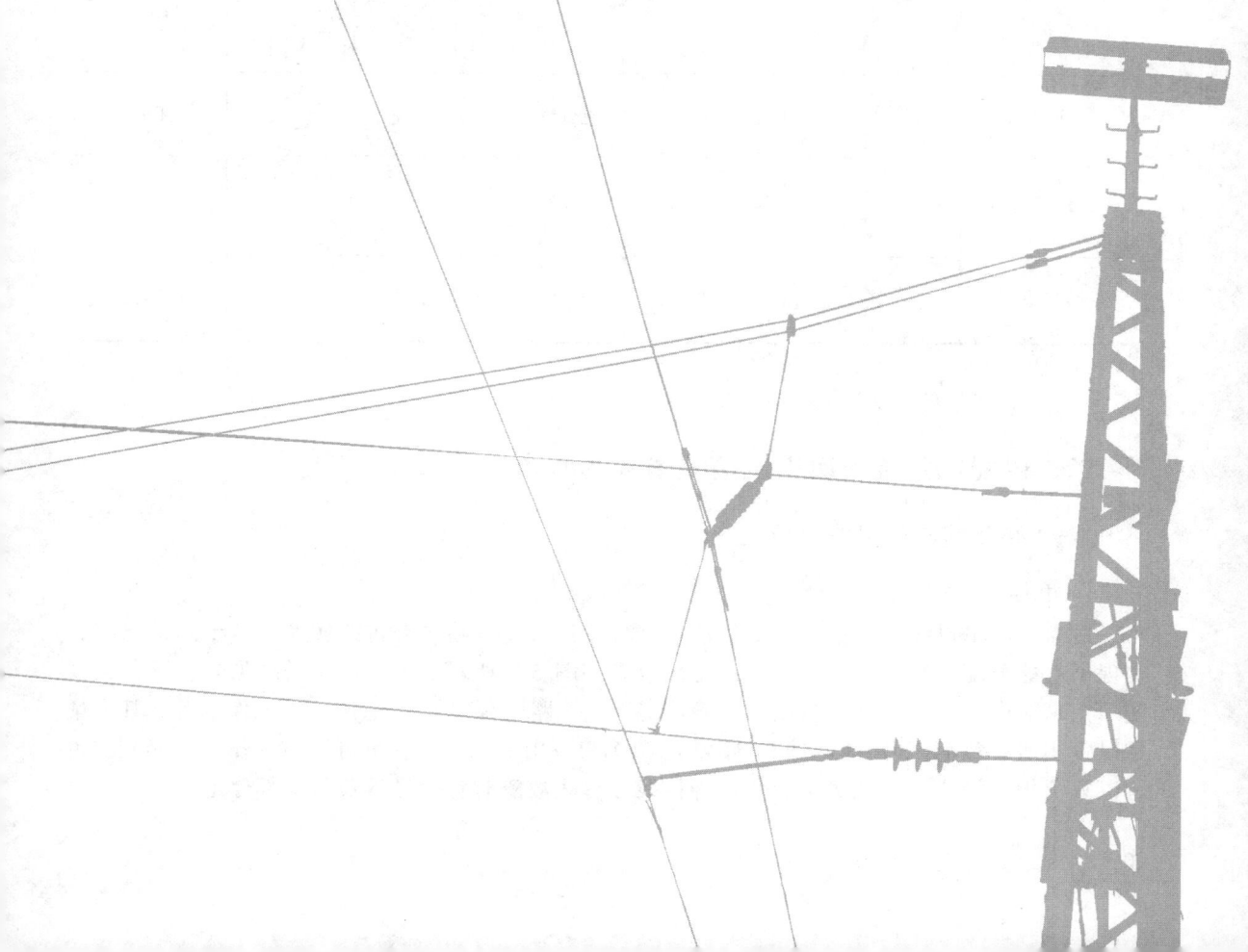

第一节　电气一次接线图基本知识

一、常用电气设备的图形和文字符号

供电系统一次接线图是将变压器、开关电器、互感器等电气设备按一定顺序连接而成的接收、分配和传输电能的总电路。一次电路中的所有电气设备，称为一次元件或一次电气设备。

供配电系统一次接线图应按国家标准《电气简图用图形符号》（GB/T 4728—2022）规定的标准图形符号和文字符号绘制。为了阅读方便，常在图上标明主要电气设备的形式和技术参数。常用电气设备的图形和文字符号如表 5-1 所示。

表 5-1　电气主接线的常用电气设备文字与图形符号表

设备名称	图形符号	文字符号	设备名称	图形符号	文字符号
双绕组变压器		T	母线		W
断路器		QF	电流互感器	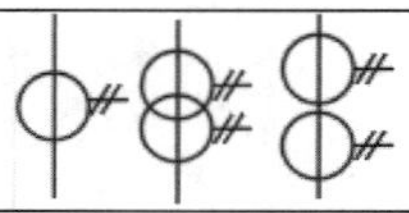	TA
隔离开关		QL	电压互感器	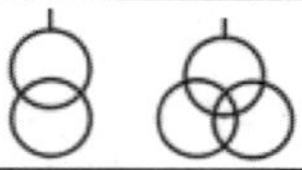	TV
隔离器		QS	避雷器		F
熔断器		FU	线路		WL

注：① 从左到右依次表示：单个二次绕组、单铁心二次绕组、双铁心双二次绕组。
　　② 从左到右分别表示双绕组和三绕组电压互感器。

二、供配电系统一次电气接线图基本形式

（一）单母线与单母线分段接线

1. 单母线接线

最简单的单母线接线如图 5-1 所示，这种主接线将一路电源进线转换为若干路馈出线，实现了电能分配的功能。单母线接线还可以有如图 5-2 所示的两路电源进线形式，这种接线实际上是对电源进线实施了备用。一般情况下，一路电源（如#1 电源）为工作电源，其容量足以负担所有负荷，另一路电源（如#2 电源）为备用电源，其容量可以与工作电源相同，也可以只负担一级或一、二级负荷。这种接线在母线故障时将会导致负荷全部停电。

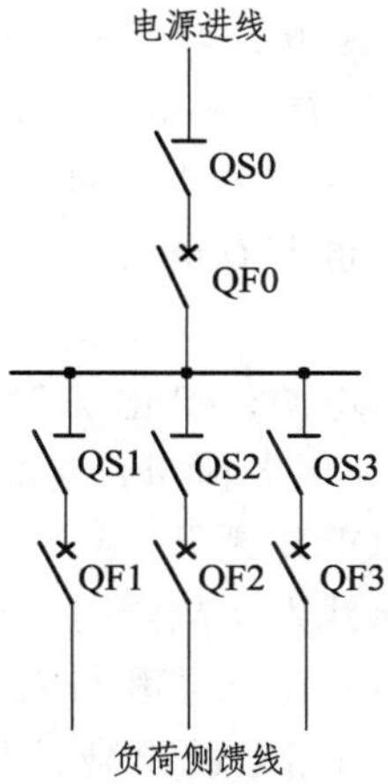

图 5-1 一路电源进线的单母线接线 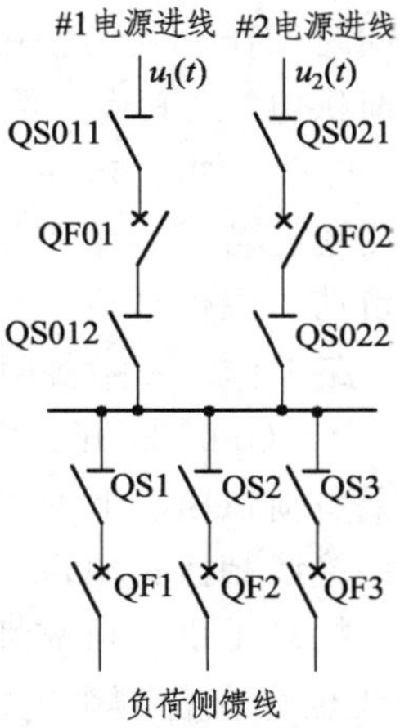　　图 5-2 二路电源进线的单母线接线

在运行中，应特别谨慎处理两路电源进线的关系。若不能确保两路电源电压在幅值和相位上相同，则一定不能将两路电源进线同时投入到母线上，否则将出现类似短路的情况。为了避免将两路电源同时投入到母线上，需要对两路电源进线断路器 QF01、QF02 进行互锁，即两台断路器在任何时候都不能同时闭合。这意味着即使#1 电源已停电，也一定要在 QF01 已经断开的情况下，才能闭合 QF02，否则，若#1 电源突然供电，就会出现两路电源同时投在母线上的情况。这种闭锁关系应通过技术手段（而非仅用管理手段）实施，这样可以避免人为差错造成的事故。

备用电源可以手动投入，也可以自动投入，这取决于负荷所允许的停电时间。

2. 单母线分段接线

图 5-3 为单母线分段的主接线。将图 5-2 中的母线用断路器 QF 分成两段，便成了单母线分段接线，因此 QF 被称为分段断路器。单母线分段接线也可以看成两个独立的单电源单母线接线通过 QF 联结而成的，因此 QF 又可称为联络断路器。单母线分段接线的运行方式主要有以下两种方式：

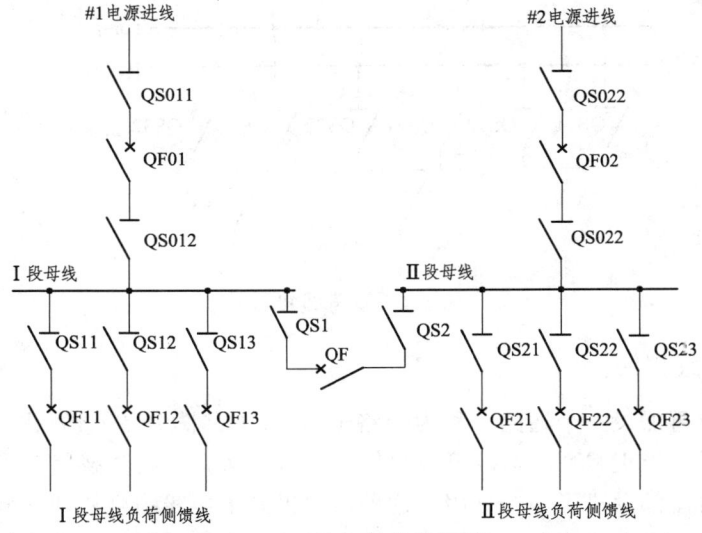

图 5-3 单母线分段接线

（1）两路电源同时工作、互为备用。正常工作时 QF 断开，#1 和#2 电源分别通过 I、II 段母线向各自的负荷供电。当其中一路电源（如#1 电源，称为故障电源）停电时，断开 QF01，闭合 QF，由另一路电源（如#2 电源，称为正常电源）向两段母线上的负荷供电。应注意正常电源的供电容量问题，若其容量不足以供给两段母线上的所有负荷，则应在闭合 QF 前先切除一些不重要的负荷，以保证重要负荷的供电连续性。

（2）两路电源一路工作、一路备用。设#1 电源为工作电源，#2 电源为备用电源。正常工作时 QF01 和 QF 闭合，QF02 断开，由电#1 源向所有负荷供电；当#1 电源停电时，由#2 电源向所有负荷或重要负荷供电，此时 QF02 和 QF 闭合，QF01 断开。

与双电源单母线接线相比，单母线分段接线的一段母线发生故障时，仍可由另一段母线向一部分负荷供电，提高了供电可靠性，但多用了一台分段断路器和与之配套的隔离开关。

单母线分段接线也存在着两个电源的关系问题。若两路电源不满足并列运行要求，则 QF01、QF02 和 QF 三台断路器在任何时候都最多只能有两台同时闭合。备用电源的投入也是既可手动，也可自动。

（二）双母线接线

这是一种对母线设置备用的主接线形式，如图 5-4 所示。通过有选择性地闭合 QS01 或 QS02，可以确定由哪一段母线来受电，馈线也可通过隔离开关来选择所要连结的母线。采用这种接线方式时，若一段母线发生故障，可由另一段母线承担其所有任务。

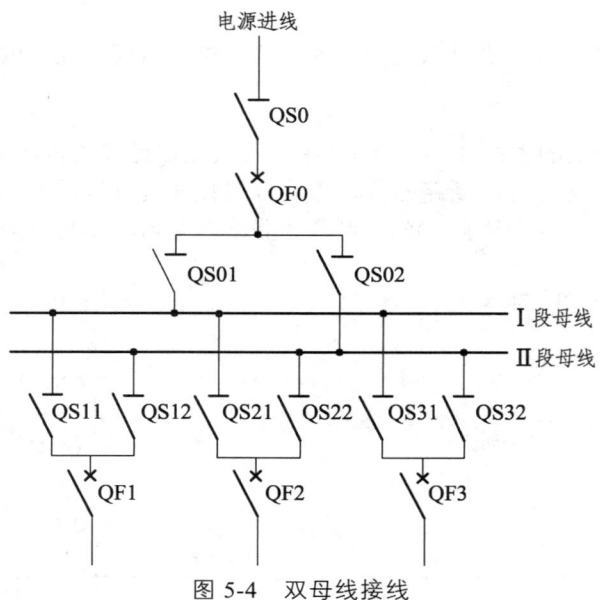

图 5-4 双母线接线

（三）旁路母线接线

在正常通路旁再加设一个通路，称为旁路（by-pass）。图 5-5（a）是一个对馈出线断路器加设旁路的例子，当正常断路器故障或检修时，可由旁路断路器替代其工作，这实际上就是为每个正常断路器都设置了一个备用。这种做法提高了接线的可靠性，但断路器数量增加较多。考虑到两台及以上断路器同时故障的概率极低，能否给所有馈出线断路器设置一个公共的备用断路器呢？图 5-5（b）就是实现这种想法的一个例子。图中，若 QF100（称为旁路断路器）及其两侧的隔离开关闭合，则旁路母线带电，每一出线回路均可通过旁路隔离开关（QS110、QS120、QS130）从旁路母线上取得电能。以#2 馈出线为例，检修 QF120 时，断开 QF120、QS121 和 QS122，使 QF120 退出运行并隔离电源，然后闭合 QS101、QS102 和 QS120 再闭合旁路断路器 QF100，则出线 2 仍可继续供电，此时 QF100 取代了 QF120 的地位，成为#2 馈出线的馈线断路器。由于旁路母线的存在，任何一个出线回路都可以利用旁路断路器作为其馈电断路器，于是 QF100 成为各馈出线断路器的公共备用断路器。从广义的冗余设计技术来看，这种做法属于 n+1 备用，而图 5-5（a）属于 2n 备用。

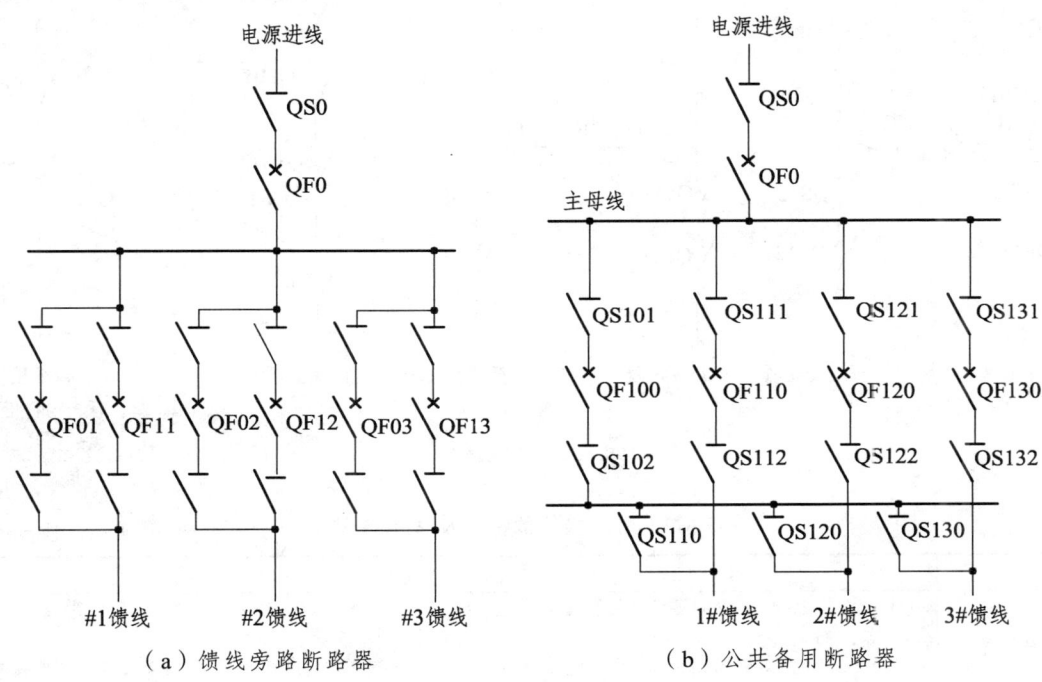

（a）馈线旁路断路器　　（b）公共备用断路器

图 5-5　旁路母线的应用

（四）无母线简化接线

当馈线只有一路时，可采用无母线的主接线方式，最常见的无母线接线有单元式接线和桥形接线。

单元式接线是单母线接线的简化。当单母线接线中只有一路馈出线时，可取消母线，并将电源进线断路器和馈出线断路器合并为一台断路器。工程中最常用的单元式接线是线路—变压器组接线，如图 5-6 所示。

桥形接线是单母线分段接线的一种简化。当单母线分段接线中每段母线上的馈出线只有一路时，可取消母线，如图 5-7（a）所示，这种桥形接线称为全桥。

正常运行时，全桥接线中每一路电源进线只对应一路馈出线。在这种情况下，就没有必要在进、出线上分别设置进线和馈线断

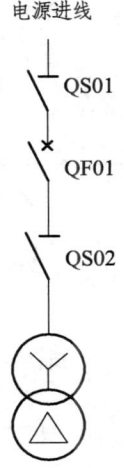

图 5-6　线路-变压器组接线

路器，因此每路可取消一台断路器。若取消全桥接线中的电源进线断路器，则成为所谓的"外桥"接线，如图 5-7（b）所示；若取消全桥接线中的馈出线断路器，则成为所谓的"内桥"接线，如图 5-7（c）所示。工程上很少使用全桥接线，内桥和外桥接线在架空进线的企业变配电所中使用较多，其特点和适用范围见表 5-2 所示，表中结论是根据变配电所功能、运行要求、故障概率及故障后转换投切步骤多少等因素确定的。

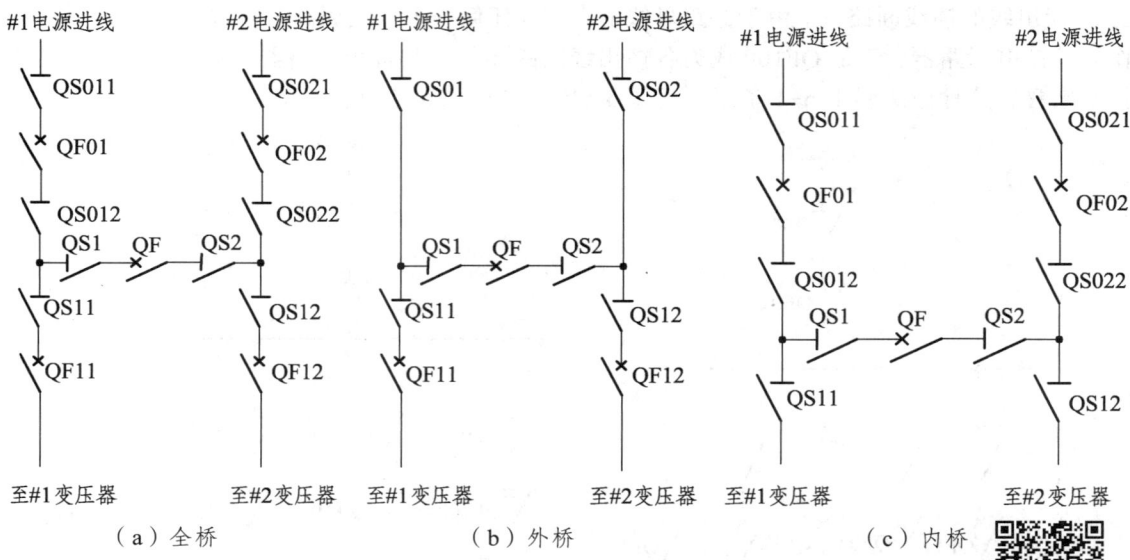

图 5-7 桥形接线

表 5-2 桥形接线的特点及适用范围

	内桥结线	外桥结线
优点	（1）断路器数量少，四个回路只需要三台断路器，占地少。 （2）检修电源进线断路器时，变压器可不中断工作	（1）断路器数量少，四个回路只需要三台断路器，占地少。 （2）检修变压器侧断路器时，电源进线可不中断工作
缺点	（1）变压器的投、切较复杂，需动作两台断路器，并有一回电源进线暂时停运。 （2）检修电源进线断路器时，只有一路电源工作	（1）线路的投、切较复杂，需动作两台断路器，并有一台变压器暂时停运。 （2）检修变压器侧断路器时，只有一台变压器工作
适用范围	电源进线较长、故障率高，负荷平稳、不需要经常切换变压器的小容量变电所，对一、二级负荷供电	电源进线故障率低，负荷波动大、需要经常切换变压器的小容量变电所，或有穿越功率的小容量变电所，对一、二级负荷供电

第二节　10 kV 变电所电气主接线典型方案

一、一路外供电源

（一）装有一台变压器

装有一台变压器的典型方案如图 5-8 所示，变压器一次侧采用线路—变压器组单元接线，二次侧采用单母线接线。

该方案中，高低压开关柜均采用固定式柜，变压器采用低损耗双绕组风冷干式变压器，连接组别为 Dyn11，电压比为 10（1±5%）/0.4 kV，带 IP20 防护外壳，可与高低压开关柜放置在同一房间内，变电所高压进线与低压出线均采用电缆。在高压侧设有电能计量柜，可设置在电源进线主开关之前，也可设置在电源进线主开关之后，按当地供电部门的要求确定。计量柜中设有专用的、精度等级为 0.2 级的电流互感器与电压互感器，且不得与保护、测量回路共用。变压器的控制及保护采用负荷开关与熔断器组合电气设备，未采用高压断路器，以降低投资和简化二次接线。为测量高压侧电压和提供交流操作电源，高压侧还设置了电压测量柜。10 kV 及以下变电所一般不设变电所用变压器，变电所内用电（指变电所工作照明与检修用电、应急照明和操作电源用电等）电源直接由主变压器低压侧取得。该变电所的负荷无功补偿除就地补偿外，还采用了低压母线集中补偿方式，选用低压成套无功自动补偿装置，可与低压配电屏并排安装，无功自动补偿控制器电流采样用电流互感器安装在低压进线柜中。低压进线总开关和低压出线开关均采用低压断路器，可带负荷操作且恢复供电快。低压配电系统的接地型式采用 TN-C-S 制。

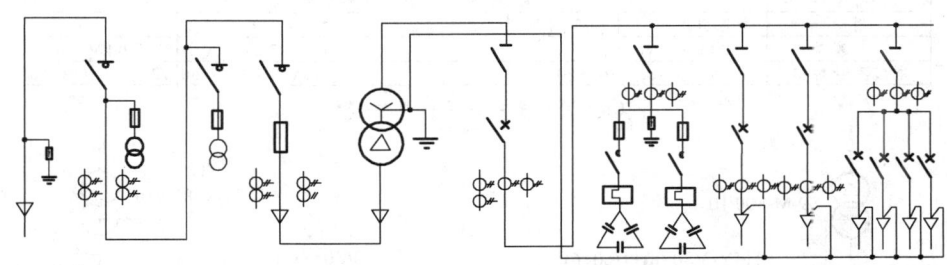

设备编号	AH1	AH2	AH3	AH4	T	AA1	AA2	AA3	AA4
设备型号	HXGN-10 型高压固定式开关柜				SCB10-800/10 IP20 AF	GGD2-04 低压固定式配电屏			
用途	电源引入	电能计量	电压计量	电压器保护	变电	低压进线	无功补偿	出线	出线
负荷容量	800 kV·A				800 kV·A	1 200A	10×16kvar	2×400A	4×200A
电缆型号规格	YJV22-8.7/10-3×50			YJV-8.7/10-3×50				每回路 VV$_r$0.6/1-2 (3×120+1×70)	每回路 VV$_n$0.6/1-2 (3×95+1×50)

图 5-8　10 kV 变电所电气主接线典型方案（一）

若变压器容量不大，高压接线还可进一步简化，如将电能计量柜设置在变压器低压侧（需供电部门同意），可取消电压测量柜，此时，负荷开关采用手动操作，自动跳闸电源可取自变压器低压侧。

（二）装有两台或以上变压器

装有两台或以上变压器的典型方案如图 5-9 所示，变压器一次侧采用单母线接线，二次侧采用单母线分段接线。

该方案中，高压开关柜采用中置式手车柜，柜内配置真空断路器，低压配电屏采用抽出式柜，其插接头可起到隔离开关的作用，变压器采用低损耗双绕组自冷型全密封油浸式变压器（放置在单独房间内），连接组别为 Dyn11，电压比为 10（1±5%）/0.4 kV。为测量高压侧电压和提供交流操作电源而设置的电压互感器，安装于进线柜体内（中置柜有此配置方案），且放置在进线断路器之前,以便在操作进线断路器时就提供操作电源。两台变压器互为备用运行方式,正常运行时,低压母联断路器断开,当有一台变压器故障或因负荷较轻而退出运行时,断开其两侧的断路器,将低压母联断路器接通,此时,由另一台变压器供电给大部分负荷。至于电能计量柜的设置及要求、无功补偿方式、所用电取得、低压配电系统的接地形式等,同图 5-8 所示方案。

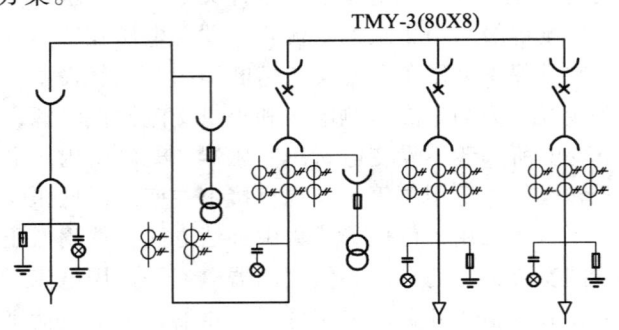

设备编号	AH1	AH2	AH3	AH4	AH5
设备型号	KYN28A-12 高压中置式开关柜				
用途	电源引入隔离	电能计量	电压测量+主进	变压器保护	变压器保护
负荷容量	600 kV·A			800 kV·A	800 kV·A
电缆型号规格	YJV22-8.7/10-3×70			YJV-8.7/10-3×50	YJV-8.7/10-3×50

(a)变压器一次侧电气主接线

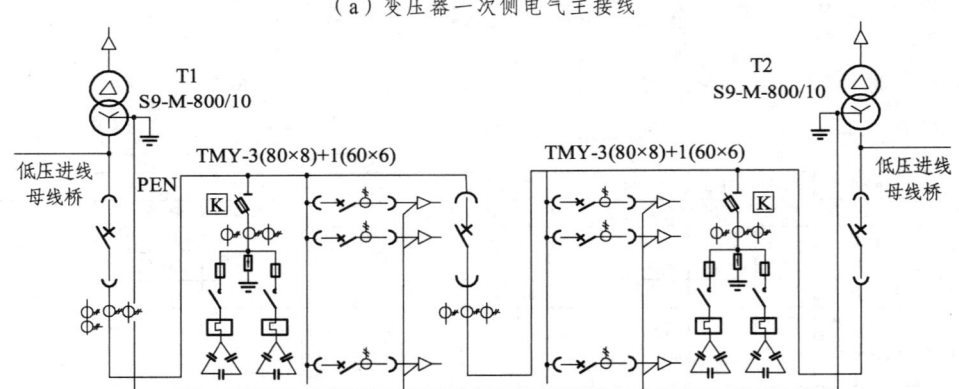

设备编号	AA1	AA2	AA3	AA4	AA5	AA6	AA7
设备型号	GCS-04 低压抽出式配电屏						
用途	低压进线	无功补偿	出线	联络	出线	无功补偿	低压进线
负荷容量	1 200 A	10×16 kvar				10×16 kvar	1 200 A
电缆型号规格			V-0.6/1-3×70+1×3		每回路 VV-0.6/1-3×70+1×3		

(b)变压器二次侧电气主接线

图 5-9 10 kV 变电所电气主接线典型方案(二)

二、两路外供电源

两路外供电源的典型方案如图 5-10 所示,已知两路外供电源可供容量相同且可供全部负荷,采用"一用一备"运行方式,故变压器一次侧采用单母线接线,而二次侧采用单母线分段接线。

该方案根据当地供电部门的要求,两路电源均设置电能计量柜,且设置在电源进线主开关之后。变电所采用直流操作电源,为监视工作电源和备用电源的电压,在母线上和备用进线断路器之前均安装有电压互感器。当工作电源停电且备用电源电压正常时,先断开工作电源进线断路器,然后接通备用电源进线断路器,由备用电源给所有负荷供电。备用电源的投入方式可采取手动投入,也可采取自动投入。低压主接线仍采用单母线分段接线形式,但与图 5-9（b）不同的是,低压进线柜放置在中间,而低压出线柜则放置在两侧,以便于扩建时添加出线柜。低压配电系统的接地形式为 TN-S 制,柜内设有 N 和 PE 母线。低压配电屏采用固定分隔式,断路器采用插入式安装。

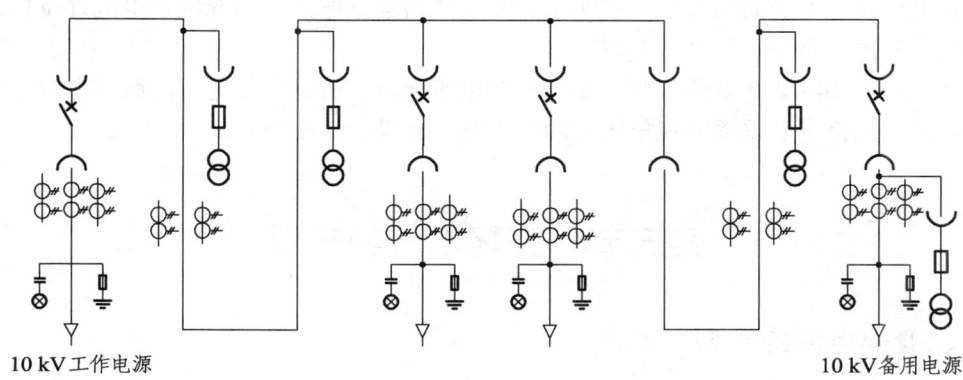

设备编号	AH1	AH2	AH3	AH4	AH5	AH6	AH7	AH8
设备型号				KYN28A-12 高压中置式开关柜				
用途	电源进线	电能计量	电压测量	变压器保护	变压器保护	隔离	电能计量	电源进线
负荷容量	1 600 kV·A			800 kV·A	800 kV·A			1 600 kV·A
电缆型号规格	YJV22-8.7/10-3×70			YJV-8.7/10-3×50	YJV-8.7/10-3×50			

（a）变压器一次侧电气主接线

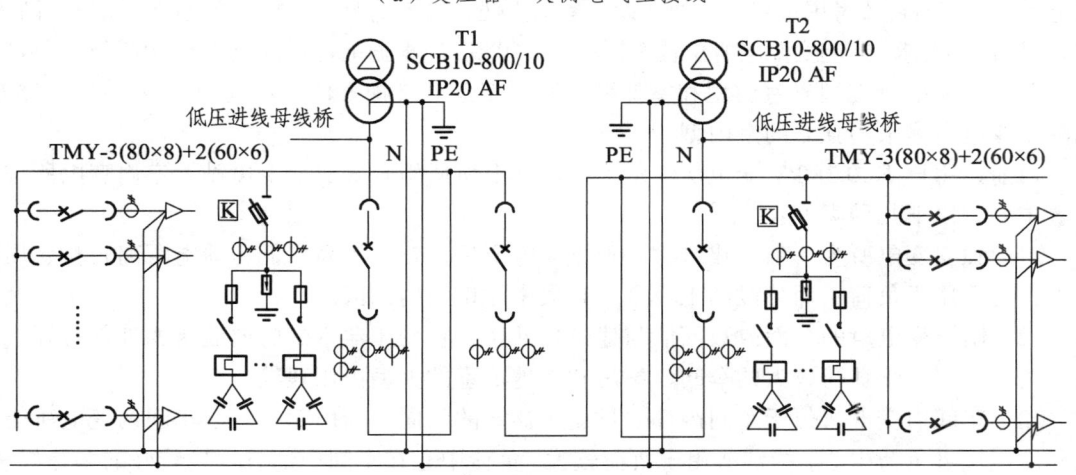

（b）变压器二次侧电气主接线

图 5-10　10 kV 变电所电气主接线典型方案（三）

当两路外供电源为同时工作互为备用时,变压器一次侧可采用单母线分段接线或双回线路—变压器组单元接线,具体形式根据工程特点及电源情况确定。一般情况下,若变压器台数仅有两台且以后不再增加,宜采用双回线路—变压器组单元接线,以减少高压开关数量,节约投资。

三、10 kV 变电所电气主接线典型方案

10 kV 变电所由两路外供电源供电，其中电源 1 容量可供全部负荷，电源 2 容量可供重要的一半负荷，故采用单母线分段接线。正常运行时，变电所由两路电源同时供电，母联断路器断开；当电源 2 线路故障或停电检修时，断开电源 2 进线断路器，接通母联断路器，由电源 1 供电给全部负荷；当电源 1 线路故障或停电检修时，断开电源 1 进线断路器，则由电源 2 供电给重要负荷。变电所采用直流操作电源，为监视两段母线上的电压，在两段母线上均安装有电压互感器。同图 5-9（a）所示方案，按当地供电部门的规定，电能计量柜设置在电源进线主开关之后。

通常，用户 10 kV 配电所与某个 10 kV 变电所合建，所以，配电所的所用电源由变电所主变压器低压侧提供。重要或规模较大的配电所，宜设所用变压器。

第三节 变配电所的布置

一、变配电所的类型与选址

用户变配电所分 35~110 kV/10 kV 总降压变电所、10 kV 配电所、10/0.38 kV 变电所及 35/0.38 kV 直降变电所。10/0.38 kV 变电所在工业企业内又称车间变电所，用户 10 kV 配电所通常和某个 10/0.38 kV 变电所合建又称为配变电所。

变配电所的位置应接近负荷中心以减小低压供电半径、降低电缆投资、节约电能损耗、提高供电质量，同时还要考虑进出线方便、设备运输方便、接近电源侧，并注意防尘、防腐、防水、防火、防爆等要求。影响变配电所位置选择的因素很多，应根据上述要求经技术经济比较后确定。

总降压变电所类型有室内型和室外型。室内型运行维护方便、占地面积少。用户 35 kV 总降压变电所多采用独立的室内型。

目前，用户 10/0.38 kV 变电所大多为室内变电所或组合式成套变电站。室内变电所按其位置主要有以下几种类型：

（1）独立变电所为一独立建筑物。独立变电所建筑费用较高，低压馈电距离较长、损耗较大，主要用于负荷小而分散的工业企业和大中城市的居民区。

（2）附设变电所的一面或数面墙与建筑物共用，且变压器室的门向建筑物外部打开。附设变电所主要用于负荷较大的车间、站房和无地下室的大型民用建筑。

（3）车间内变电所位于车间内部，且变压器室的门向车间内部打开。车间内变电所能最大程度地接近负荷中心，特别适用于负荷较大、负荷中心在车间中部且环境较好的多跨厂房。目前，车间内变电所多采用小型组合式成套变电站。

（4）地下变电所设于地下，通风散热条件差，湿度较大，投资较大，很少单独采用。此外，高层民用建筑的变电所也常设置在其地下室内。

组合式成套变电站不同于常规土建变电所，其特点是在工厂完成设计、制造与安装，并完成其内部电气接线，具有体积小、占地少、能最大程度地接近负荷中心、易于搬动、安装方便、送电周期短等优点。组合式成套变电站在国内应用越来越广。

二、变配电所的布置

（一）基本要求

变配电所的布置是在其位置与数量、电气主接线、变压器型式数量及容量确定的基础上进行的，且与变配电所的类型密切相关。变配电所的总体布置应满足以下基本要求：

（1）便于运行维护与检修。有人值班的变配电所，应设单独的值班室。当低压配电室兼作值班室时，低压配电室面积应适当增大。高压配电室与值班室应直通或经过通道相通。有人值班的独立变配电所，宜设有厕所和给排水设施。变配电装置要有足够的安全净距和操作维护通道。

（2）便于进出线。如进线为高压架空进线，则高压配电室宜位于进线侧。变压器低压出线电流较大，一般采用封闭母线桥，因此变压器的位置宜靠近低压配电室。低压配电室宜位于出线侧。

（3）保证运行安全。变压器室、配电室的门应向外打开。相邻配电室之间有门时，此门应能双向开启。长度大于 7 m 的配电室应设两个出口，并宜布置在配电室的两端；长度大于 60 m 时，宜增加一个出口。变配电所应设置防止雨、雪和蛇、鼠类小动物从采光窗、通风窗、门、电缆沟等进入室内的设施。另外，变配电所还应考虑防火、通风等要求。

（4）节约土地与建筑费用。室内变电所的每台油量为 100 kg 及以上的三相油浸式变压器，应设在单独的变压器室内。干式电力变压器只要具有不低于 IP2X 的防护外壳，就可和高低压配电装置设置在同一房间内。现代高压开关柜和低压配电屏均为封闭外壳，防护等级不低于 IP3X 级，两者可以靠近布置。

（5）适应发展要求。高低压配电室内，宜留有适当数量配电装置的备用位置。变压器室应考虑到扩建时有更换大一级容量变压器的可能。

（二）总体布置方案

变配电所总体布置方案应因地制宜，合理设计。布置方案应通过比较多个方案的技术、经济指标后确定。

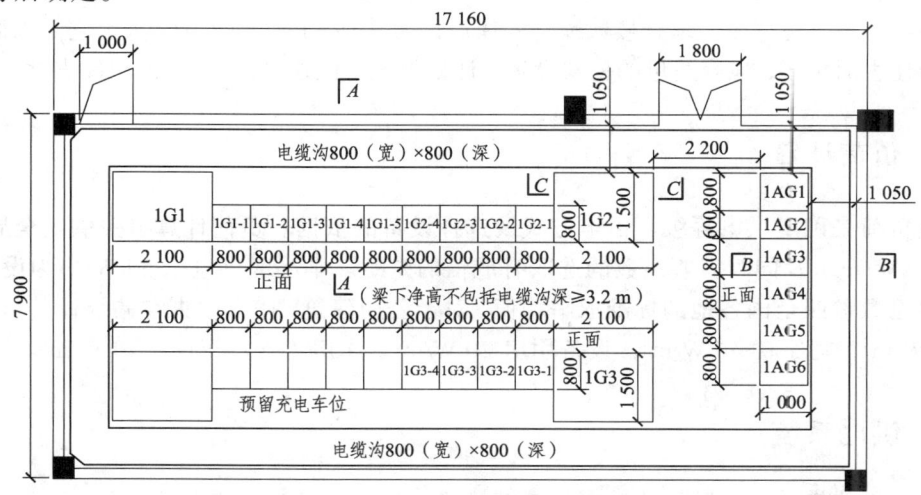

图 5-11　某 10/0.38 kV 变电所电气平面布置图

图 5-11 所示为某用户 10/0.38 kV 变电所平面布置图。变电所为独立建筑物,设有高压配电室、低压配电室、值班室和检修室等。由于选用的变压器为干式且带 IP2X 防护外壳,故与低压配电屏并排放置。低压配电屏为双列布置,两者之间采用架空封闭母线桥连接。高压电源进出线及低压出线均采用电力电缆,变配电装置下方及后面设有电缆沟,用于电缆敷设。为方便安全地操作维护,变配电装置前面留有操作通道,后面留有维护通道,通道的宽度符合规范要求。

对于 10 kV 配变电所,其布置方案也与图 5-11 所示布置方案类似,只是高压开关柜数量较多,高压配电室相应大一些。当高压母线上接有无功补偿电容器时,还宜设置单独的高压电容器室。

用户 35/10 kV 变电所一般为独立建筑物,典型方案为二层楼结构。底层设置主变压器室、10 kV 配电室和 10 kV 电容器室,二层设置 35 kV 配电室、二次设备室及控制室。

在进行变配电所具体布置时,除了依据《20 kV 及以下变电所设计规范》(GB 50053—2013)和《35 kV ~ 110 kV 变电站设计规范》(GB 50059—2011)外,还应参考国家建筑标准设计图集《变压器安装》(D201-1 ~ 2)和《常用电气设备安装》(D701-1 ~ 2)。

第四节 住宅供配电典型案例

设施齐全、环境优美、建筑物密集是住宅小区的建设特点。住宅小区传统的供电方式是架空线路和台上、杆上变压器以及各种弱电线路,小区空中线路如蛛网密布,加上与绿化树木混在一起,导致事故频频发生,供电可靠性降低。在人们对生活质量、生存环境要求越来越高的今天,采用箱式变电站(箱变)及埋设地下电缆构成环网供电,是住宅小区供电方案的理想选择。根据不同的建筑环境,箱式变电站可以选择不同的造型和颜色,以一个建筑小品的形式屹立在楼群中。下面结合某市凤凰小区供电设计,对住宅小区环网供电方式进行探讨。

某市凤凰小区总建筑面积 24.8 万平方米,18 层住宅 11 幢,25 层商住楼 3 幢,其余多为 7 层商品住宅,另有写字楼、综合楼数幢。入住户数为 2 182 户,约 8 637 人。它是以商品住宅为主的居住生活小区,兼容适量的公共设施,计划将该小区建设成为 21 世纪标志性示范小区。

一、负荷计算

用电负荷是确定供电等级、供电方式及选择设备的依据。负荷计算事关供电全局,户平均负荷(kW/户)及同时需要系数的选取有成倍的差距。本小区供电以 5 kW/户为设计依据,同时需要系数参照全国各地的标准取平均值。对于公用建筑,按有中央空调统计其负荷密度:商场 80 W/m², 写字楼 40 W/m², 设备用房 20 W/m², 库房(含汽车库)10 W/m²。

二、供电系统

环网供电能简化配电网线路,方便管理,能方便地为重要负荷提供两个电源,并且出现故障时易于查找,对于实现电网自动化管理具有重要的意义。环网供电同辐射型供电相比,投资少。因此,环网供电在国内外获得越来越广泛的应用。

凤凰小区在中心设一开关站,采用环形供电,东、西两区自成一环。低压供电半径小于等于 250 m,整个小区设有 17 台箱式变电站和 7 个变电点。小区供电体系如图 5-12 所示。

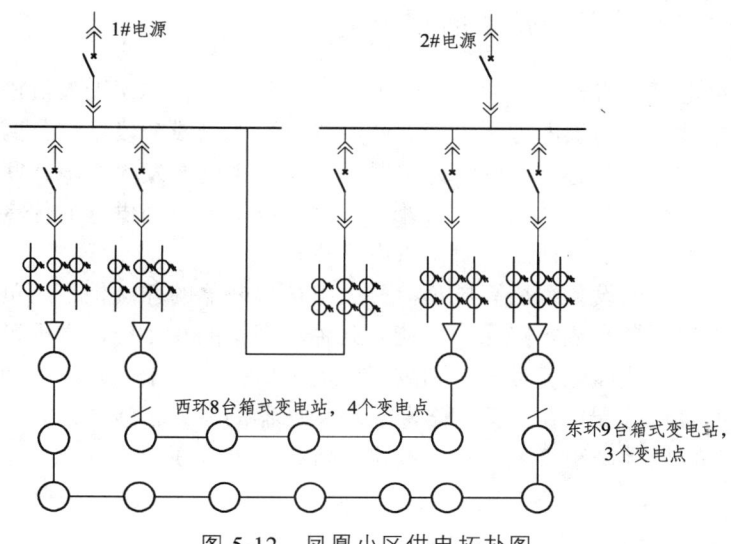

图 5-12 凤凰小区供电拓扑图

凤凰小区环网单元采用箱式变电站,一进一出一变,单线单环,在低压侧进行电能计量。环网单元典型接线如图 5-13 所示。

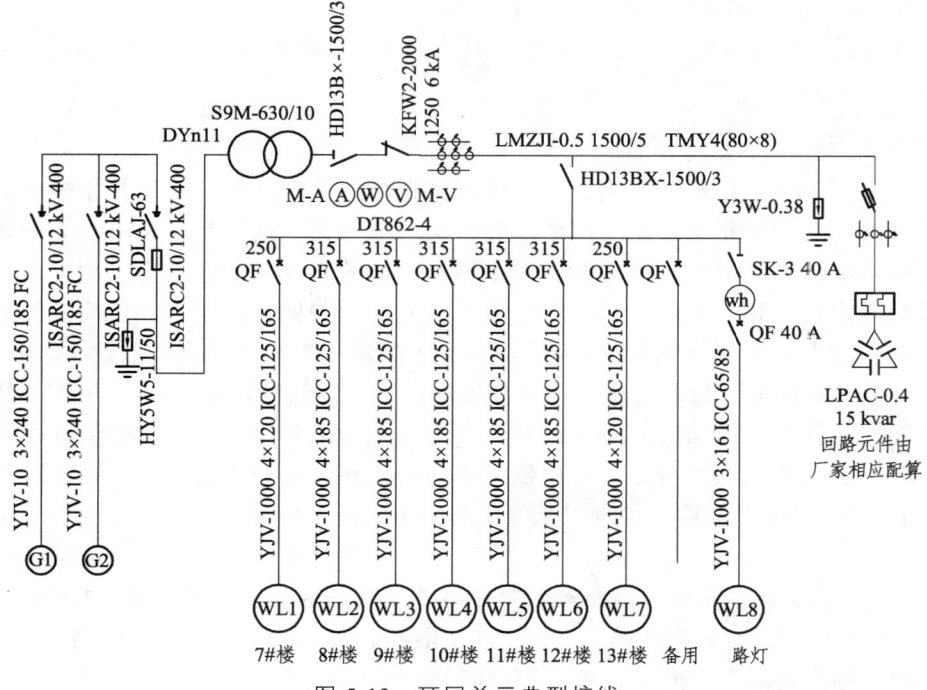

图 5-13 环网单元典型接线

对于大型公用商业建筑及地下车库等不宜设置箱式变电站的用户，可设置变电点，配置环网柜作为整个小区环网供电系统的一个单元。为了限制短路容量，简化继电保护，小区两个环形供电系统采用开环运行方式。

三、箱式变电站的若干技术问题

箱式变电站供电可节省建筑面积、节约投资、安装方便，实现无人值班。凤凰小区采用开关站加箱式变电站的环网供电方式，开关站为双电源单母线分段系统，两个供电环网起止于两段母线上。正常工作状态下，联络开关断开。当一个电源发生故障，联络开关闭合，另一电源带全部负荷运行。此种供电方式，兼有双回路供电与环网供电的优点，大大提高了供电的可靠性，而投资却低于双回路辐射型供电。

箱式变电站高压受电设备采用高压负荷开关串接熔断器的环网柜，用负荷开关投切电路和隔离故障点，用熔断器完成短路保护功能。此种环网柜能在10 ms之内迅速切除故障，此时线路和设备所承受的故障电流远未达到故障电流峰值，故对于供电线路和设备无须进行短路电流校验。如何合理选配负荷开关、熔断器与变压器的参数，涉及能否发挥熔断器和负荷开关的性能优势，以及提高组合电气设备技术经济指标等方面。

1. 额定电流

凤凰小区箱式变电站中变压器容量为 315~630 kV·A，高压额定电流为 16~33 A。考虑过载因素，SDLAJ 熔断器电流为 40~80 A。负荷开关额定电流没有制约因素，其额定电流由机械强度、开关能力、标准化因素决定，一般选择 400~630 A。该小区箱式变电站变压器高压负荷开关选用 ISARC2-10/12 kV 型，Z_e=400 A。

进出箱式变电站的高压线路选用 ISARC2-10/12 kV 负荷开关，I_e=400 A。高压电缆选用YJV-10。

2. 转移电流

转移电流是一种三相短路电流，当短路电流在转移点附近时，首先开相短路电流由熔断器开断，而后两相短路电流则由熔断器转移给负荷开关开断。当短路电流大于转移电流时，三相短路电流全都由熔断器开断。发生转移电流的条件如下：发生三相短路时，最快的熔体熔化成为首开相，其撞击器同时触发负荷开关脱扣器。此时，若负荷开关的分闸时间 t 小于第一相与后两相熔断器熔断时间差 ΔT（熔断器熔断时间有离散性），则另两相短路电流由负荷开关断开。反之，则由另两相熔断器开断。熔断器的"时间-电流"特性离散性小，熔断器动作快（弧前时间小）或延长负荷开关分闸时间，就可以降低或避开转移电流。高压熔断器一般只保护变压器低压侧端子内的短路，因端子短路有严格的瞬态恢复电压（TRV），其陡度大，负荷开关难以承受，必须由熔断器断开故障。因此，转移电流应小于端子短路电流。

综上所述，转移电流不仅与熔断器的"时间-电流"特性有关，还与熔断器撞击器触发负荷开关的分闸时间有关。三相转移电流值，就是熔断器的"时间-电流"特性曲线上，电流偏差为 -6.5%的熔断器触发负荷开关 0.9 倍分闸时间所对应的电流值。

3. 交接电流

交接电流是一种过电流，低于交接电流的过电流由负荷开关负责开断，高于交接电流的过电流是熔断器的保护范围。交接电流可以由负荷开关和熔断器两者的"时间-电流"特性曲线交点来确定。合理确定交接电流值，会减少限流熔断器的动作次数，具有一定的技术经济意义。特别是对于真空和 SF_6 负荷开关，可以通过提高交接电流到转移电流的方式，以充分发挥这类负荷开关的开断优势。

故障电流高于转移电流是熔断器的保护范围，低于交接电流是负荷开关的保护范围，交接电流和转移电流之间是负荷开关和熔断器共同保护范围。组合电气设备与单独熔断器、负荷开关额定参数不一样。一般熔断器额定电流略高于组合电气设备额定电流，以确保组合电气设备的工作可靠性。额定电流、交接电流、转移电流都应按配合要求核定。

4. 箱式变电站的过电压保护

作为站内变压器和其他高压受电设备的过电压（雷电波或操作过电压）保护，箱式变电站内应设置避雷器。10 kV 阀型避雷器 FZ、FS 系列的工频放电电压有效值为 26～31 kV。氧化锌避雷器（MOA）的标称电压为 19.5～21 kV，对于 10 kV 油浸变压器绝缘通常是按 35 kV 工频耐压 1 min。因此，阀型避雷器和氧化锌避雷器都能有效地进行保护。若采用环氧树脂干式变压器，由于其绝缘是按 28 kV 工频耐压 1 min，所以选用氧化锌避雷器作为过电压保护。凤凰小区从经济角度考虑，选用 S9M 型 Dyn11 接线的油浸全密闭、防尘、防腐及与可爆性气体隔离的变压器，其抗振性较好。高压侧配套选用 HY5WM7/50 避雷器（另外一种氧化锌避雷器），低压侧选用 Y3W-0.38 避雷器。

5. 计量与无功补偿

采用高压计量还是低压计量，各地要求不一。凤凰小区采用低压计量，设有电流表、电压表、电能表，并且将变压器本身损耗折合成电费由用户承担。考虑到小区负荷的特点，并结合以往的工程实践，无功补偿取变压器容量的 1/6 左右，即每一箱式变电站补偿容量为 90 kvar，并采用自动投切方式。

6. 开环点的选择

环网在运行中，通常在某点用负荷开关断开网络形成两个独立的链状树干式供电系统，此断开点称为开环点，开环点分为正常开环点和故障开环点。开环点的设置能保证单电源网络两端断路器不会同时断开，提高了供电的可靠性。双电源网络，因两路电源电压的数值和相位不可能完全一致，闭环运行将引起环流，增加供电线路能耗，故环网供电系统一般都是开环运行。选择开环点应使端口两端电压的幅值和相位相差最小。具体实现方法：首先假设环网为闭环运行，通过计算找出由两端电源供电的箱式变电站或变电点，求出功率分界点的位置，此功率分界点即为环网的正常开环点。如果出现有功功率与无功功率分界点不一致情况，多因在高压线路中的电压损耗主要是由无功功率所引起，故此时应选择无功功率分界点作为正常开环点。

一般功率分界点不会恰好落在某两个变电站之间。因此，只能通过计算，选择两端累计功率差值较小的点作为正常开环点。当然，在实际运行中，若发现实际运行功率与设备功率之间有差异，就应将正常开环点的位置加以调整，使环网运行于最佳状态。

为了防止误操作形成闭环，在环网柜中设有闭锁装置，由物业管理人员负责控制，禁止其他人员随意操作。

四、环网电缆的选择

凤凰小区环网线路全部选用 YJV-10 3×240 交联聚乙烯电缆穿碳素波纹管埋地敷设。电缆按长期允许载流量选择，并进行短路热稳定校验。1 kV 以下电缆当采用低压断路器或熔断器作网络保护时，一般均能满足稳定性要求，不必进行校验。

对于 3 kV 及以上的电缆，可按 $S \geq I\sqrt{t}/k$ 进行短路热稳定校验，其中 S 为绝缘导体线芯截面面积（mm^2），I 为短路电流有效值（A），t 为在已知到达允许最高持续工作温度的导体内短路电流持续作用时间（s），k 为不同绝缘介质的热稳定计算系数。

五、针对气候特点对箱式变电站提出特殊要求

凤凰小区所在的城市夏有酷暑、冬无严寒，是一座四季常青的亚热带山城。它又是一座钢铁之城，污染较大，置于室外的箱式变电站必须考虑防晒、通风、散热、防污染措施。箱体采用双面通风窗，上盖及周边有百叶通风孔，以防止小动物侵入和防尘。通风孔采用钢板网加阻燃防尘滤布，防护等级应达 IP44。顶盖应设置隔热层，四周设置活动遮阳板，或直接安装一套智能化恒温控制装置。

思考与练习

5-1 什么是供电系统的一次接线？对一次接线有什么基本要求？

5-2 变配电所电气主接线有哪些基本形式？各有什么优缺点？各适用于什么场所？

5-3 在进行变配电所电气主接线设计时，一般应遵循哪些原则并采取哪些步骤？

5-4 高低压配电网接线形式有哪些？为提高供电可靠性，可采取什么措施？

5-5 在进行配电网接线设计时，为什么要力求简单可靠且配电层次不宜超过两级？

5-6 变配电所的选址应考虑哪些条件？变电所靠近负荷中心有什么好处？

5-7 变配电所总体布置应考虑哪些基本要求？变压器的类型对变电所布置有何影响？

5-7 某高层建筑拟建造一座 10/0.38 kV 变电所，地址设在地下室内。已知总计算负荷为 1 000 kV·A，其中一、二级负荷 650 kV·A，$\cos\varphi=0.8$。试初选其主变压器的类型、台数和容量。

5-8 某工厂拟建造一座 10/0.38 kV 独立变电所，已知总计算负荷为 2 000 kV·A，$\cos\varphi=0.8$，均为三级负荷，由地区变电所采用一回路 10 kV 线路供电。试初选主变压器并设计出该变电所电气主接线图。

第六章 继电保护原理及自动装置

本章讲述供配电系统的各种保护装置。首先简述继电保护的基本知识、任务与要求，然后介绍常用的保护继电器和继电保护的接线方式和换作方式，接着分别讲述电力线路和电力变压器的各种继电保护接线、原理和整定计算等。

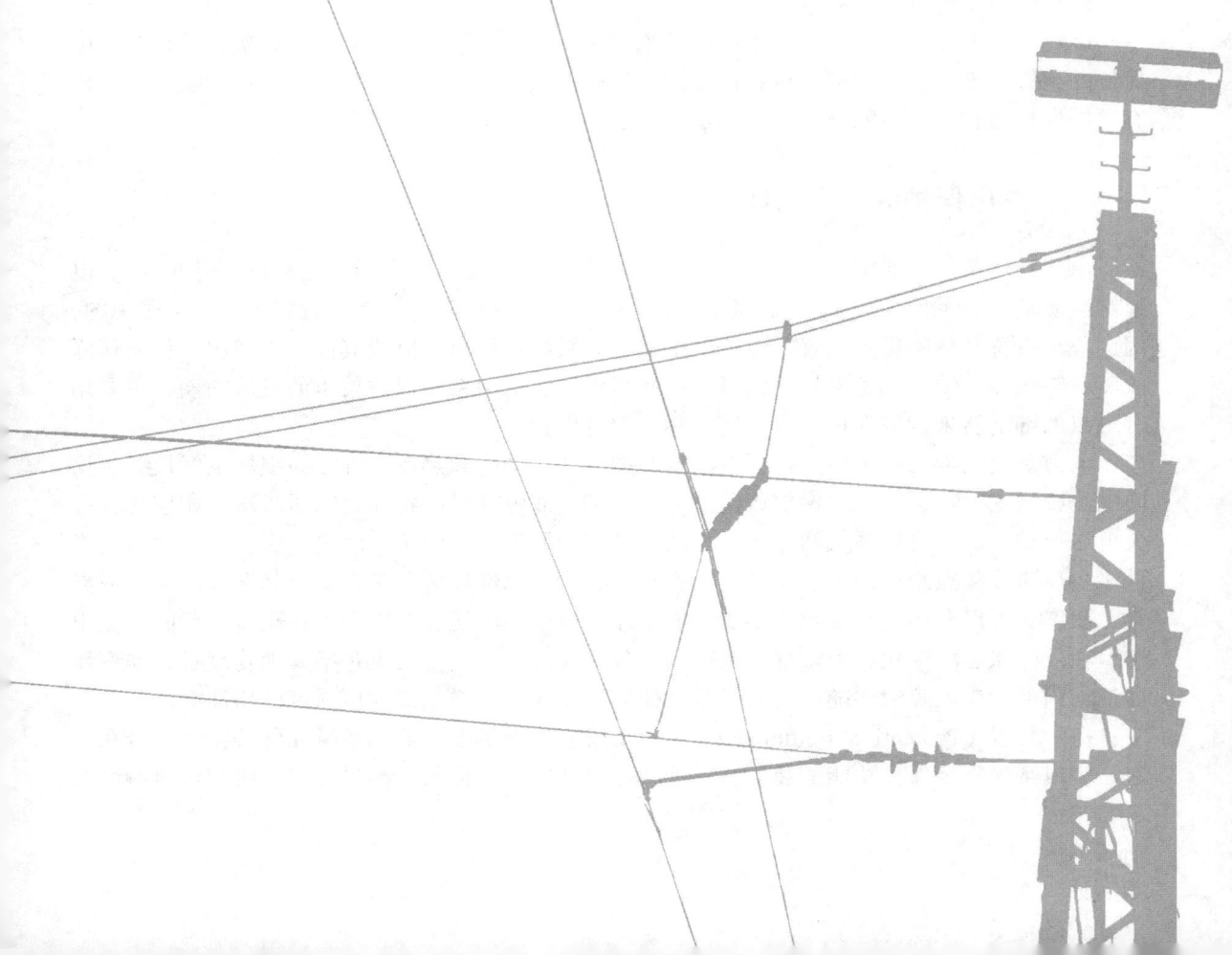

第一节 继电保护的基本知识

一、继电保护的任务

供配电系统在正常运行过程中,由于各种原因会发生故障或异常运行状态,最严重的是发生短路故障并导致严重后果,如烧毁或损坏电气设备,造成大面积停电,甚至破坏电力系统的稳定性,引起系统振荡或解列。因此,必须采取各种有效措施减少或消除故障。一旦系统发生故障,应迅速切除故障设备,以免引起其他设备故障,恢复正常运行。继电保护装置就是能反映供配电系统中电气设备发生故障或异常运行状态,并能使断路器跳闸或启动信号装置发出报警信号的一种自动装置。继电保护的任务主要包括:

(1) 自动、迅速、有选择性地将故障设备从供配电系统中切除,使其他非故障部分迅速恢复正常供电。

(2) 正确反映电气设备的异常运行状态,发出报警信号,以便操作人员采取措施,恢复电气设备的正常运行。

(3) 与供配电系统的自动装置(如自动重合闸装置、备用电源自动投入装置等)配合,提高供配电系统的供电可靠性。

因此,继电保护装置是保障供配电系统安全可靠运行不可或缺的重要设备,必须对继电保护的配置统筹考虑、合理安排,优先选用具有成熟运行案例的数字式继电保护装置。对原有继电保护装置,凡不能满足技术和运行要求的,应逐步进行改造。

二、继电保护的基本原理

由于自然条件(如雷击等)、电气元件(如变压器、电力电容器、电动机、母线等)、电缆制造质量、运行维护等诸方面因素,电力系统发生各种故障或异常运行状态是不可避免的,因此应该设置必要的保护装置。保护就是在电力系统中检出故障或其他异常情况,从而切除故障、终止异常情况或发出报警信号、控制指示。在电力系统保护技术的发展初期,主要用有触点的继电器来构成保护装置,所以称为继电保护。

电力系统故障的一个显著特征是电流剧增,从电动力和热效应等方面损坏电气设备。反映电流剧增这一特征的继电保护就是过电流保护。故障的另一特征是电压锐减,相应地就有欠电压保护。反映电压降低和电流增加的一种保护原理就是阻抗(距离)保护,它以阻抗降低多少反应故障点距离的远近,决定是否动作。为了更准确区分正常运行状况与故障(或异常)状态,可以利用系统参数(如负序或零序的电流、电压和功率等)在正常运行时变化很小但在故障状态时变化较大。继电保护利用的不仅限于电气量,也包括其他物理量,如变压器油箱内部发生故障时伴随产生的大量气体和油流速度的增大或油压强度的增高等。

保护装置(Protection Equipment)是一个或多个保护继电器和逻辑元件按需要组合在一起,完成某项特定保护功能的装置。保护功能包括输入、输出、测量元件、时间延迟特性和功能逻辑，保护功能框图如图 6-1 所示。

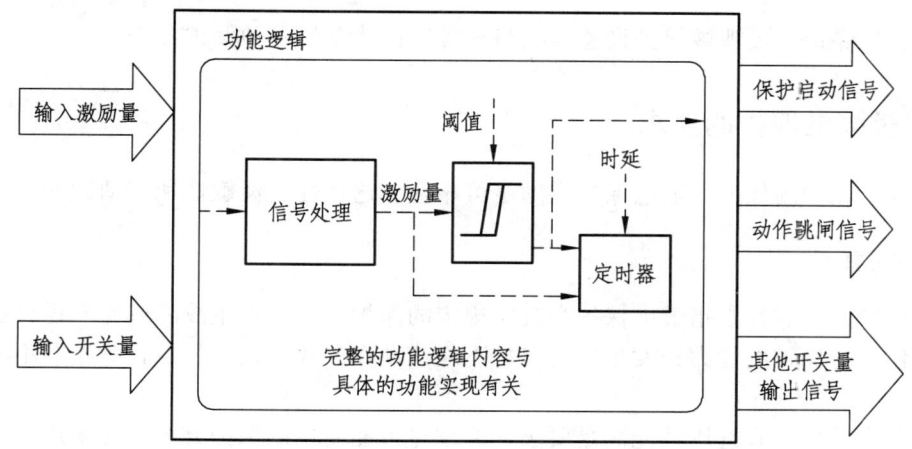

图 6-1 保护功能框图

输入激励量为测量信号，如电流和电压，可由电流互感器和电压互感器的二次侧引入。也可根据需要引入对保护功能有影响的外部或内部驱动的开关量信号。信号处理模块将输入激励量进行信号处理后，与阈值进行比较，若激励量大于给定的阈值（整定值），则输出保护启动信号。同时，定时器开始计时（定时器的时延也可设定为展时）。经过完整的内部动作延时（功能逻辑）后输出动作跳闸信号，同时输出其他开关量输出信号。

三、继电保护的分类

电力系统中的电力设备和电力线路，应装设短路故障和异常运行的保护装置。电力设备和电力线路短路故障应有主保护和后备保护，必要时可增设辅助保护。

（一）主保护

主保护是满足系统稳定和设备安全要求，能以最快速度有选择地切除被保护设备和线路故障的一种保护方法。

（二）后备保护

后备保护是主保护或断路器拒动时，用以切除故障的一种保护方法。后备保护可分为近后备保护和远后备保护两种方式。

近后备保护是当主保护拒动时，由该电力设备或线路的另一套保护装置来实现保护的一种后备保护方法；当断路器拒动时，由断路器失灵保护来实现后备的保护。

远后备保护是当主保护或断路器拒动时，由相邻电力设备或线路保护装置来实现保护的一种后备保护方法。

（三）辅助保护

辅助保护是为补充主保护和后备保护功能或当主保护和后备保护退出运行而增设的一种保护方法。

（四）异常运行保护

异常运行保护是反映被保护设备或线路异常运行状态的一种保护方法。

四、对继电保护的要求

根据继电保护的任务，继电保护应满足可靠性、选择性、灵敏性和速动性的要求。

（一）可靠性

继电保护的可靠性是指继电保护在其所规定的保护范围内发生故障或异常运行状态时应该发生动作进行保护的能力；发生任何保护不应该动作的故障或异常运行状态时不动作，不应误动作。

为保证可靠性，宜选用性能满足要求、原理尽可能简单的保护方案，应采用由高可靠硬软件构成的装置，并应具有必要的自动检测、闭锁、报警等功能，以便于整定、调试、运行和维护。

（二）选择性

选择性是指当发生故障时，首先由故障设备或线路本身的保护装置动作并切除故障，使故障控制在最小范围内，保证系统中无故障部分仍正常工作。当故障设备、线路本身保护装置或断路器拒动时，允许由相邻的设备、线路保护装置或断路器开启保护功能、切除故障。

在图 6-2 所示的系统中，若在线路 3WL 的 K 点发生短路故障，应由故障线路的保护装置 3 动作，使断路器 3QF 跳闸，将故障线路 3WL 切除，线路 1WL 和 2WL 仍继续运行；若保护装置 3 断路器 3QF 拒动，保护装置 2 应动作。

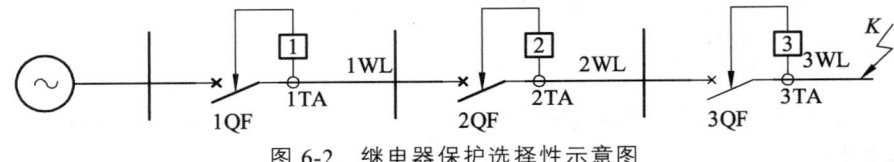

图 6-2 继电器保护选择性示意图

为保证选择性，对相邻设备与线路有配合要求的保护及同一设备或线路保护内有配合要求的两保护，其动作电流或动作时间应相互配合。

（三）灵敏性

灵敏性是指在设备或线路的被保护范围内发生故障时，保护装置具有的正确动作能力的裕度。在继电保护的保护范围内，不论系统的运行方式、故障的性质和故障的位置如何，保护都应正确动作。继电保护的灵敏性通常以灵敏系数 K_S 来衡量，灵敏系数越大，反映故障的能力越强。灵敏系数按下式计算。

$$K_S = \frac{\text{保护范围内的最小短路电流}}{\text{保护装置一次侧动作电流}} = \frac{I_{K.\min}}{I_{op1}} \qquad (6\text{-}1)$$

继电器保护的原理框图如图 6-3 所示。

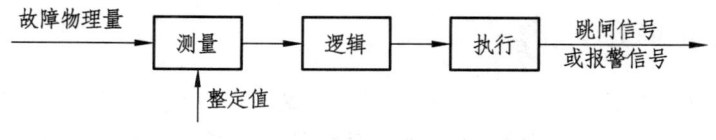

图 6-3　继电器保护原理框图

(四) 速动性

速动性是指发生故障时，保护装置应能尽快地切除短路故障。当需要加速切除短路故障时，允许保护装置无选择性动作，但应利用自动重合闸装置或备用电源的自动投入装置缩小停电范围。其目的是提高电力系统的稳定性，减轻故障设备或线路的报损程度，缩小故障波及范围，提高自动重合闸装置或备用电源自动投入装置的效果等。

五、继电保护技术的发展

随着电力系统、电子技术、计算机技术和通信技术的发展，继电保护技术也得到快速发展。继电保护也从电磁式、感应式继电器构成的模拟保护发展到以微机保护构成的数字保护。

电磁式或感应式继电器构成的模拟保护，虽然结构简单、价格低廉，但难以满足系统可靠性对保护的要求，主要表现在：

(1) 没有自诊断功能，元件损坏不能及时发现，易造成严重后果。
(2) 动作速度慢，一般超过 0.02 s。
(3) 定值整定和修改不方便，准确度不高。
(4) 难以实现新的保护原理或算法。
(5) 元件多、体积大、维护工作量大。

微机保护构成的数字继电保护，充分利用和发挥微型控制器的存储记忆、逻辑判断和数值运算等信息处理功能，克服模拟继电保护的不足，获得了更好的保护特性和更高的技术指标。

20 世纪 60 年代末 70 年代初，美国、澳大利亚等国学者开始研究微机保护技术，我国于 20 世纪 70 年代末也开始研究微机保护。1984 年原华北电力学院成功研制输电线路微机保护装置，其后微机保护得到迅速发展，20 世纪 80 年代末微机保护开始得到工业应用，随后由初期的微机继电器发展到以保护为核心的具有多种综合功能的微机保护和测控装置。目前国内外很多厂商生产此类产品，如通用电气公司生产的数字配电继电保护系统（Digital Distribution Protective Relaying System），BBC 公司生产的微机配电保护系统（Microprocessor-based Distribution Protection System），ABB 公司生产的微机配电保护装置（Circuit-shield Distribution Protection Unit），南京自动化研究院生产的 ISA-1 微机保护装置，许继电气公司生产的 WBK-1 型微机保护装置，等等，这类微机保护装置一般都具有测量、保护、重合闸、事件记录、通信和自检等功能。

我国 20 世纪 90 年代已开始大量使用微机保护。目前，电力系统已全部实现微机保护，一般用户供配电系统仍使用以继电器保护为主的模拟保护，现代大型用户都采用微机保护，新建的用户供配电系统一般选用微机保护。微机保护的工作原理与传统继电器保护的工作原理基本相同或相似，只是实现的方法不同。所以，本章内容仍以讲述传统继电器保护为主、微机保护为辅。

六、微机保护简介

随着微型计算机技术的发展，人们成功地利用微型计算机系统采集和处理来自电力系统运行过程中的物理量，并通过数值计算迅速而准确地判断电力系统中发生故障的性质和范围，经过严密的逻辑分析、综合后有选择性地发出各项指令。这种基于微型计算机系统的继电保护装置，就是微机保护。

微机保护可充分发挥计算机的储存记忆、逻辑判断和数值运算等信息处理功能，在应用软件的配合下，有极强的综合分析与判断能力，可以实现模拟式保护装置很难做到的自动识别、排除干扰、防止误动作，因此可靠性很高。另外，由于微机保护的特性主要是由软件决定的，所以保护的动作特性和功能可以通过改变软件程序以获取所需要的保护性能，具有较大的灵活性，因此保护性能的选择和调试都很方便。同时，微机保护具有较完善的新功能，便于构成综合自动化系统，提高系统运行的自动化水平。

微机保护装置，应满足下列要求：

（1）宜将被保护设备或线路的主保护（包括纵、横联保护等）及后备保护综合在一整套装置内，共用直流电源输入回路及交流电压互感器和电流互感器的二次回路。该装置应能反映被保护设备或线路的各种故障及异常状态，并动作跳闸或给出信号。对仅配置一套主保护的设备，应采用主保护与后备保护相互独立的装置。

（2）保护装置应尽可能根据输入的电流、电压，自行判别系统运行状态的变化，减少外接相关的输入信号来执行其应完成的功能。

（3）对适用110 kV及以上电压线路的保护装置，应具有测量故障点距离的功能。故障测距的精度要求为：对金属性短路误差不大于线路全长的±3%。

（4）保护装置应具有在线自动检测功能，包括保护硬件损坏、功能失效和二次回路异常运行状态的自动检测。

自动检测必须是在线自动检测，不应由外部手段启动；并应实现完善的检测，做到只要不告警，装置就处于正常工作状态，但应防止误告警。

除出口继电器外，装置内的任一元件损坏时，装置不应误动作跳闸，自动检测回路应能发出告警或装置异常信号，并给出有关信息指明损坏元件的所在部位，在最不利的情况下应能将故障定位至模块（插件）。

（5）保护装置的定值应满足保护功能的要求，应尽可能做到简单、易整定；用于旁路保护或其他定值经常需要改变时，宜设置多套（一般不少于8套）可切换的定值。

（6）保护装置必须具有故障记录功能，以记录保护的动作过程，为分析保护动作提供详细、全面的数据信息，但不要求代替专用的故障录波器。

第二节　电力线路的继电保护

一、电力线路的常见故障和保护配置

用户内部的高压电力线路的电压等级一般为6~35 kV，线路较短，通常为单端供电，常

见的故障和异常运行状态主要有相间短路、单相接地和过负荷。因此，继电保护比较简单，《电力装置的继电保护和自动装置设计规范》（GB/T 50062—2008）规定应采用电流保护，装设相间保护、单相接地保护和过负荷保护。

3~10 kV 中性点非有效接地单侧电源线路的相间短路保护装置可装设两段电流保护，第一段应为瞬时电流速断保护，第二段应为带时限的过电流保护，后备保护应采用远后备方式。35 kV 中性点非有效接地单侧电源线路的相间短路保护装置，可采用一段或两段电流速断或电压闭锁过电流保护作为主保护，并以带时限的过电流保护作为后备保护。

电力线路装设绝缘监视装置（零序电压保护）或单相接地保护（零序电流保护），动作于信号，作为单相接地故障保护。

视频：输电线路保护

经常发生过负荷的电缆线路，应装设过负荷保护，动作于信号。

二、电流保护的接线方式和接线系数

供配电系统的继电保护主要是电流保护。电流保护的接线方式是指电流保护中的电流继电器与电流互感器二次绕组的连接方式。为了便于保护的分析和整定计算，引入接线系数 K_W，它是流入继电器的电流 I_KA 与电流互感器二次绕组的电流 I_2 的比值，即

$$K_\mathrm{W} = \frac{I_\mathrm{KA}}{I_2} \tag{6-2}$$

（一）三相三继电器接线方式

三相三继电器接线方式是将 3 只电流继电器分别与 3 只电流互感器相连接，如图 6-4 所示，又称完全星形接线，它能反映各种短路故障。流入继电器的电流与电流互感器二次绕组的电流相等，其接线系数在任何短路情况下均等于 1。这种接线方式主要用于高压大接地电流系统，保护相间短路和单相短路。

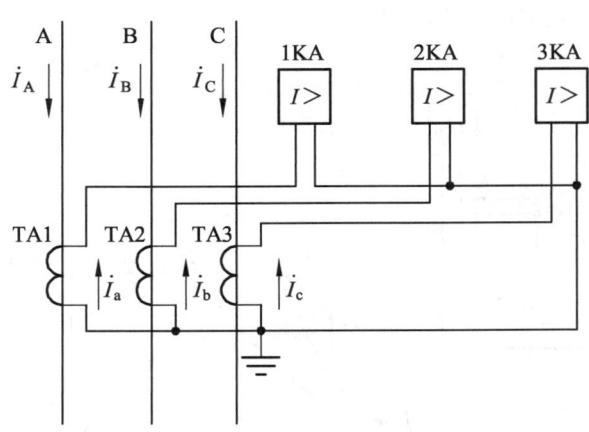

图 6-4 三相三继电器接线

（二）两相两继电器接线方式

两相两继电器接线方式是将两只电流继电器分别与设在 A、C 相的电流互感器连接，如图 6-5 所示，又称不完全星形接线。由于 B 相没有装设电流互感器和电流继电器，因此，它不能反映单相短路，只能反映相间短路，其接线系数在各种相间短路时均为 1。此接线方式主要用于小接地电流系统的相间短路保护。

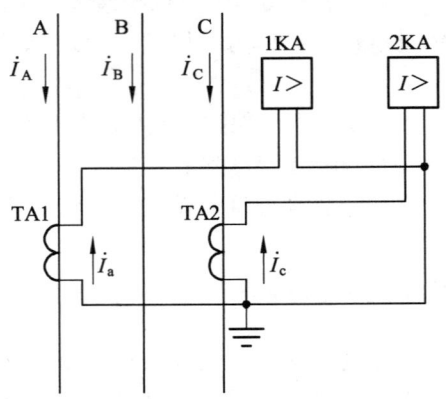

图 6-5 两相两继电器接线

（三）两相一继电器接线方式

两相一继电器接线方式如图 6-6（a）所示，流入继电器的电流为两电流互感器二次侧电流之差，即 $\dot{I}_{KA} = \dot{I}_a - \dot{I}_c$，因此又称两相电流差接线。

当正常工作或三相短路时，由于三相电流对称，流入继电器的电流为电流互感器二次侧电流的 $\sqrt{3}$ 倍，即 $K_w = \sqrt{3}$，如图 6-5（b）所示。当 AC 两相短路时，A 相和 C 相电流大小相等、方向相反，所以 $K_w = 2$，如图 6-5（c）所示；当 AB 或 BC 两相短路时，由于 B 相未连接电流互感器，该相电流不能流入继电器 1KA，因此只有一相的电流流入 1KA，即 $K_w = 1$，如图 6-5（d）所示，这种接线可反映各种不同的相间短路，但其接线系数随短路种类不同而不同，因此，保护灵敏度也不一样。

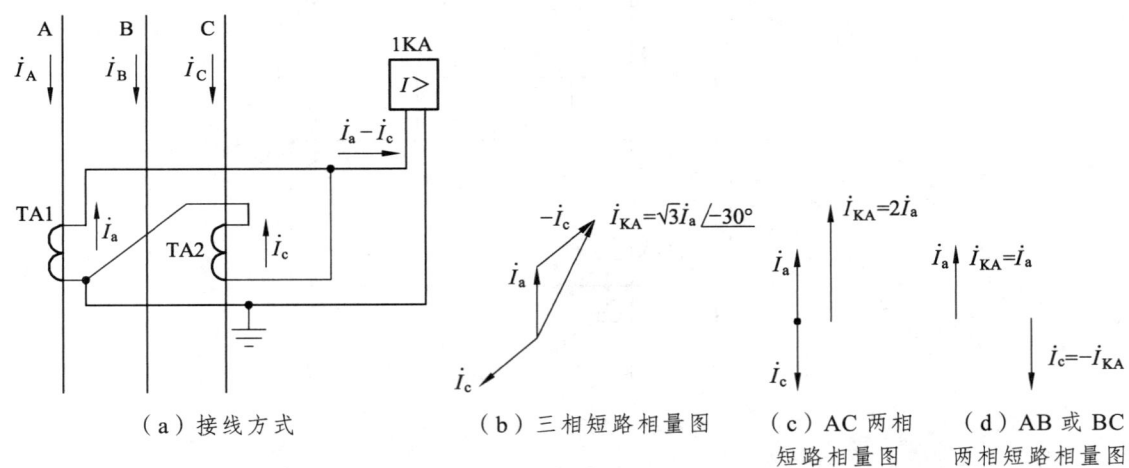

图 6-6 两相一继电器接线及相量图

三、过电流保护

当通过线路的电流大于继电器的动作电流时,保护装置启动,并用时限保证动作的选择性,这种继电保护装置称为过电流保护。由于采用的继电器不同,其时限特性有两种:由电磁式电流继电器等构成的定时限过电流保护;由感应式电流继电器构成的反时限过电流保护。

(一)过电流保护的接线和工作原理

1. 定时限过电流保护装置的接线和工作原理

图 6-7 是定时限过电流保护装置的接线图,保护采用两相两继电器接线。接线图有两种形式:原理图和展开图。原理图包括保护装置的所有元件,元件的组成部分都集中表示,并标注文字代号,如图 6-7(a)所示,原理图概念直观,容易理解。展开图将所有元件的组成部分按所属回路分开表示,每个元件的组成部分都标注相同的文字代号,如图 6-7(b)所示,展开图简明清晰,便于查对,广泛应用于二次回路图。

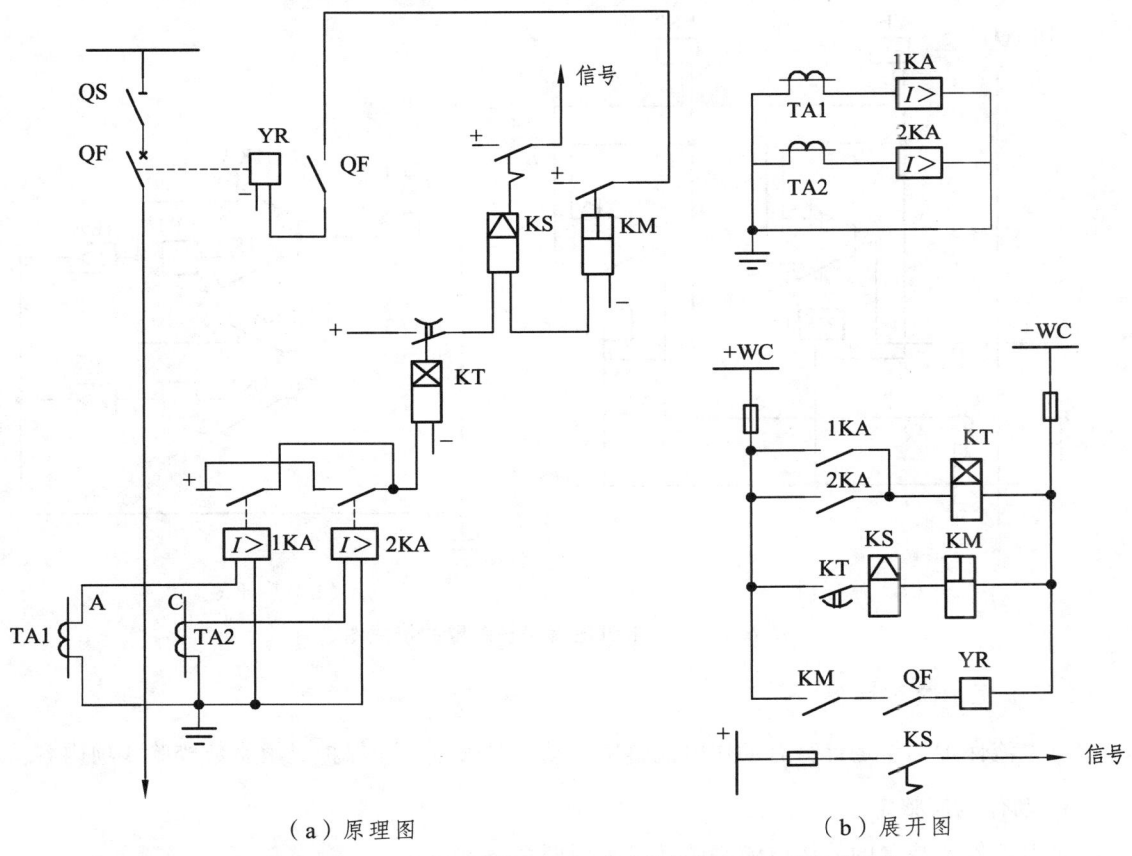

(a)原理图　　　　　　　　　　(b)展开图

QF—断路器;TA—电流互感器;KA—电流继电器;KT—时间继电器;
KS—信号继电器;KM—中间继电器;YR—跳闸线圈。

图 6-7　定时限过电流保护装置的接线图

当线路发生短路时,通过线路的电流使流经继电器的电流大于继电器的动作电流,电流继电器 KA 瞬时动作,其常开触点闭合,时间继电器 KT 线圈得电,其舡点经一定延时后闭合,使中间继电器 KM 和信号继电器 KS 动作。KM 的常开触点闭合,接通断路器跳闸线圈 YR 回路,断路器 QF 跳闸,切除短路故障线路。KS 动作,其指示牌掉下,同时其常开触点闭合,启动信号回路,发出灯光和音响信号。

2. 反时限过电流保护装置的接线和工作原理

反时限过电流保护装置的接线如图 6-8 所示。它由 GL 型感应式电流继电器组成,如本章第一节所述,该继电器具有反时限特性,动作时限与短路电流大小有关,短路电流越大,动作时限越短。

图 6-8 所示的是反时限过电流保护采用交流操作的"去分流跳闸"原理。正常运行时,跳线圈被继电器的常闭触点短路,电流互感器二次侧电流经继电器线圈及常闭触点构成回路,保护不动作。当线路发生短路时,继电器动作,其常开触点闭合,常闭触点打开(先合后开),电流互感器二次侧电流流经跳闸线圈,断路器 QF 跳闸,切除故障线路。

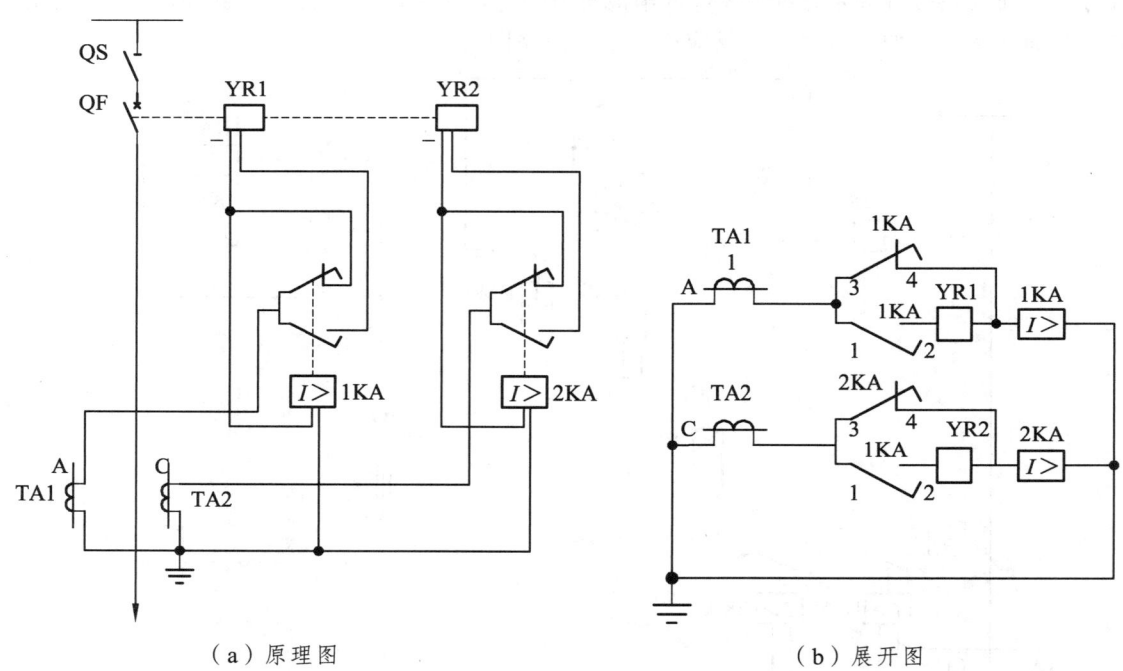

(a)原理图　　　　　　　　(b)展开图

图 6-8　反时限过电流保护装置的接线图

(二)保护整定计算

过电流保护的整定计算有动作电流整定、动作时限整定和保护灵敏系数校验 3 项内容。

1. 动作电流整定

过电流保护装置的动作电流必须满足下列两个条件:

(1)正常运行时,保护装置不动作,即保护装置一次侧的动作电流 I_{op1} 应大于该线路可能出现的 $I_{L \cdot max}$(正常过负荷电流和尖峰电流),即 $I_{op1} > I_{L \cdot max}$。

(2)保护装置在外部故障切除后,可靠返回到原始位置,即保护一次侧的返回电流 I_{rel} 应大于线路的最大负荷电流 $I_{L \cdot max}$(应包含电动机的自启动电流),即 $I_{rel} > I_{L \cdot max}$。由于过电流保

护 $I_{op1} > I_{rel}$，所以 $I_{rel} > I_{L \cdot max}$ 作为动作电流整定依据，同时引入可靠系数 K_{rel}，将不等式改写成等式。将保护装置一次侧的返回电流换算到一次侧的动作电流，进而换算到继电器的动作电流 $I_{op \cdot KA}$，即

$$I_{op \cdot KA} = \frac{K_{rel} K_w}{K_{re} K_i} I_{L \cdot max} \tag{6-3}$$

式中：K_{rel}——可靠系数，DL 型继电器取 1.2，GL 型继电器取 12；
　　　K_w——接线系数，由保护的接线方决定；
　　　K_{re}——继电器的返回系数，DL 型继电器取 0.85，GL 型继电器取 0.8；
　　　K_i——电流互感器的变比。

在整定计算时，如果线路的最大负荷电流具体数据不详，可取线路计算电流 I_e 的 1.5~3.0 倍，即 $I_{L \cdot max} = (1.5~3) I_e$。

由式（6-3）求得继电器动作电流计算值，确定其动作电流额定值，保护装置一次侧的动作电流为

$$I_{op1} = \frac{K_i}{K_w} I_{op \cdot KA} \tag{6-4}$$

2. 动作时限整定

（1）定时限过电流动作时限整定。

定时限过电流保护装置的启动由电流继电器完成，这种时限的实现由时间继电器完成。保护装置的动作时限与短路电流的大小无关，可选择性确定。

如图 6-9（a）所示，线路 1WL、2WL 均装有定时限过电流保护，当 K 点发生短路故障，其短路电流远大于保护 1 和保护 2 的动作电流，两保护都要启动。为保证动作的选择性，自电源侧向负载侧，前一级线路的过电流保护装置的动作时限应比后一级线路保护的动作时限大一个时限级差 Δt，如图 6-9（b）所示，即按阶梯原则进行整定。

$$t_1 = t_2 + \Delta t$$

式中：Δt——时限级差，定时限过电流保护取 0.5 s。

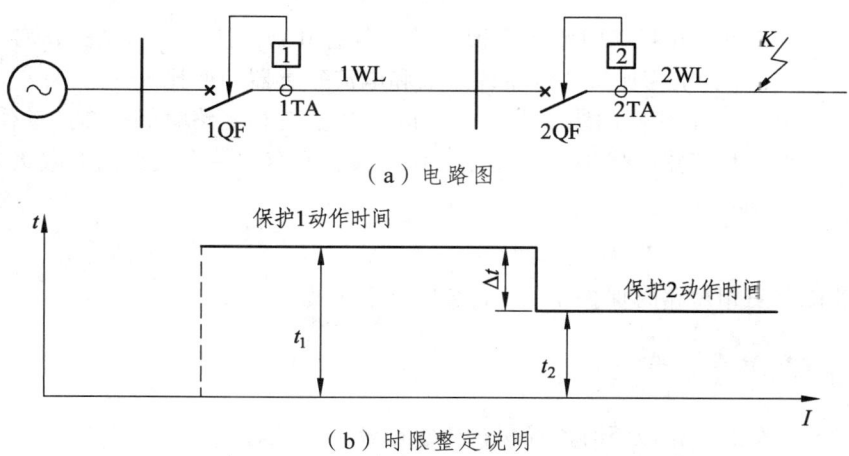

图 6-9　定时限过电流保护时限整定说明图

（2）反时限过电流保护动作时限整定。

反时限过电流保护动作时限整定的电路如图6-10（a）所示。GL型感应式电流继电器具有反时限动作特性，在整定反时限过电流保护的动作时限时应指出某一动作电流倍数（通常为10倍）。为保证保护动作的选择性，反时限过电流保护时限也应按照"阶梯原则"来确定，即上下级线路的反时限过电流保护在保护配合点K处发生短路时的时限级差为Δt=0.7 s，如图6-10（b）所示。

线路2WL保护2的继电器的特性曲线如图6-10（c）中的曲线2，保护2的动作电流为$I_{op \cdot KA2}$、线路1W1保护1的动作电流为$I_{op \cdot KA1}$，整定线路1WL保护的动作时限。

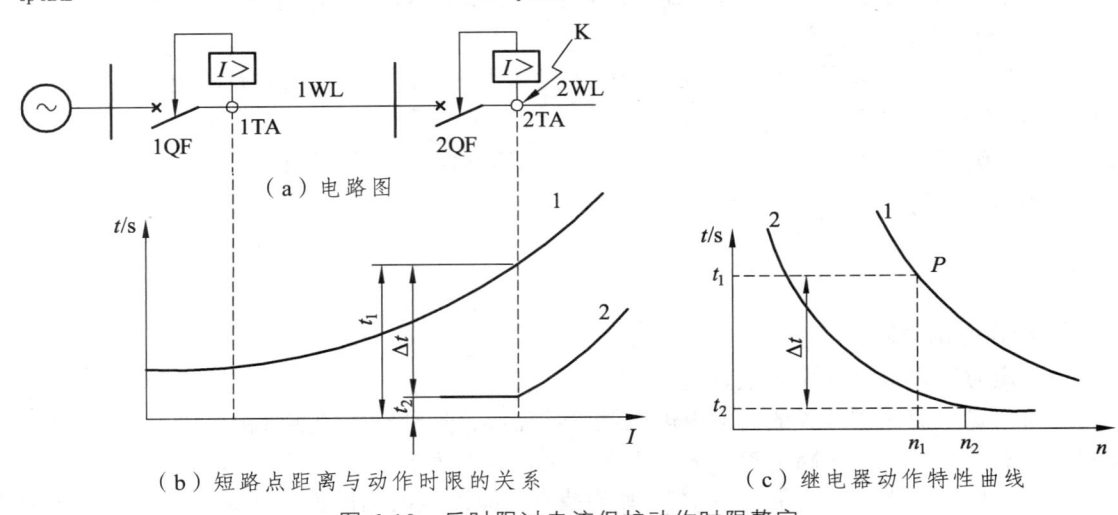

图6-10 反时限过电流保护动作时限整定

动作时限整定首先由K点处发生三相短路线路21保护时间6，确定线路1WL保护动作时间1，再确定1WL保护继电器的动作特性曲线。

① 计算线路2WL首端K点三相短路时保护2的动作电流倍数n_2，即

$$n_2 = \frac{I_{K \cdot KA2}}{I_{op \cdot KA2}} \quad (6\text{-}5)$$

式中：$I_{K \cdot KA2}$ ——K点三相短路时流经保护2继电器的电流，且$I_{K \cdot KA2} = K_{w \cdot 2} I_K / K_{i \cdot 2}$，$K_{w \cdot 2}$和$K_{i \cdot 2}$分别为保护2的接线系数和电流互感器的变比。

② 由图6-10（c）的特性曲线2求解n_2对应的K点三相短路时保护2的动作时限t_2。

③ 计算K点三相短路时保护1的实际动作时限，应存在一个较大的时限级差Δt，以保证动作的选择性，即

$$t_1 = t_2 + \Delta t = t_2 + 0.7 \quad (6\text{-}6)$$

④ 计算K点三相短路时保护1的实际动作电流倍数n_1，即

$$n_1 = \frac{I_{K \cdot KA1}}{I_{op \cdot KA1}} \quad (6\text{-}7)$$

式中：$I_{K \cdot KA1}$ ——K点三相短路时流经保护1继电器的电流，$I_{K \cdot KA1} = K_{w \cdot 1} I_K / K_{i \cdot 1}$，$K_{w \cdot 1}$和$K_{i \cdot 1}$分别为保护1的接线系数和电流互感器的变比。

⑤ 由 t_1 和 n_1 可以确定保护 1 继电器的特性曲线上的一个 P 点，由 P 点找出保护 1 的特性曲线 1，如图 6-9（c）所示，并确定 10 倍动作电流倍数下的动作时限。

由图 6-9（a）可见，K 点是线路 2WL 的首端和线路 1WL 的末端，也是上下级保护的时限面合点，若在该点的时限配合满足要求，在其他各点短路时，都能保证动作的选择性。

3. 灵敏系数校验

过电流保护的灵敏系数用系统最小运行方式下线路末端的两相短路电流 $I_{K\cdot min}^{(2)}$ 进行校验

$$K_s = \frac{I_{K\cdot min}^{(2)}}{I_{op1}} \geqslant \begin{cases} 1.5, 本级线路 \\ 1.2, 下级线路 \end{cases} \tag{6-8}$$

式中：I_{op1}——保护装置一次侧的动作电流。

若过电流保护的灵敏系数达不到要求，可采用带低电压闭锁的过电流保护，此时电流继电器对作电流按线路的计算电流整定，以提高保护的灵敏系数。

可见，过电流保护的选择性由动作时限实现，动作电流按线路可能出现的最大负荷电流整定，保护范围是本级线路和下级线路，但动作时限按阶梯原则进行整定。靠近电源的保护动作有时可达几秒，保护的速动性较差。定时限过电流保护整定简单，动作准确，动作时限固定，但使用继电器较多，接线较复杂，需直流电源。反时限过电流保护使用继电器少，接线简单，可采用交流操作，但动作准确度不高，动作时间与短路电流有关，呈反时限特性，动作时限整定复杂。

例 6-1 试整定图 6-11 所示线路 1WL 的定时限过电流保护。已知 1TA 的变比为 750/5 A，线路的最大负荷电流（含自启动电流）为 680 A，保护采用两相两继电器接线，线路 2WL 的定时限过电流保护的动作时限为 0.7 s，最大运行方式时 K_1 和 K_2 二相短路电流分别为 3.2 kA 和 2.2 kA，最小运行方式时 K_1 和 K_2 点三相短路电流分别为 2.6 kA 和 1.8 kA。

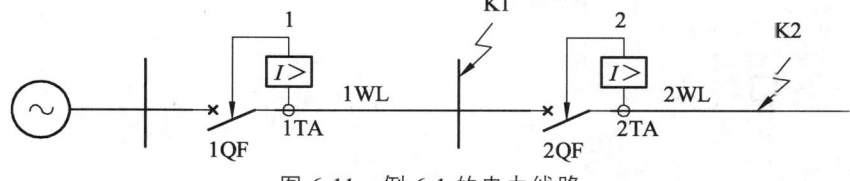

图 6-11 例 6-1 的电力线路

解：（1）整定动作电流。

$$I_{op\cdot KA} = \frac{K_{rel}K_w}{K_{re}K_i}I_{L\cdot max} = \frac{1.2 \times 1.0}{0.85 \times 150} \times 680 = 6.4 \text{ (A)}$$

查电流继电器参数表，选 DL-31/10 电流继电器，线圈并联，整定动作电流为 7 A。过电流保护一次侧的动作电流为

$$I_{op1} = \frac{K_i}{K_w}I_{op\cdot KA} = \frac{150}{1.0} \times 7 = 1050 \text{ (A)}$$

（2）整定动作时限。

线路 1WL 定时限过电流保护的动作时限，与线路 2WL 定时限过电流保护动作时限相比，大一个时限级差 Δt。

$$t_1 = t_2 + \Delta t = 0.7 + 0.5 = 1.2 \text{ (s)}$$

（3）校验灵敏系数。

线路 1WL 的灵敏系数，按线路 1WL 末端最小两相短路电流校验，即

$$K_s = \frac{I_{K\cdot min}^{(2)}}{I_{op1}} = \frac{0.866 \times 2.6 \times 10^3}{1\ 050} = 2.14 > 1.5$$

线路 2WL 的后备保护灵敏系数，用线路 2WL 末端最小两相短路电流校验，即

$$K_s = \frac{I_{K\cdot min}^{(2)}}{I_{op1}} = \frac{0.866 \times 1.8 \times 10^3}{1\ 050} = 1.48 > 1.2$$

由此可见，保护整定满足灵敏系数要求。

四、电流速断保护

电流速断保护有瞬时电流速断保护和时限电流速断保护两种，称为两段式电流速断保护。多级线路的短路故障越靠近电源，短路电流就越大，危害也越大，但过电流保护的动作时限越长，这是过电流保护的不足。因此，根据《电力装置的继电保护和自动装置设计规划》（GB/T 50062—2008）规定，当过电流保护动作时限超过 0.5～0.7 s 时，应装设瞬时电流速断保护。

（一）电流速断保护的接线和工作原理

瞬时电流速断保护是一种不带时限的过电流保护，时限电流速断保护是一种带时限的电流保护，但二者均按短路电流整定。图 6-12 是两段式电流保护接线图，该图既适用于两段式

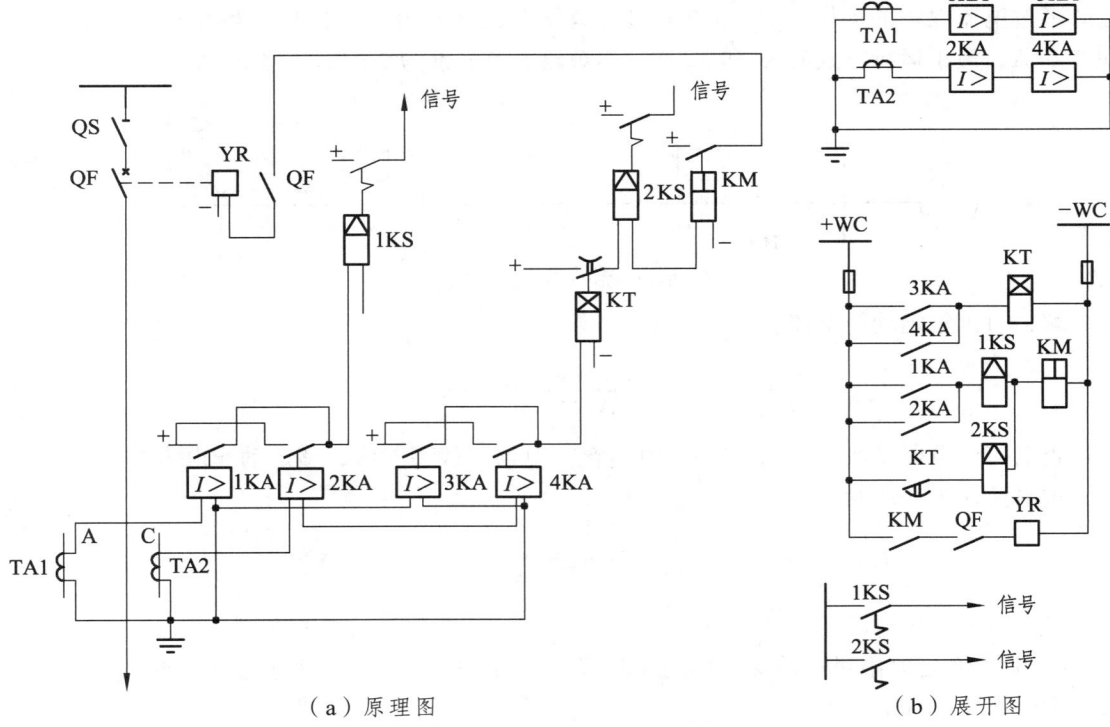

(a) 原理图　　　　　　　　　　(b) 展开图

图 6-12　两段式电流保护接线图

速断保护，也适用于瞬时电流速断保护和过电流保护的两段式电流保护。但两者的整定不同，瞬时电流速断保护和时限电流速断保护共用一套电流互感器和中间继电器。瞬时电流速断保护单独使用电流继电器1KA、2KA和信号继电器1KS，时限电流速断保护单独使用电流继电器3KA和4KA、信号继电器2KS。

当线路发生短路，流经继电器的电流大于瞬时电流速断的动作电流时，其电流继电器1KA和2KA动作，其常开触点闭合，接通信号继电器1KS和中间继电器KM回路，KM动作使断路器跳闸，1KS动作表示瞬时电流速断保护动作，并启动信号回路发出灯光和音响信号。时限电流速断保护的工作原理和过电流保护相似，只是二者的动作电流和时限大小不同而已，其工作原理不再多述。

（二）瞬时电流速断保护的整定

1. 动作电流整定

由于瞬时电流速断保护动作不带时限，为了保证瞬时速断保护动作的选择性，在下一级线路首端发生最大短路电流时，瞬时电流速断保护不应动作，即瞬时速断保护一次侧动作电流$I_{op1} > I_{K·max}$，瞬时速断保护继电器的动作电流整定值为

$$I_{op·KA} = \frac{K_{rel}K_W}{K_i}I_{K·max} \qquad (6-9)$$

式中：$I_{K·max}$——线路末端最大三相短路电流；

K_{rel}——可靠系数，DL型继电器取1.2，GL型继电器取1.5；

K_W——接线系数；

K_i——电流互感器的变比。

由式（6-9）求得的动作电流整定计算值，即整定继电器的动作电流。对GL型电流继电器，还要整定瞬时速断动作电流倍数，即

$$n_{ioc} = \frac{I_{op·KA(ioc)}}{I_{op·KA(oc)}} \qquad (6-10)$$

式中：$I_{op·KA(ioc)}$——瞬时电流速断保护继电器动作电流整定值。

显然，瞬时电流速断保护的动作电流大于线路末端的最大三相短路电流，所以瞬时电流速断保护不能保护线路全长，只能保护线路首端的一部分，线路不能被保护的部分称为保护死区，线路能被保护的部分称为保护区，如图6-13所示。由于短路电流的大小随着系统运行方式的改变而变化，因此，瞬时电流速断保护的保护区也随着系统运行方式的改变而改变，系统最大运行方式时其保护区最大，系统最小运行方式时其保护区最小。

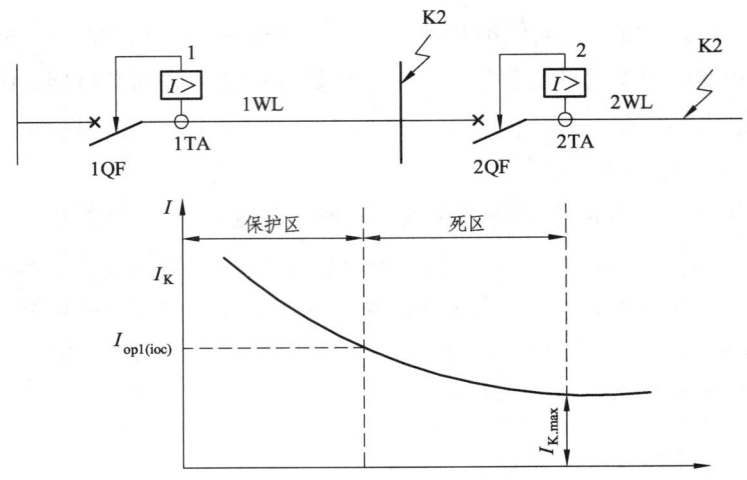

图 6-13 瞬时电流速断保护区说明

2. 灵敏系数校验

由于瞬时电流速断保护有死区，因此灵敏系数校验不能用线路末端最小两相短路电流进行校验，而只能用线路首端最小两相短路电流 $I_{\text{K·min}}^{(2)}$ 校验，即

$$K_s = \frac{I_{\text{K·min}}^{(2)}}{I_{\text{op1}}} \geqslant 2.0 \qquad (6\text{-}11)$$

式中：$I_{\text{K·max}}$ ——1WL 线路末端的最大三相短路电流；

I_{op1} ——1WL 线路瞬时电流速断保护一次侧的动作电流。

由上可知，瞬时电流速断保护的选择性由动作电流实现。由于保护没有时间元件，只有继电器固有动作时间，保护动作迅速，速动性好。但由于动作电流按线路末端的最大三相短路电流整定，瞬时电流速断保护只能保护线路首端的一部分，有保护死区，当系统运行方式变化很大时，瞬时电流速断保护的保护范围可能很小，有时甚至没有保护区。

（三）时限电流速断保护的整定

由于瞬时电流速断保护不能保护线路全长，线路未被保护的部分需由其他措施来保护，如果末端发生短路故障，保护动作时限仍然可能很长。为此，可考虑增设时限电流速断保护。时限电流速断保护能保护线路全长，切除故障时间又较短。

1. 动作电流整定

由于要求时限电流速断保护必须保护线路全长，它的保护范围必然延伸到下级线路，但下级发生短路时又不应动作。因此，该保护装置的动作电流须满足两个条件：

（1）应躲过下级线路末端的最大短路电流；

（2）应与下级线路瞬时电流速断保护的动作电流相配合。

下级线路时限电流速断保护的动作电流是按该线路末端的最大短路电流决定，所以，时限电流速断保护的动作电流应大于下级线路瞬时电流速断保护的动作电流 I_{op1}。从而带时限电流速断保护继电器的动作电流整定值为

$$I_{\text{op·KA}} = \frac{K_{\text{rel}} \cdot K_w}{K_i} I_{\text{op1}} \qquad (6\text{-}12)$$

式中：K_{rel}——可靠系数，取 1.2；

$\quad\quad K_{\text{w}}$——接线系数；

$\quad\quad K_{\text{i}}$——电流互感器的变比。

2. 动作时限整定

为了保证动作的选择性，其动作时限应比下级线路瞬时电流速断保护的动作时限大一个时限级差。由于瞬时电流速断保护动作时限很短（约为 0 s），所以，时限电流速断保护的动作时限整定为 0.5～0.6 s。

3. 灵敏系数校验

时限电流速断保护的灵敏系数校验用系统最小运行方式下线路末端的两相短路电流 $I_{\text{K·min}}^{(2)}$ 进行校验，即

$$K_{\text{s}} = \frac{I_{\text{K·min}}^{(2)}}{I_{\text{op1}}} \geqslant 1.2 \tag{6-13}$$

综上所述，时限电流速断保护的选择性是由动作电流和动作时限共同实现的。动作电流按下级线路瞬时电流速断保护的动作电流整定，保护范围除本级线路外，还包括下级线路瞬时电流速断保护范围首端的一部分，动作时限为 0.5～0.6 s，保护动作较快。

除上述电流保护，还有电压闭锁过电流保护。它采用过电流继电器和低电压继电器，只有当过电流继电器和低电压继电器同时动作时，才能使出口中间继电器动作，发出跳闸脉冲。当电流速断保护的灵敏系数不满足要求时，可采用电压闭锁过电流保护。

五、三段式电流保护

瞬时电流速断保护、时限电流速断保护和过电流保护都是反映电流增大的电流保护，它们之间的区别在于动作电流和动作时限的整定原则不同，因而保护范围也不同。瞬时电流速断保护按照躲过本级线路末端的最大短路电流整定，动作无时限或称瞬时动作，但只能保护末级线路首端的一部分，有保护死区。带时限电流速断保护按照躲过下级线路无时限电流速断保护的动作电流整定，动作较快，动作时限为 0.5～0.6 s，能保护本级线路和下级线路的一部分。过电流保护按照本级线路的最大负荷电流整定，动作时限较下级线路过电流保护动作时限大一个时限级差，可以保护本级线路和下级线路全长。

限时电流速断保护虽然能迅速切除短路故障，但不能保护线路全长，而时限电流速断保护能保护线路全长，却不能作为相邻线路的后备保护。过电流保护可以保护本级线路和相邻线路的短路故障，作为本级线路的近后备保护和相邻线路的远后备保护，但动作时间往往较长。由此可见，各种保护都有其优缺点。为了保证快速而有选择性地可靠切除故障，常常将瞬时电流速断保护、时限电流速断保护和过电流保护组合在一起，构成阶段式电流保护，使之相互配合和补充。具体应用时，根据有关规程和实际情况确定。3～10 kV 线路可采用瞬时电流速断保护加过电流保护。瞬时电流速断保护的灵敏系数不满足要求时，采用时限电流速断保护加过电流保护，称为两段式电流保护。35 kV 线路可采用一段或两段电流速断、电压闭锁过电流保护、过电流保护，称为三段式电流保护。

三段式电流保护的接线如图 6-14 所示。图中瞬时电流速断保护、时限电流速断保护和过

电流保护共用一套电流互感器和中间继电器，保护采用两相两继电器接线。瞬时电流速断保护由电流继电器 1KA、2KA 和信号继电器 1KS 构成；时限电流速断保护由电流继电器 3KA、4KA 以及时间继电器 1KT、信号继电器 2KS 构成；过电流保护由电流继电器 5KA、6KA 以及时间继电器 2KT、信号继电器 3KS 构成。

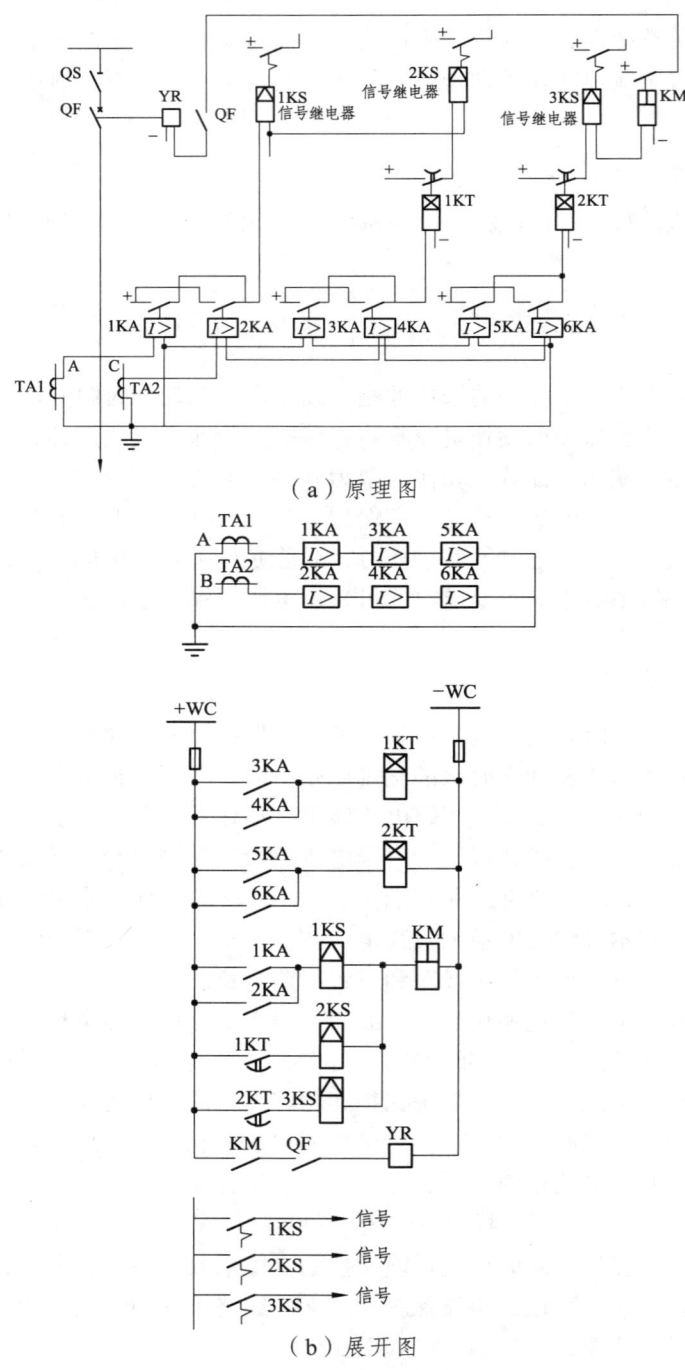

图 6-14 三段式电流保护的接线图

例 6-2 试整定图 6-15 所示 35 kV 线路 1WL 的瞬时电流速断保护、时限电流速断保护和定时限过电流保护构成的三段式电流保护。已知 1TA 的变比为 400/5 A，线路的最大负荷电流（含自启动电流）350 A，保护采用两相两继电器接线。线路 2WL 定时限过电流保护动作时限为 0.7 s，最大运行方式时，K2 点三相短路电流为 2.66 kA，K3 点三相短路电流为 1 kA。最小运行方式时，K1、K2 和 K3 点三相短路电流分别为 7.5 kA、2.34 kA 和 0.86 kA。

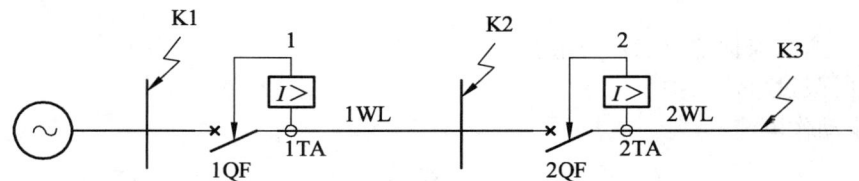

图 6-15 例 6-2 的电力线路

解：（1）瞬时电流速断保护
① 动作电流整定

$$I_{\text{op·KA}} = \frac{K_{\text{rel}} \cdot K_{\text{w}}}{K_{\text{i}}} I_{\text{K·max}}^{(3)} = \frac{1.2 \times 1}{400/5} \times 2\,660 = 39.9\ (\text{A})$$

查继电器参数表，选 DL-31/50 电流继电器，线圈并联，整定动作电流为 40 A。瞬时速断保护一次侧的动作电流为

$$I_{\text{op1}} = \frac{K_{\text{i}}}{K_{\text{w}}} I_{\text{op·KA}} = \frac{400/5}{1} \times 40 = 3\,200\ (\text{A})$$

② 灵敏系数校验
以线路 1WL 首端最小两相短路电流校验

$$K_{\text{s}} = \frac{I_{\text{K·min}}^{(2)}}{I_{\text{op1}}} = \frac{0.87 \times 7.5 \times 10^3}{3\,200} = 2.04 > 2.0$$

瞬时电流速断保护整定满足要求。

（2）时限电流速断保护
① 动作电流整定
线路 2WL 瞬时电流速断保护动作电流为

$$I_{\text{op1·2}} = K_{\text{rel}} I_{\text{K·max}} = 1.2 \times 1 \times 10^3 = 1\,200\ (\text{A})$$

线路 1WL 时限电流速断保护动作电流为

$$I_{\text{op·KA}} = \frac{K_{\text{rel}} \cdot K_{\text{w}}}{K_{\text{i}}} I_{\text{op1·2}} = \frac{1.2 \times 1}{400/5} \times 1.2 \times 10^3 = 18\ (\text{A})$$

查继电器参数表，选 DL-31/50 电流继电器，线圈串联，整定动作电流 20 A。时限电流速断保护一次侧的动作电流为

$$I_{\text{op1}} = \frac{K_{\text{i}}}{K_{\text{w}}} I_{\text{op·KA}} = \frac{400/5}{1.0} \times 20 = 1\,600\ (\text{A})$$

② 整定动作时限

动作时限整定 $t = 0.5$ s。

③ 保护灵敏系数校验

线路 1WL 的灵敏系数按线路 1WL 末端最小两相短路电流校验

$$K_s = \frac{I_{K \cdot min}^{(2)}}{I_{op1}} = \frac{0.87 \times 2.34 \times 10^3}{1\,600} = 1.27 > 1.2$$

时限电流速断保护整定满足要求。

（3）定时限过电流保护

① 整定动作电流

$$I_{op \cdot KA} = \frac{K_{rel} \cdot K_w}{K_w \cdot K_i} I_{L \cdot max} = \frac{1.2 \times 1.0}{0.85 \times 400/5} \times 350 = 6.18 \text{ (A)}$$

查继电器参数表，选 DL-31/10 电流继电器，线圈并联，整定动作电流为 7 A。

过电流保护一次侧的动作电流为

$$I_{op1} = \frac{K_i}{K_w} I_{op \cdot KA} = \frac{400/5}{1.0} \times 7 = 560 \text{ (A)}$$

② 整定动作时限

线路 1WL 定时限过电流保护的动作时限应较线路 2WL 定时限过电流保护动作时限大一时限级差 Δt。

$$t_1 = t_2 + \Delta t = 0.7 + 0.5 = 1.2 \text{ (s)}$$

③ 保护灵敏系数校验

a. 线路 1WL 的灵系数，按线路 1WL 末端最小两相短路电流校验

$$K_s = \frac{I_{K \cdot min}^{(2)}}{I_{op1}} = \frac{0.87 \times 2.34 \times 10^3}{560} = 3.64 > 1.5$$

b. 线路 2WL 后备保护灵敏系数，用线路 2W1 末端最小两相短路电流校验

$$K_s = \frac{I_{K \cdot min}^{(2)}}{I_{op1}} = \frac{0.87 \times 0.86 \times 10^3}{560} = 1.34 > 1.2$$

由此可见，定时限过电流保护整定满足要求。

所以，线路 1WL 三段式电流保护整定满足要求。

六、单相接地保护

中性点不接地系统发生单相接地时，流经接地点的电流是电容电流，数值上很小，虽然相对电压不对称，但线电压仍对称，系统仍可继续运行一段时间。如果其间消除接地故障，恢复正常，则可以避免非接地相对地电压升高，击穿对地绝缘，引发两相接地短路，造成停电事故。可装设有选择性的单相接地保护装置或无选择性的绝缘监视装置，在发生单相接地故障时发出报警信号，以便工作人员及时发现和处理。

（一）多线路系统单相接地分析

第一章分析了单回路中性点不接地系统的单相接地,实际的供配电系统都具有多回路出线,如图 6-16 所示,其中 TAZ 为零序电流互感器,KA 为电流继电器。在具有三回路出线的供配电系统中,现分析在线路 3WL 的 C 相发生单相接地时电容电流和接地电流的分布。正常运行时,线路 1WL、2WL、3WL 的相对地电容电流分别为 I_{C01},I_{C02},I_{C03}。

整个有电连接的系统线路 3WL 的 C 相接地时,线路 1WL、2WL、3WL 的 C 相对地电容电流均为零,仅 A 相和 B 相有对地电容电流,分别为 I'_{C01},I'_{C02},I'_{C03},且较正常运行时增大 $\sqrt{3}$ 倍。

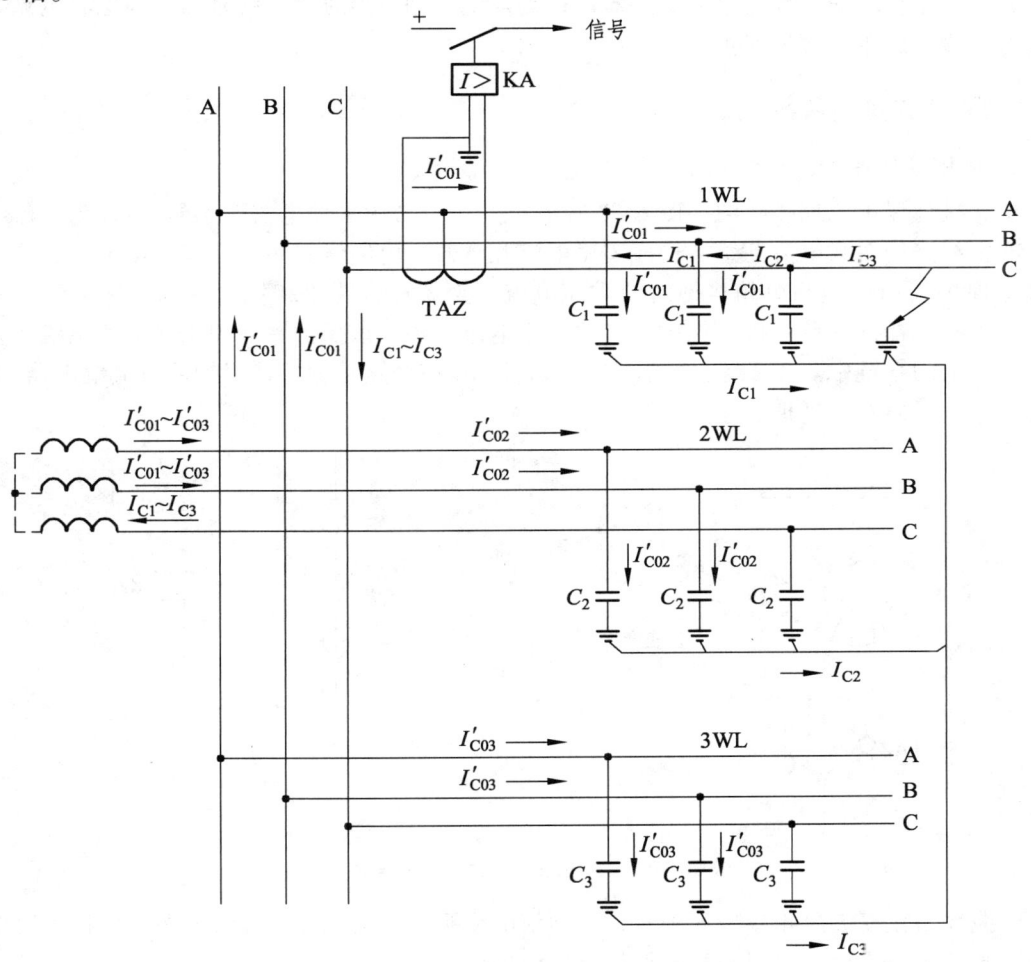

图 6-16　多回路系统单相接地时电容电流分布

由于三相对地电容电流不对称,线路 1WL～3WL 的接地电流分别为

$$\begin{cases} I_{C1} = \sqrt{3}I'_{C01} = 3I_{C01} \\ I_{C2} = \sqrt{3}I'_{C02} = 3I_{C02} \\ I_{C3} = \sqrt{3}I'_{C03} = 3I_{C03} \end{cases} \quad (6\text{-}14)$$

所有线路的接地电容电流均流向接地点，因此，流过接地点的电流为

$$I_{C\Sigma} = I_{C1} + I_{C2} + I_{C3} \tag{6-15}$$

综上所述，多回路供配电系统接地电容电流的分布特点主要包括：

（1）流过接地线路的总接地电流 I_E，等于所有在电气上有直接联系的线路的接地电容电流之和 $I_{C\Sigma}$ 减去接地线路的接地电容电流 I_C，I_E 的方向从线路流向母线；

（2）流过非接地线路的接地电容电流，就是该非接地故障线路的接地电容电流 I_{Ci}，I_{Ci} 从母线流向线路。

若在线路首端安装零序电流互感器，检测发生单相接地时流过线路的接地电容电流，可实现有选择性的单相接地保护。

（二）单相接地保护

1. 单相接地保护的接线和工作原理

单相接地保护原理接线图如图 6-17 所示，其中 TAZ 为零序电流互感器，KA 为电流继电器。架空线路用 3 只电流互感器构成零序电流互感器，电缆线路用一只零序电流互感器。单相接地保护利用该线路单相接地时的零序电流较系统比线路单相接地时的零序电流大的特点，实现有选择性的单相接地保护，又称零序电流保护，该保护一般用于变电所出线较多或不允许停电的系统中。当线路发生单相接地故障时，该线路单相接地保护的电流继电器动作，发出信号，以便及时处理。

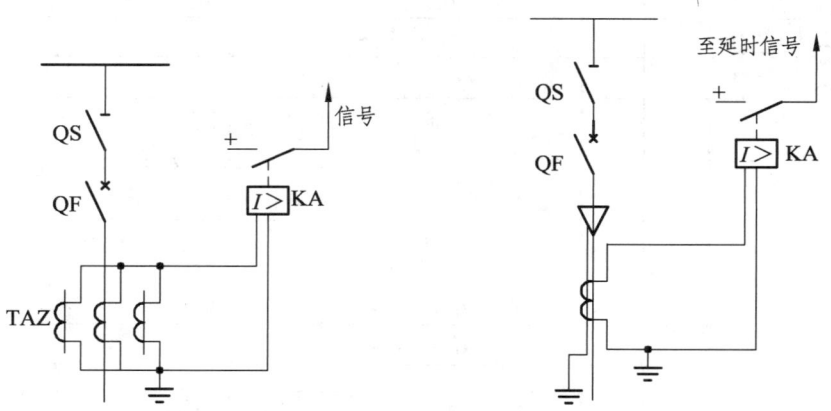

图 6-17 单相接地保护原理接线图

电缆线路在安装单相接地保护时，必须使电缆头与支架绝缘，并将电缆头的接地线穿过零序互感器后再接地，以保证接地保护可靠的动作。

2. 动作电流整定

系统中其他线路发生单相接地，被保护线路流过接地电容电流 I_C 时，单相接地保护不应动作，即

$$I_{op \cdot KA} = \frac{K_{rel}}{K_i} I_C \tag{6-16}$$

式中：K_{rel}——可靠系数，保护装置不带时限时取 4~5，保护装置带时限时取 1.5~2；

K_i——零序电流互感器的变比。

保护装置一次侧的动作电流为

$$I_{op1} = K_i I_{op \cdot KA} \tag{6-17}$$

3. 灵敏系数校验

保护线路发生单相接地时，流过的总接地电流 $I_E = I_{C\Sigma} - I_C$，单相接地保护应可靠动作。灵敏系数校验方法为

$$K_s = \frac{I_{C\Sigma} - I_C}{I_{op1}} \geq \begin{cases} 1.5, \text{架空线路} \\ 1.25, \text{电缆线路} \end{cases} \tag{6-18}$$

单相接地保护又称单相接地选线，除了零序电流法，还有零序导纳法、暂态电流法、谐波电流法、注入信号法、智能复合法等。

第三节　电力变压器的继电保护

一、电力变压器的常见故障和保护配置

供配电系统的电力变压器有总降压变电所的主变压器和车间变电所或建筑物变电所的变压器。电力变压器的常见故障分短路故障和异常运行状态两种。短路故障按发生在变压器油箱的内外，可分为内部短路故障和外部短路故障。内部短路故障有绕组的匝间短路故障和相间短路故障。外部短路故障有引出线的相间短路故障和外部相间短路过电流故障，中性点直接接地或经小电阻接地侧的接地短路引起的过电流及中性点过电压。变压器的异常运行状态包括过负荷、油面降低以及变压器油温和绕组温度过高、油箱压力增加、冷却系统故障。

根据上述电力变压器的常见故障，按 GB/T 50062—2008 规定，容量为 400 kV·A 及以上车间内的油浸式变压器、容量为 800 k·VA 以上油浸式变压器均应装设瓦斯保护，用于保护变压器内部故障产生的大量瓦斯、轻微瓦斯和油面降低。电压为 10 kV 及以下、容量为 10 000 kV·A 以下单独运行的变压器应采用电流速断保护，电压为 10 kV 以上、容量为 10 000 kV·A 及以上单独运行的变压器和容量为 6 300 kV·A 及以上并列运行的变压器均应装设差动保护，容量为 10 000 kV·A 以下单独运行的重要变压器可装设纵联差动保护；电压为 10 kV 的重要变压器或容量为 2 000 kV·A 及以上的变压器，当电流速断保护的灵敏系数不满足要求时，宜采用纵联差动保护，作为变压器引出线和内部短路故障的主保护。变压器宜采用过电流保护，作为变压器外部短路的后备保护。装设过负荷保护和温度保护分别用于保护变压器的过负荷和温度升高。

二、变压器二次侧短路时流经一次侧的穿越电流和电流保护的接线方式

变压器电流保护的基本原理与电力线路保护类似，但由于变压器的连接组别和保护的接

线方式，变压器二次侧短路时流经一次侧的穿越电流与二次侧短路分布不同，将影响变压器保护的灵敏系数。

假设变压器二次侧 B 相发生单相短路，短路电流 $I_K^{(3)} = I_b$。用对称分量法，可将 $\dot{I}_b = \dot{I}_K^{(1)}$，$\dot{I}_a = \dot{I}_c = 0$ 分解为正序分量 $\dot{I}_{a1}$，$\dot{I}_{b1}$，$\dot{I}_{c1}$，负序分量 $\dot{I}_{a2}$，$\dot{I}_{b2}$，$\dot{I}_{c2}$，零序分量 $\dot{I}_{a0}$，$\dot{I}_{b0}$，$\dot{I}_{c0}$，且 $\dot{I}_{b1} = \dot{I}_{b2} = \dot{I}_{b0} = \dot{I}_K^{(1)}/3$。变压器二次侧的正序分量和负序分量分别在变压器铁心中产生相应的三相磁通，从而在一次侧分别感应出正序电流 $\dot{I}_{A1}$、$\dot{I}_{B1}$、$\dot{I}_{C1}$ 和负序电流 $\dot{I}_{A2}$、$\dot{I}_{B2}$、$\dot{I}_{C2}$。但三相三心柱式变压器的铁心中没有零序磁通的通道，变压器一次侧没有零序电流，即 $\dot{I}_{A0} = \dot{I}_{B0} = \dot{I}_{C0} = 0$。将变压器一次侧的正序和负序电流合成，即为变压器一次侧的穿越电流。电流相量图和电流分布如图 6-18 所示，Yyn0 连接组变压器二次侧发生单相短路时，一次侧的电流分布不对称，B 相为 $\frac{1}{3K}I_K^{(1)}$，A 相和 C 相为 $\frac{2}{3K}I_K^{(1)}$（K 为变压器的变比，下同）。

Yyn0 连接组变压器二次侧发生单相短路（如图 6-18 所示）时，一次侧穿越短路电流分布不对称，两相为 $\frac{1}{3K}I_K^{(1)}$，一相为 $\frac{2}{3K}I_K^{(1)}$。

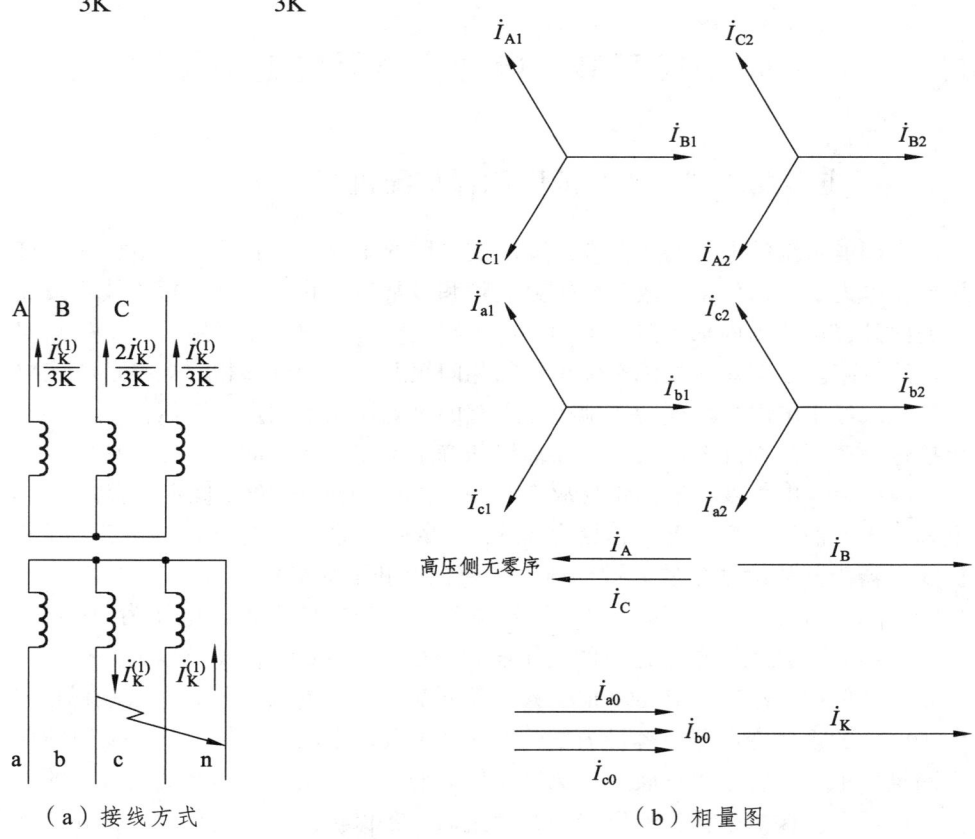

图 6-18 Yyn0 连接组变压器二次侧单相短路

三、变压器继电保护

电力变压器在供配电系统中的应用非常普遍，具有很重要的地位。因此，提高变压器工作的可靠性，对保证供配电系统安全、稳定地运行具有十分重要的意义。

（一）变压器故障类型

变压器的故障可分为内部故障和外部故障两大类。内部故障主要有相间短路、绕组的匝间短路和单相接地短路。发生内部故障是很危险的，因为短路电流产生的电弧不仅会破坏绕组的绝缘性、烧毁铁心，而且绝缘材料和变压器油受热分解会产生大量气体，还可能引起变压器箱爆炸。变压器最常见的外部故障是引出线上绝缘套管的故障，可能导致引出线的相间短路和接地（对变压器外壳）短路。

变压器的不正常工作状态主要有由于外部短路和过负荷引起过电流、油面的极度降低和温度升高等。

（二）变压器保护配置

为了保证电力系统安全可靠地运行，针对变压器的上述故障和不正常工作状态，电力变压器应装设的保护如表 6-1 所示。

表 6-1 变压器保护装置的配置

保护名称	配置原则
瓦斯保护	用以防御变压器油箱内部故障和油面降低的瓦斯保护，常用于保护容量在 800 kV·A 及以上（车间内变压器容量在 400 kV·A 及以上）的油浸式变压器
过电流保护	变压器的容量无论大小，都应该装设过电流保护，400 kV·A 以下的变压器多采用断路器保护，400 kV·A 及以上的变压器高压侧装有高压断路器时，应装设带时限的过电流保护装置
差动保护	差动保护用以防御变压器绕组内部以及两侧绝缘套管和引出线上所出现的各种短路故障，变压器从一次进线到二次出线之间的各种相间短路，绕组匝间短路，中性点直接接地系统的电网侧绕组和引出线的接地短路等。差动保护属于瞬时动作的主保护。单独运行的容量在 10 000 kV·A 及以上（并联运行时，容在 6 300 kV·A 及以上的变压器）。火灾容量在 2 000 kV·A 以上装设电流速断保护灵敏度不合格的变压器，应装设差动保护
电流速断保护	对于车间变压器来说，过电流保护可作为主保护。如果过电流保护的时限超过 0.5 s，而且容量不超过 8 000 kV·A，应装设电流速断作为主保护，而过电流则作为电流速断的后备保护
过负荷保护	对于防御变压器对称过负荷的过负荷保护，该保护多装在 400 kV·A 以上并联运行的变压器上，对单台运行易于发生过载的变压器也应装设过负荷保护。变压器的过负荷保护通常只动作于信号

四、差动保护

差动保护是反应被保护变压器两侧电流的差额而动作的保护装置，它的主要元件是差动继电器。变压器差动保护原理接线图如图 6-19 所示，变压器在正常工作或外部故障时，流入差动继电器的电流为不平衡电流，在适当选择好两侧电流互感器的变比和接线方式的条件下，该不平衡电流值很小，并小于差动保护的动作电流，故保护装置不动作。在保护范围外发生故障时（如 k-1 点短路），尽管和的数值增大，但二者之差仍近似为零，故保护装置仍不动作。当在保护范围内发生短路时（如 k-2 点短路），流入差动继电器的电流大于差动保护的动作电流，差动保护瞬时动作，使断路器跳闸。

视频：变压器差动保护

变压器的差动保护具有保护范围大(上、下两组电流互感器之间)、动作迅速、灵敏等特点。对于大容量变压器，常用它取代电流速断保护。

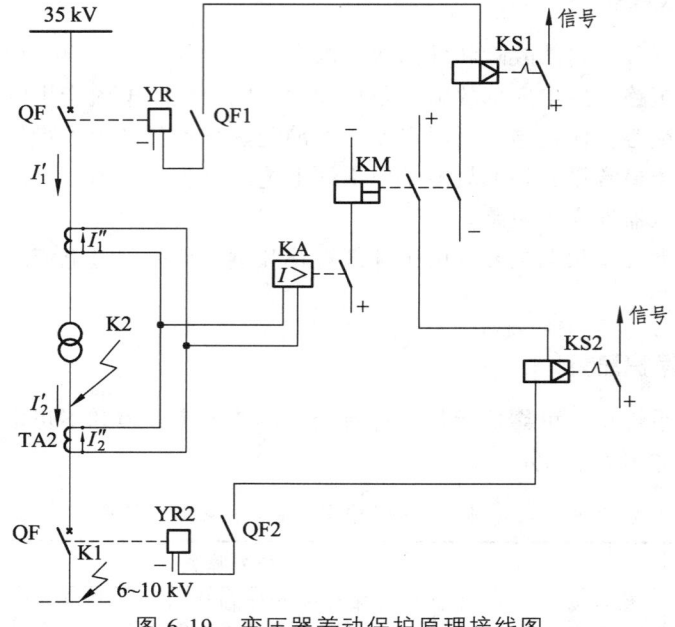

图 6-19 变压器差动保护原理接线图

变压器过电流保护的组成和原理与线路过电流保护的组成和原理完全相同，变压器的电流速断保护的组成和原理与线路电流速断保护的组成和原理也完全相同，如图 6-20 所示。对于变压器的过负荷保护，它反映变压器正常运行时的过载情况，一般动作于信号。由于变压器的过负荷电流大多是三相对称增大的，因此过负荷保护只需在一相电流互感器的二次侧接入一个电流互感器即可。

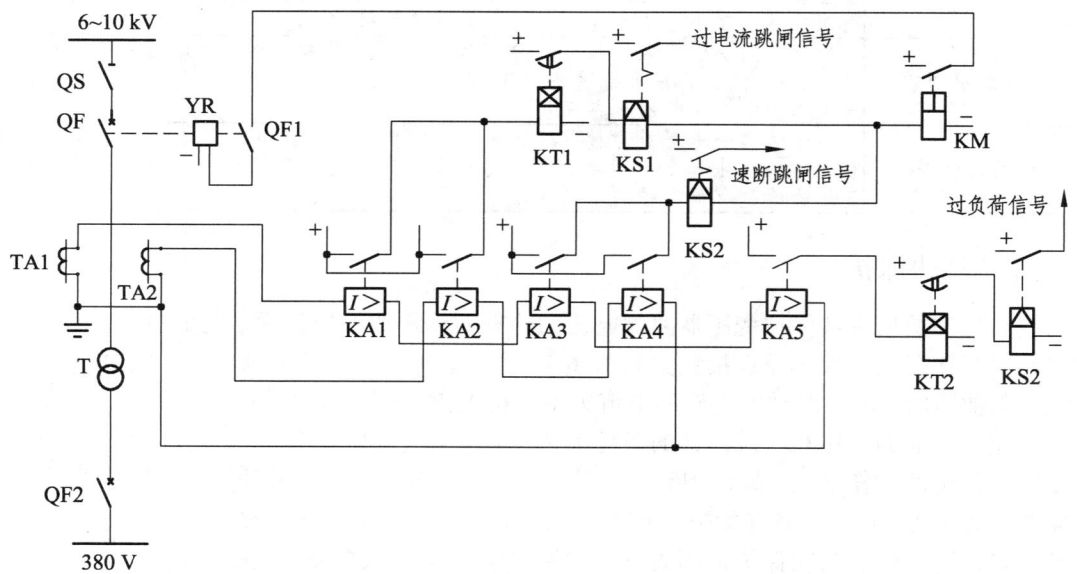

图 6-20 变压器过电流保护、电流速断保护和过负荷保护的综合接线原理图

关于变压器的定时限过电流保护、电流速断保护的整定计算方法与高压线路的定时限过电流保护、电流速断保护的整定计算方法基本相同。

第四节　高压电动机的继电保护

一、高压电动机的常见故障和保护配置

高压电动机在运行中发生的常见短路故障和异常工作状态主要有定子绕组相间短路，单相接地，电动机过负荷、低电压，同步电动机失磁、失步等。

按 GB/T 50062—2008 规定，2 000 kW 以下的电动机的相间短路，宜采用电流速断保护；2 000 kW 及以上的电动机或电流速断保护灵敏度不满足要求的 2 000 kW 以下电动机的相间短路，应装设差动保护，宜装设过电流保护作为纵联差动保护的后备保护；对易发生过负荷的电动机，应装设过负荷保护；对不重要的电动机或不允许自启动的电动机，应装设失压脱扣保护；电动机单相电流大于 5 A 时，应装设有选择性的单相接地保护，单相接地电流等于或大于 10 A 时，应动作于跳闸；同步电动机应装设失步保护、失磁保护。

二、高压电动机的过负荷保护和电流速断保护

高压电动机的过负荷保护和电流速断保护，一般采用 GL 型感应式电流继电器。不易过负荷的电动机，如风机、水泵的电动机，也可采用 DL 型电磁式继电器构成电流速断保护。

高压电动机的过负荷保护和电流速断保护广泛采用两相一继电器式接线，如图 6-21（a）所示。当灵敏度不符合要求时或 2 000 kW 及以上电动机，采用两相两继电器式接线，如图 6-21（b）所示。感应式电流继电器反时限部分用于过负荷保护，速断部分用于相间短路保护。

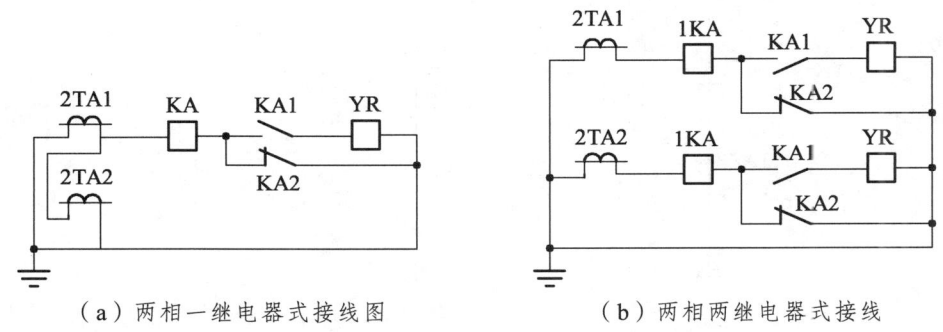

（a）两相一继电器式接线图　　　　（b）两相两继电器式接线

图 6-21　高压电动机的过负荷保护和电流速断保护的接线图

高压电动机过负荷保护的动作电流按躲过电动机的额定电流整定，即

$$I_{\text{op·KA}} = \frac{K_{\text{rel}} K_{\text{w}}}{K_{\text{re}} K_{\text{i}}} I_{\text{N·M}} \tag{6-19}$$

式中：K_{rel}——可靠系数，取 1.3；

K_{re} ——继电器的返回系数；
$I_{N·M}$ ——电动机的额定电流。

过负荷保护的动作时限，应大于电动机的实际启动时间。

高压电动机的电流速断保护动作电流按躲过电动机的最大启动电流 $I_{st·max}$ 整定，即

$$I_{op·KA} = \frac{K_{rel}K_w}{K_i} I_{st·max} \quad (6-20)$$

式中：K_{rel} ——可靠系数，对 DL 型继电器取 1.4~1.6，对 GL 型继电器取 1.8~2.0。

高压电动机电流速断保护灵敏系数校验，与变压器电流速断保护灵敏系数校验相同，即

$$K_s = \frac{I^{(2)}_{K·min}}{I_{op1}} \geqslant 2 \quad (6-21)$$

式中：$I^{(2)}_{K·min}$ ——电动机端子处最小两相短路电流；
I_{op1} ——电流速断保护一次侧的动作电流，$I_{op1} = (K_i/K_w)I_{op·KA}$。

三、高压电动机的单相接地保护

高压电动机单相接地电流大于 5 A 时，应装设有选择性的单相接地保护，单相接地电流等于或大于 10 A 时，应瞬时动作并跳闸，接线图如图 6-22 所示，单相接地保护由零序电流互感器 TAZ、接地继电器 KE 等构成。

单相接地保护动作电流按躲过其接地电容电流 $I_{C·M}$ 整定，即

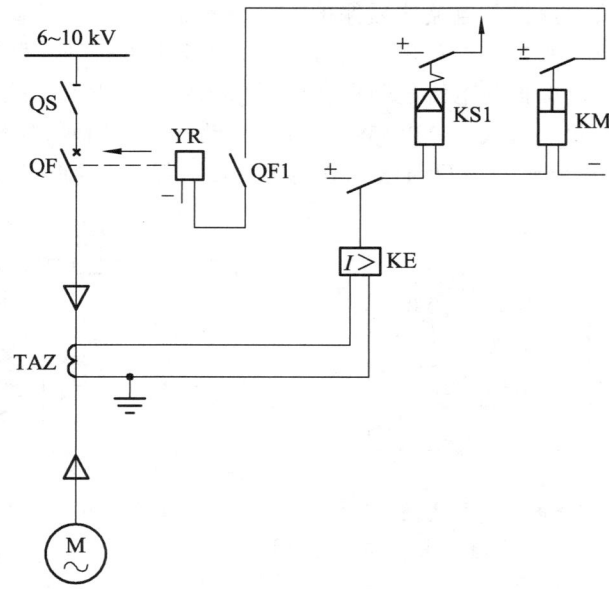

图 6-22 高压电动机的单相接地保护原理接线图

单相接地保护动作电流按躲过其接地电容电流 $I_{C·M}$ 整定，即

$$I_{op·KA} = \frac{K_{rel}}{K_i} I_{C·M} \quad (6-22)$$

式中：K_{rel}——可靠系数，保护瞬时动作取 4～5。

单相接地保护灵敏系数按电动机发生单相接地时的接地电容电流校验，即

$$K_s = \frac{I_{C\Sigma} - I_{C \cdot M}}{I_{op1}} \geqslant 1.25 \tag{6-23}$$

第五节　自动重合闸装置及备用电源自动投入装置

一、自动重合闸规范要求

自动重合闸装置及其应用的规范要求主要包括：

（1）在 3～110 kV 电网中，应装设自动重合闸装置的情况包括：

① 3 kV 及以上的架空线和电缆与架空线的混合线路，当用电设备允许且无备用电源自投入时。

② 旁路断路器和兼作旁路的分段断路器。

（2）35 MV·A 及以下容量且低压侧无电源接于供电线路的变压器，可装设自动重合闸装置。

（3）单侧电源线路的自动重合闸方式的选择应符合下列规：

① 应采用一次重合闸。

② 当二段线路串联时，宜采用重合闸前加速保护动作或顺序自动重合闸。

（4）双侧电源线路的自动重合闸方式的选择应符合下列规定：

① 并列运行的发电厂或电力网之间，具有四条及以上联系的线路或三条紧密联系的出路，可采用不检同期的三相自动重合闸。

② 并列运行的发电厂或电力网之间，具有两条联系的线路或三条不紧密联系的线路，可采用下列重合闸方式：

a. 当非同步合闸的最大冲击电流超过 $1/X_B$ 的允许值时，可采用同期检定和无压检定的三相自动重合闸。

b. 当非同步合闸的最大冲击电流不超过 $1/X_B$ 的允许值时，可采用不检同期的三相自动重合闸。

c. 无其他联系的并列运行双回线，当不能采用非同期重合闸时，可采用检查另一回路有电流的三相自动重合闸。

③ 双侧电源的单回线路，可采用下列重合闸方式：

a. 可采用解列重合闸。

b. 当水电厂条件许可时，可采用自同期重合闸。

c. 可采用一侧无压检定，另一侧同期检定的三相自动重合闸。

（5）自动重合闸装置应符合下列规定：

① 自动重合闸装置可由保护装置或断路器控制状态与位置不对应启动。

② 手动或通过遥控装置将断路器断开或断路器投入故障线路时，随即由保护装置将其

断开，自动重合闸均不应动作。

③ 在任何情况下，自动重合闸的动作次数应符合预先的规定。

④ 当断路器处于不正常状态不允许自动重合闸时，应将重合闸装置闭锁。

二、自动重合闸的动作时间

单侧电源线路的三相重合闸时间除应大于故障点断电去游离时间外，还应大于断路器及操作机构复归原状准备好再次动作的时间。

重合闸整定时间应等于线路有足够灵敏系数的延时段保护的动作时间，加上故障点足够断电去游离时间和裕度时间再减去断路器合闸固有时间，即：

$$t_{\min} = t_\mu + t_D + \Delta t - t_k \tag{6-24}$$

式中：$t_{\min}$ ——最小重合闸整定时间（s）；

t_μ ——保护延时段动作时间（s）；

t_D ——断电时间，对三相重合闸不小于 0.3 s；

t_k ——断路器合闸固有时间（s）；

Δt ——裕度时间（s）。

为了提高线路重合成功率，可酌情延长重合闸动作时间，单侧电源线路的三相一次重合闸动作时间宜大于 0.5 s。

三、自动低频低压减负荷装置规范要求

自动低频低压减负荷装置的规范要求主要包括：

（1）在变电站和配电站，应根据电力网安全稳定运行的要求装设自动低频低压减负荷装置。当电力网发生故障导致功率缺额，使频率和电压降低时，应由自动低频低压减负荷装置恢复至长时间允许值。

（2）自动低频低压减负荷装置的配置及所断开负荷的容量，应按照电力系统最不利运行方式下发生故障时，可能发生的最大功率缺额确定。

（3）自动低频低压减负荷装置应按频率、电压分为若干级，并应按电力系统运行方式故障时功率缺额分轮次动作。

（4）在电力系统发生短路，进行自动重合网或备用自动投入装置动作时电源中断的过程中，当自动低频低压减负荷装置可能误动作时，应采取相应的防止误动作的措施。

四、备用电源自动投入装置

（一）备用电源自动投入规范要求

备用电源或备用设备的自动投入装置及其应用的规范要求主要包括：

（1）下列情况，应装设备用电源或备用设备的自动投入装置。

① 由双电源供电的变电站和配电站，其中一个电源经常断开作为备用。

② 发电厂、变电站内有备用变压器。
③ 接有一级负荷的由双电源供电的母线段。
④ 含有一级负荷的由双电源供电的成套装置。
⑤ 某些重要机械的备用设备。

（2）备用电源或备用设备的自动投入装置，应符合下列要求。
① 除备用电源快速切换外，应保证在工作电源断开后投入备用电源。
② 工作电源或设备上的电压，不论何种原因消失，除有闭锁信号外，自动投入装置应延时动作。
③ 手动断开工作电源、电压互感器回路断线和备用电源无电压情况下，不应启动自动投入装置。
④ 应保证自动投入装置只动作一次。
⑤ 自动投入装置动作后，如备用电源或设备投到故障上，应使保护加速动作并跳闸。
⑥ 自动投入装置中，可设置工作电源的电流闭锁回路。
⑦ 一个备用电源或设备同时作为几个电源或设备的备用时，自动投入装置应保证在同一时间备用电源或设备只能作为一个电源或设备的备用。

（3）自动投入装置可采用带母线残压闭锁或延时切换方式，也可采用带同期检定的快速切换方式。

（二）备用电源自动投入装置参数整定

备用电源自动投入装置，能在工作电源因故障被断开后自动且迅速地将备用电源投入。

图 6-23 为备用电源自动投入装置应用的典型一次接线图。正常工作时，母线Ⅲ和母线Ⅳ分别由 T1、T2 供电，分段断路器 QF5 处断开状态。当母线Ⅲ或母线Ⅳ因任何原因失电时，在进线断路器 QF2 或 QF4 断开后，QF5 合上，恢复对工作母线的供电。这种 T1 或 T2 即工作又备用的方式，称暗备用；T1 或 T2 也可工作在明备用的方式。

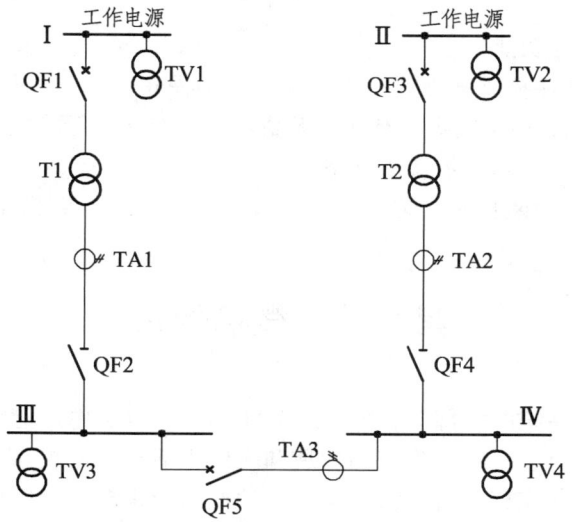

图 6-23　备用电源自动投入装置应用的典型一次接线图

此接线有以下的备用方式：

方式1：T1、T2分列运行，QF2跳开后QF5继电保护自动保护装置合上。由T2供电。

方式2：T1、T2分列运行，QF4跳开后QF5自动合上，母线N由T1供电。

五、分段断路器备用电源自动投入保护测控装置

分段断路器备用电源自动投入保护测控装置主要包括自动投入功能、装置闭锁和告警功能、测按功能。

（1）分段断路器备用电源自动投保护功能。

① 复合电压闭锁的二段定时限过流保护。

② 一段零序过流保护。

③ 分段断路器自投。

④ 三相一次重合闸（不检定）。

⑤ 合闸后加速保护（零序加速段或可经复压闭锁的过流加速段）。

⑥ 独立的操作回路及故障录波。

（2）装置闭锁和装置告警功能。

① 当装置检测到本身硬件故障时，发出装置报警信号，同时闭锁整套保护。硬件故障包括：RAM出错、EPROM出错、定值出错、电源故障。

② 当装置检测出如下问题，发出运行异常报警信号：

a. 跳闸位置继电器异常。

b. 分段断路器电流不平衡（报电流互感器异常）。

c. Ⅰ、Ⅱ段母线电压互感器断线。

d. 控制回路断线。

e. 弹簧未储能。

f. 频率异常。

（3）分段断路器测控功能。

① 遥控功能：正常遥控跳闸操作，正常遥控合闸操作。

② 遥测功能：电流，功率因数，有功、无功功率和有功、无功电度遥测。这些量都在当地实时计算，实时累加，计算不依赖于网络。

③ 遥信功能：遥信功能打开，装置变为遥信及事故遥信，并做事件顺序记录。

第六节 微机保护

供配电系统是电力系统的一部分，通常是指110 kV及以下电压等级用户和用电设备的供电系统。随着城市的扩大、工农业生产的发展和人民生活水平的提高，供配电系统的容量不断增大、结构日趋复杂和完善，对其供电可靠性的要求越来越高，因而对供配电系统保护的要求也日趋提高，供配电系统愈来愈受到各国电力工作者的重视。微机保护具有自动检测、闭锁、报警等功能，整定、调试、运行和维护方便，保护性能好。随着电力系统广泛应用微

机保护，供配电系统的微机保护也得到长足的发展，并得到广泛应用。

微机保护装置主要由硬件和软件构成。硬件由模拟和数字电子电路及集成电路组成，为软件提供运行的平台，并为微机保护装置提供与外部系统的电气联系。软件是计算机程序，根据保护要求对硬件进行控制，完成数据采集、数字运算和逻辑判断、动作指令执行和外部信息交换等任务。微机保护装置需要硬件和软件的配合才能完成保护任务，而继电器保护完全依靠继电器等硬件实现保护功能，这是微机保护和以继电器保护为代表的模拟式保护的区别，也是微机保护的优点。因此，微机保护装置具有超越模拟式保护的灵活性、开放性和适应性。

一、配电系统微机保护的功能

供配电系统微机保护装置除了保护功能，还有测量、自动重合闸、事件记录、自检和通信等功能。

（1）保护功能。微机保护装置的保护有定时限过电流保护、反时限过电流保护、带时限电流速断保护、瞬时电流速断保护。反时限过电流保护还有标准反时限、强反时限和极强反时限保护等几类。这些保护方式可供用户自由选择，并进行数字设定。

（2）测量功能。供配电系统正常运行时，微机保护装置不断测量三相电流，并在 LCD 显示器上显示。

（3）自动重合闸功能。当上述的保护功能动作，断路器跳闸后，该装置能自动发出合闸信号，即自动重合闸功能，以提高供电可靠性，自动重合闸功能为用户提供自动重合闸的重合次数、延前及自动重合闸是否投入运行的选择和设定。

（4）人机对话功能。通过 LCD 显示器和键盘，提供良好的人机对话界面。

① 保护功能和保护定值的选择及设定。

② 系统运行时各相电流显示。

③ 自动重合闸功能和参数的选择及设定。

④ 发生故障时，故障性质及参数的显示。

⑤ 自检通过或自检报警。

（5）自检功能。为了保证装置可靠工作，微机保护装置具有自检功能，对装置的有关硬件和软件进行开机自检和运行中的动态自检。

（6）事件记录功能。发生事件的所有数据如日期、时间、电流有效值、保护动作类型等都保存在存储器中，事件包括事故跳闸事件、自动重合闸事件、保护定值设定事件等，可保存多达 30 个事件，并不断更新。

（7）报警功能，包括自检报警、故障报警等。

（8）断路器控制功能，各种保护动作和自动重合闸的开关量输出，控制断路器的跳闸和合闸。

（9）通信功能，微机保护装置能与中央控制室的监控微机进行通信，接收命令和发送有关指令。

（10）实时时钟功能，实时时钟能自动生成年、月、日和时、分、秒，最小分辨率为毫秒，并有对时功能。

二、微机保护装置的硬件结构

根据微机保护的功能要求,微机保护装置的硬件结构框图如图 6-24 所示。它由数据采集系统、微型控制器、存储器、显示器、键盘、时钟等部分组成。

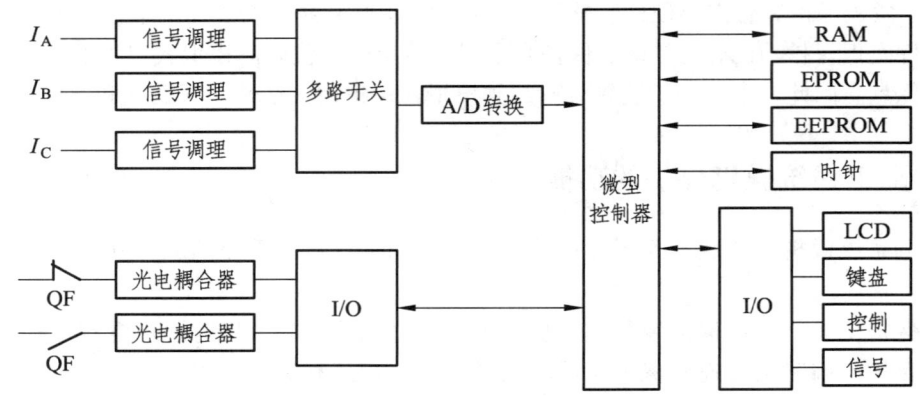

图 6-24 微机保护装置的硬件结构框图

1. 微型控制器

微型控制器是硬件结构的核心部件,也是微机保护装置的指挥中枢。因此,微型控制器在很大程度上决定了微机保护装置的技术水平。微型控制器的主要技术指标有字长、指令和运行速度。

微型控制器主要有:单片微处理器,通常采用 16 位微型控制器,如 80C196 系列,主要用于配电系统微机保护装置;通用微处理器,通常采用 32 位通用微处理器,如 80X86 系列、MC863XX 系列,主要用于电力系统微机保护装置;数字信号处理器(DSP),具有运行速度快、功能强、功耗低等优点。

2. 存储器

存储器包括 ROM、EPROM、EEPROM、RAM 存放采样数据、中间计算数据等。EPROM 存放程序、表格、常数,EEPROM 存放定值、事件数据等。

3. 时钟

时钟目前主要采用硬件时钟,它能自动产生年、月、日和时、分、秒数据,并能实现校时功能。

4. 数据采集系统

数据采集系统主要对模拟量和开关量进行采样。模拟量有交流电量、直流电量和各种非电量,开关量有断路器和继电器等输出信号。模拟量经信号调理、多路开关选择、A/D 转换后所获得的数字信号送入微型控制器。开关量经过光电耦合器、I/O 口送入微型控制器。

5. 显示器

显示器可采用点阵字符型和点阵图形型 LCD 显示器,目前常采用后者,它可显示文字和图形，用于设定显示、正常显示、故障显示等。

6. 键盘

键盘由早期的矩阵式键盘发展为独立式紧凑键盘，通常设置左移、右移、增加、减小、进入等键来实现菜单和图标操作。

7. 开关量输出

开关量输出主要包括控制、指示和报警等输出信号，开关量经过光电耦合器隔离后去控制继电器、指示灯等的工作状态。

8. 通信接口

通信接口用以提供与计算机通信网络及远程通信网络的信息通道，接收命令和发送有关数据。

三、微机保护装置的软件系统

微机保护装置的软件系统一般包括设定程序、运行程序和微机中断保护程序 3 部分，其原理框图如图 6-25 所示。

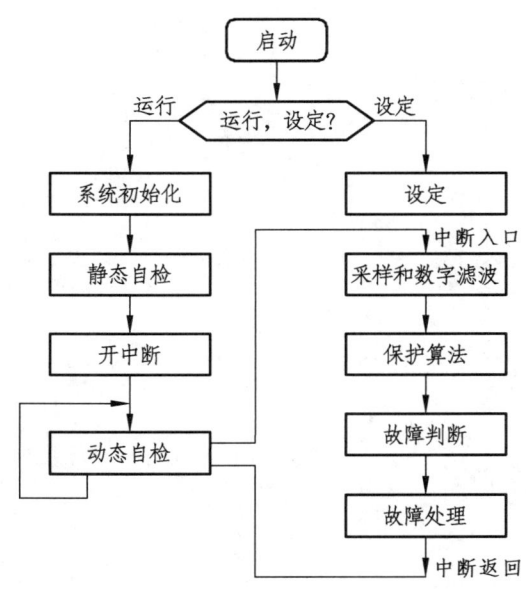

图 6-25 微机保护装置的程序原理框图

设定程序主要用于功能选择和保护定值设定。运行程序对系统进行初始化、静态自检、打开中断，并不断重复动态自检，若自检出错，转向有关程序处理。自检包括存储器自检、数据采集系统自检、显示器自检等。中断打开后，每当采样周期到，向微型控制器申请中断。响应中断后，转入微机保护程序。微机保护程序主要由采样和数字滤波、保护算法、故障判断和故障处理等子程序组成。

思考与练习

6-1 继电保护装置的任务和要求是什么？

6-2 电流保护的常用接线方式有哪几种？各有什么特点？

6-3 什么叫过电流继电器的动作电流、返回电流和返回系数？

6-4 分别说明过电流保护和电流速断保护是怎样满足供电系统对继电保护要求的？

6-5 某工业用户 110 kV 总降压变电所一条 10 kV 馈线采用微机电流保护装置，电流互感器的变流比为 200/5 A，线路的短时最大负荷电流为 180 A，线路首端在系统最大和最小运行方式下的三相短路电流有效值为 9.8 kA 和 7.0 kA，线路末端在系统最大和最小运行方式下的三相短路电流有效值为 3.0 kA 和 2.7 kA。已知该线路末端连接的车间变电所过电流保护动作时间最长为 0.5 s。试整定该线路定时限过电流保护和电流速断保护，并检验保护灵敏性。

6-6 简述微机保护装置的组成结构与作用。

第七章 接地与过电压防护

本章主要讲述供配电系统的接地、过电压与等电位联结等问题。首先介绍接地的基本概念和分类,接着讲述过电压的种类及产生的原因,最后介绍雷电的基本知识和建筑物采用的防雷接地措施。

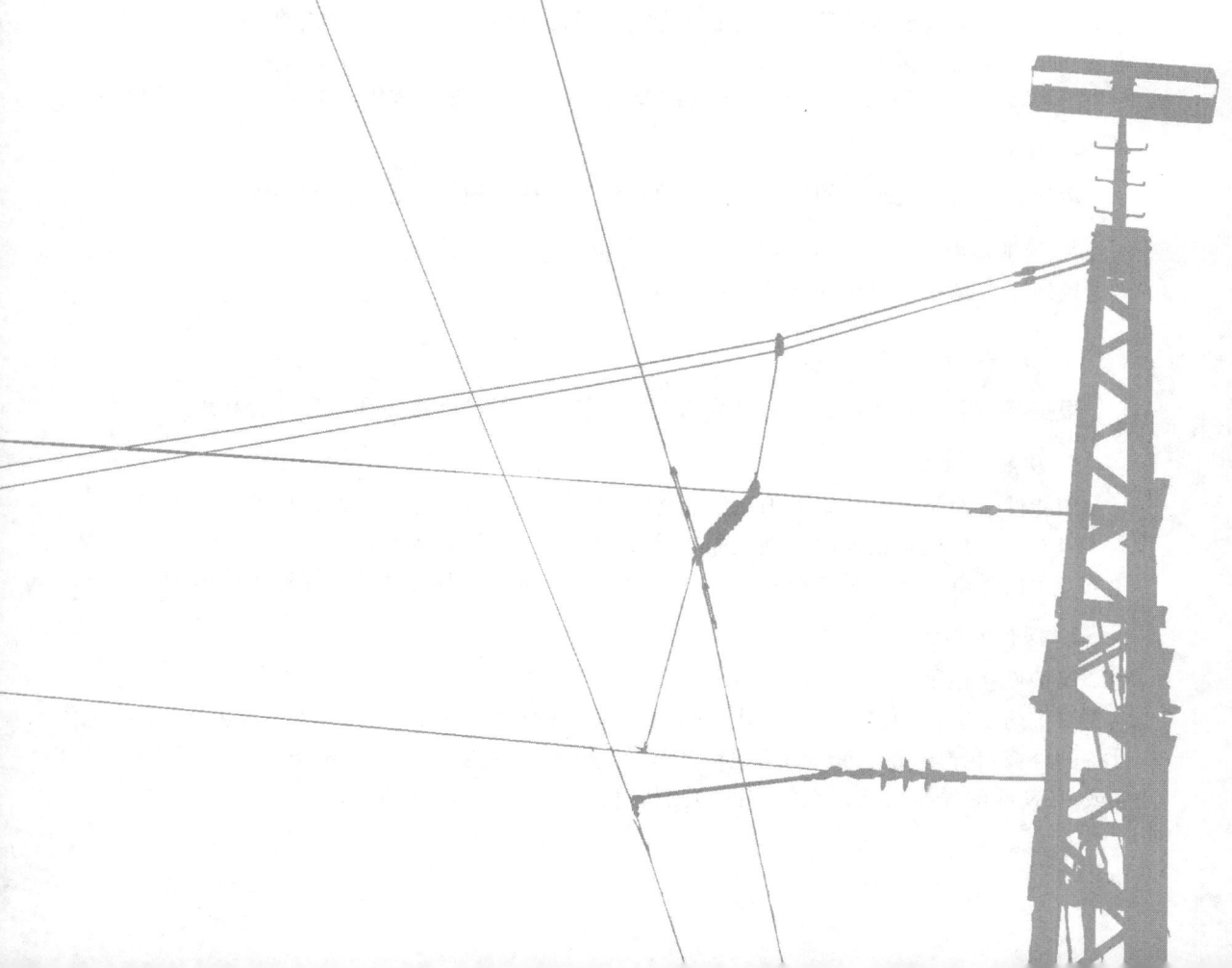

第一节 接地与等电位联结

一、接地的基本概念与分类

（一）基本概念

1. 地

地是指能供给或接受大量电荷，可用来作为良好的参考电位的物体，一般指大地，工程上称为零电位。电子设备中的电位参考点也称为"地"，但不一定与大地相连。

2. 接地

接地是指将电力系统或电气装置的某些导电部分，经接地线连接至"地（通常指接地极）"的过程。

3. 接地极和接地装置

接地极和接地装置是指埋入大地或特定的导电介质（如混凝土或焦煤）中，与大地有电接触的可导电部分，接地极可分成自然接地极和人工接地极两大类。自然接地极是指兼作接地极用的直接与大地接触的各种金属构件、金属管道、金属井管、建（构）筑物和设备基础的钢筋等。人工接地极则是为了接地而专门装设的接地极，按敷设方式的不同可分为垂直接地极和水平接地极两种。

由各接地极、总接地端子或接地母线及它们之间的连接导体组成的整体，称为接地装置。

4. 接地线

接地线是指电气装置的接地端子与总接地端子或接地母排连接用的导体。

5. 接地系统

接地系统是指接地线和接地装置的总和。

（二）接地的分类

根据接地的不同作用，一般可分为功能性接地、保护性接地和电磁兼容接地。

1. 功能性接地

功能性接地是指为保证电力系统和电气设备达到正常工作要求而进行的接地可包括：

（1）工作接地是指电源中性点的直接接地或经消弧线圈等的接地。

（2）信号电路接地是指设置一个等电位作为电子设备基准电位，简称为信号地。

2. 保护性接地

保护性接地是指为了保证人身或设备的安全而进行的接地，主要包括：

（1）防电击保护接地。为防止由带电导体的绝缘损坏造成人体受到间接电击，而将电气设备的外露可导电部分进行的接地；在电源中性点直接接地的 TN 系统中，为确保公共 PE 线或 PEN 线的安全可靠，在规定的地点将 PE 或 PEN 线多次重复接地。

（2）防雷保护接地。为防止雷电过电压而将雷电流、电涌电流泄入大地而设置的接地。

（3）防静电接地。为了消除静电对电气设备和人身安全的危害而进行的接地。

（4）防电蚀接地。地下埋设金属体作为牺牲阳极或阴极，防止电缆、金属管道等受到电蚀。

3. 电磁兼容接地

为使电气系统或电气设备在其电磁环境中能正常工作且不对该环境中任何事物构成不能承受的电磁干扰所做的接地，称为电磁兼容性接地，或称屏蔽接地。

（三）联合接地方式

由于接地系统的目的不一致，不同接地方式导致的地电位不同，带来的不安全因素日益严重。不同接地导体间的耦合影响又难以避免，会引起相互干扰，因此产生联合接地方式。

建筑物内常见的接地系统有电气设备的工作接地、保护接地，电子信息设备的信号电路接地、防雷接地等。联合接地方式就是将设备的功能性接地、保护性接地、电磁兼容性接地、建筑物防雷接地采用共用的接地系统，并实施等电位联结措施。上述各类接地可以采用单独的接地线，但接地装置或"等电位面"是共用的。接地装置的接地电阻值必须按接入设备要求的最小值确定。

由于设备具有的不同功能，要求在电气装置或系统中增设局部接地极（如无线电发射装置天线功能接地的接地极），但必须通过等电位联结而形成联合接地，以防止出现不同的电位引起干扰或电击事故。

二、接地装置的布置

独立变电所的接地装置，除利用自然接地极外，还应敷设以水平接地极为主的人工接地网。人工主接地网的外缘应闭合，外缘各角应呈圆弧形，圆弧的半径不宜小于均压带间距的一半。人工主接地网内应敷设水平均压带，均压带可采用等间距或不等间距布置，可构成长孔形或方孔形接地网。变电所接地网边缘除有人经常出入的走道处，还应铺设砾石、沥青路面或在地下深埋两条与接地网相连的帽檐式均压带，以降低接触电位差与跨步电位差。防雷装置应设置集中接地装置，以便雷电流快速泄入大地。集中接地装置的布置应防止出现高电位反击。

建筑物电气装置的接地装置应优先利用其钢筋混凝土基础内的钢筋。有钢筋混凝土地梁时，宜将地梁内的钢筋焊接连成环形接地装置；无钢筋混凝土地梁时，可在建筑物周边的无钢筋闭合条形混凝土基础内直接敷设 40 mm × 4 mm 镀锌扁钢，形成环形接地。当利用建筑物钢筋混凝土基础内的钢筋、金属管道等作为自然接地体时，应估算或实测其接地电阻。如果接地电阻大于规定值，还应补设人工接地极。人工接地极宜采用以水平接地极为主的闭合环形接地网，敷设在建筑物四周基础槽坑外沿，并应在防雷引下线处与建筑物基础钢筋网相连接。

电气装置应设置总接地端子（总接地母线），并应与接地导体、保护导体、等电位联结导体相连接。为保证接地导体的连接牢固可靠，总接地端子（总接地母线）应采用不少于两根导体且在不同地点与接地网相连接，连接处采用焊接方式并做防腐处理。电气装置的每个接地部分应以单独的接地导体与总接地端子（总接地母线）相连接，严禁在一个接地导体中串接几个需要接地的部分，以避免因其中某部分接地不可靠而造成该部分以后的接地也不可靠。

在实际工程中，具体做法应参照国家建筑标准设计图集《利用建筑物金属体做防雷及接地装置安装》（15D503）和《接地装置安装》（14D504）。

三、接地电阻

（一）接地电阻的基本概念

1. 流散电阻

电流自接地极的周围向大地流散所遇到的全部电阻，称为流散电阻。理论上为自接地极表面至无穷远处的电阻，工程上一般取为 20~40 m 范围内的电阻。

2. 接地电阻

接地极的流散电阻和接地极及其至总接地端子连接线电阻的总和，称为接地极的接地电阻。由于接地极及其至总接地端子连接线电阻远小于流散电阻，可忽略不计，通常将流散电阻作为接地电阻。

3. 工频接地电阻和冲击接地电阻

按通过接地极流入地中工频交流电流求得的接地电阻，称为工频接地电阻；按通过接地极流入地中冲击电流（雷电流）求得的接地电阻，称为冲击接地电阻。雷电流从接地极流入土壤时，接地极附近形成很强的电场，将土壤击穿并产生火花，相当于增加了接地极的截面，减小了接地电阻。另一方面雷电流有高频特性，使接地极本身电抗增大。一般情况下后者影响较小，即冲击接地电阻一般小于工频接地电阻。

（二）接地电阻的计算

1. 工频接地电阻的计算

自然接地极的种类较多，其工频接地电阻的计算方法复杂且各不相同。工程中，一般可以通过实际测量或查阅有关设计手册换算获得。

人工接地极的形状各异，其工频接地电阻计算方法也各不相同，以下仅简单介绍垂直人工接地体的工频接地电阻的简易计算公式，其他形式的人工接地极接地电阻的计算方法可参见有关设计手册。假设人工接地极安装处的土壤电阻率为 ρ（单位 $\Omega \cdot m$）。

（1）单根垂直式人工接地极

单根长度为 2.5~3 m、直径为 50 mm 的垂直式人工接地极的接地电阻可用下式估算：

$$R \approx 0.3\rho \tag{7-1}$$

（2）多根垂直式人工接地极

n 根垂直式人工接地体并联时，由于接地体之间存在电场屏蔽效应，每根接地极附近的电流密度呈不均匀分布，阻碍了接地电流的均匀流散，接地极的间距越小，电场屏蔽效应也就越强烈，其总的接地电阻为：

$$R_\Sigma = \frac{0.9R}{\eta n} \tag{7-2}$$

式中：η——利用系数，一般为 0.65~0.8，具体数据可查阅相关手册。

0.9 是考虑连接扁钢的影响时接地电阻减小的系数。

2. 冲击接地电阻的计算

单独接地极的冲击接地电阻可用下式计算：

$$R_{sh} = \alpha R \tag{7-3}$$

式中：R_{sh}——单独接地极的冲击接地电阻（Ω）；

R——单独接地极的工频接地电阻（Ω）；

α——单独接地极的冲击系数，一般小于 1，具体数据可查阅相关设计手册。

四、等电位联结

（一）等电位联结概念及作用

视频：等电位连接

等电位联结是使建筑物电气装置的各外露可导电部分与电气装置外的其他金属可导电部分进行电气连接。按功能作用的不同，等电位联结又分为总等电位连接（MEB）、局部等电位连接（LEB）和辅助等电位连接（SEB）。

总等电位连接作用于全建筑物，在每一电源进线处，利用连接干线将保护线、接地线的总接线端子与建筑物内电气装置外的可导电部分（如进出建筑物的金属管道、建筑物的金属结构构件等）连接成一体，如图 7-1 所示。

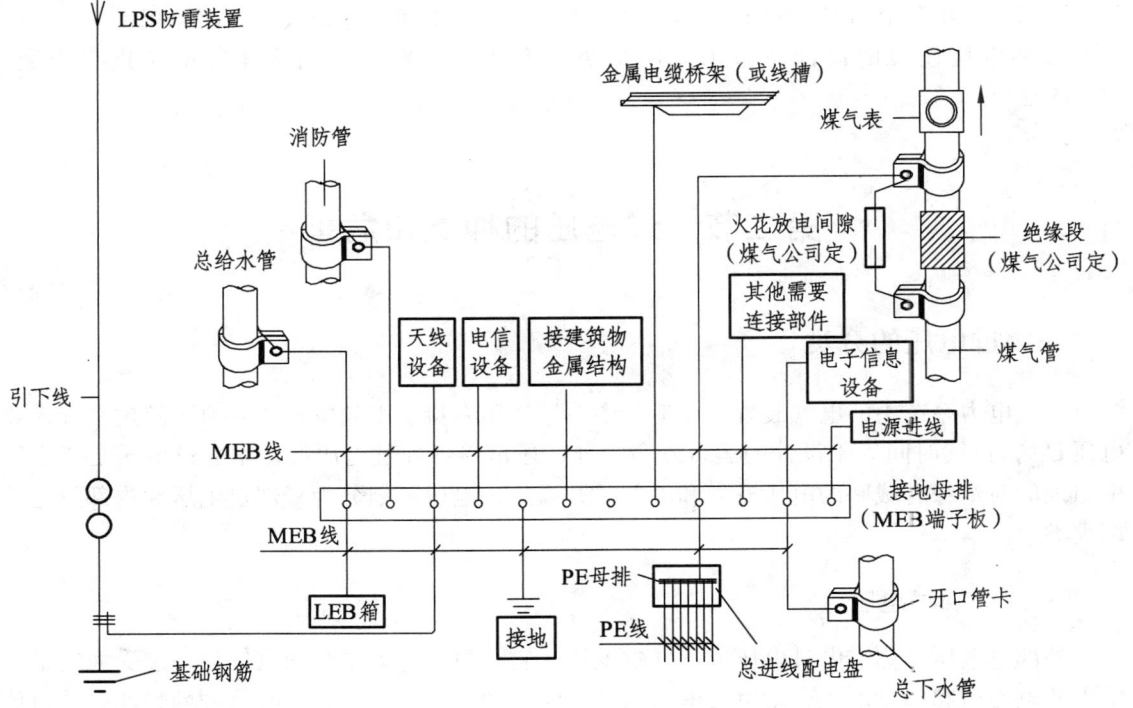

图 7-1 总等电位连接系统图

局部等电位连接是指在局部范围内设置的等电位联结，一般在 TN 系统中，当配电线路阻抗过大、保护动作时间超过规定允许值或为满足防电击的特殊要求时，须作局部等电位连接。

辅助等电位连接是指在建筑物做了总等电位连接之后，在伸臂范围内的某些外露可导电部分与装置外可导电部分之间，再用导线附加连接，以使其间的电位相等或更接近。局部等电位连接可看作是在一局部场所范围内的多个辅助等电位连接。

等电位联结的作用是使各导电部分与地间的电位趋于接近，从而降低接触电压。当电气装置绝缘损坏所引起的接地故障能使其外露导电部分带危险电压，等电位联结可以显著降低人体接触电压，从而避免人体触电事故的发生。等电位联结还具有另一重要作用，即它能消除自外部窜入建筑物电气装置内的故障电压引起的危险电位差。如果建筑物或装置内未做总等电位连接，或设备位于总等电位连接作用区以外，则应补充其他保护措施。

（二）等电位联结安装

《低压配电设计规范》（GB/T 50054—2011）规定，在采用接地故障保护时，建筑物内应作总等电位连接。当电气装置或其某部分的接地故障保护不能满足切断故障电源的时间要求时，也应在局部范围内作辅助等电位连接。

总等电位连接的安装方法是在建筑物的电源进线配电箱近旁设置总接线端子，将等电位联结干线汇接于该端子上。等电位联结干线的截面不应小于该电气装置内最大保护线截面面积的一半，且不得小于 6 mm^2。局部等电位应就近与电气设备的保护线包括电源插座的保护线相连接，也可考虑设置局部等电位连接端子汇接。用于连接电气装置外露可导电部分与电气装置外的金属件时，局部等电位连接线的截面面积，不应小于相应保护线截面面积的一半；用于连接两个电气装置外露可导电部分时，不应小于其中较小保护线的截面面积。

总等电位连接的设计与施工，应参照国家建筑标准设计图集《等电位连接安装》（15D502）。

第二节　过电压的种类和危害

一、过电压的分类

交流电力系统中的电气装置，在运行中除了作用有持续工频电压（其值不超过系统最高电压 U_m，持续时间等于设计的运行寿命）外，还承受各种过电压的作用。过电压是指系统中出现的对绝缘有威胁的电压升高和电位差升高。过电压可划分为外部过电压和内部过电压两大类。

（一）外部过电压

外部过电压又称雷电过电压或大气过电压，它是由于电力系统的电气设备遭受大气中的雷击放电而引起的过电压。雷电过电压的持续时间约为几十微秒，具有脉冲特性，其幅值取决于雷电参数和防雷措施，与电气设备的额定电压参数无直接关系。这种过电压在供电系统中占的比重极大,对系统中的电气设备甚至建筑物造成危害。

雷电过电压又分为直击雷过电压、感应雷过电压、雷电侵入波过电压和雷击电磁脉冲。

(1)直击雷过电压是指雷电对电气设备或建筑物直接放电而产生的过电压,放电时雷电流可达几万甚至几十万安培。

(2)感应雷过电压是指当雷云出现在架空线路上方时,由于静电感应,在架空线路上积聚大量异号电荷,在雷云对其他地方放电后,线路上原来被约束的电荷被释放形成自由电荷,以电磁波速度向线路两侧流动,形成的过电压,其电压可达几十万伏。

(3)雷电侵入波过电压是指由于线路、金属管道等遭受直击雷或感应雷而产生的雷电波,沿线路、金属管道等侵入变电站或建筑物而产生的过电压。据统计,这种雷电侵入波占系统雷击事故的50%以上。因此,对其防护问题,应予相当重视。

(4)雷击电磁脉冲是指雷电直接击在建筑物防雷装置和建筑物附近所引起的效应。它是一种干扰源,绝大多数是通过连接导体的干扰,如雷电流或部分雷电流、被雷电击中的装置的电位升高以及电磁辐射干扰。这种干扰脉冲是一种能量脉冲,它既可以以过电压形式出现,也可以以过电流或电磁辐射形式出现,因此,雷击电磁脉冲并不完全是过电压问题,而是一种能量冲击,因此又将其称为"电涌"或"浪涌",它对供配电系统中电气设备的绝缘威胁不大,但对用电设备中的信息系统设备的正常工作影响甚大。

(二)内部过电压

内部过电压是由于开关操作失误造成负载骤变、系统发生短路故障、电路参数选择不当导致发生谐振等,致使电力系统的工作状态突然改变,在工作状态过渡过程中导致电力系统内部发生电磁振荡而引起的过电压。

内部过电压的持续时间与过电压的类别有关。持续时间短的如操作过电压,其持续时间一般为毫秒级;持续时间长的如谐振过电压,可持续存在。

常见的内部过电压包括:

(1)操作过电压是指由于开关分合闸操作或事故状态而引起的过电压。在开关操作或事故过程中,系统的运行状态发生改变将引起系统中电容和电感间电磁场能量互相转换的暂态过程。在阻尼不足的电路中,这种过程常常是振荡性的。这时,就有可能在某些设备上、局部或全部电网中出现过电压。

(2)谐振过电压。系统中电感与电容组合构成的振荡回路,其固有自振频率与外加电源频率相等或接近时,出现的周期性或准周期性的运行状态,称为谐振。由谐振导致的过电压称为谐振过电压。

供配电系统中,谐振过电压主要包括线性谐振过电压(发生在由恒定电感、电容和电阻组成的回路中)和非线性谐振过电压(由于变压器、电压互感器等的磁路饱和造成)。

(3)工频电压升高是因为系统发生故障、不正常运行状态或参数失配造成的异常电压上升。常见的工频电压升高原因有长线路电容效应、不对称接地、突然甩负荷、低压中性点接地系统中性点位移、共用接地体的高压接地电压窜入低压系统等。

内部过电压的幅值与电网的额定电压呈正相关,一般为额定电压的2.5~4倍,因此在高压和超高压系统中显得特别严重,对中、低压系统的运行安全危害相对较轻。但其对环境安全、人身安全或用电设备安全却有较大危害。

二、过电压的危害

过电压的危害主要表现在以下两个方面:
(1) 危及系统、设备安全。

过电压使绝缘遭到破坏而导致系统电气元件、用电设备损坏。对于供配电系统来说,过电压除了击穿绝缘造成短路以外,还可能因为工频电压升高导致照明或电热设备发热功率的增大而损坏设备,或使电动机、变压器等设备铁心磁通密度增大,导致铁损增大而损坏设备,也可能因短时脉冲过电压而使电子元器件或设备损坏。

(2) 危及建筑物和人身安全。

过电压对建筑物可能产生严重的破坏,并由此带来电击、火灾等十分严重的后果。这种情况会危及人身安全,且大量发生在非电气专业场所,事故造成的损失往往远大于在专业场所发生的同类故障。因此,需要做好相应的防范措施。

第三节 雷电有关知识

一、雷电放电过程

雷电是雷云之间或雷云对地面放电的一种自然现象。雷云中电荷的形成,有多种学说,目前尚未获得一致性认知。最常见的表述方法为:大气中的水蒸气和地面的湿气受热上升,在空气中不同冷、热气团相遇,凝结成水滴或冰晶,形成积云;积云在上下气流的强烈摩擦和撞击下运动,使电荷发生分离,形成带正、负不同电荷的雷云;当雷云中的电荷积聚到足够数量,在正、负雷云间或雷云与因静电感应而产生不同电荷的地之间就会发生强烈的放电现象。

统计资料表明,作用于平地、架空线路和低矮建筑物上的雷击大多由始于雷云对地的一个向下先导的下行雷引起,而作用于地面高耸(100 m 以上)的建筑物的雷击则主要由始于地面建筑物对雷云的一个向上先导的上行雷引起。雷电流正负极性比例中,约90%为负极性。对地雷闪由一个或多个雷击(单次放电)组成,而每次雷击可以分为先导放电、主放电和余辉放电三个阶段。

(一) 先导放电阶段

天空中的雷云带有大量电荷,由于静电感应作用,大地感应到与雷云相反的电荷,雷云与其下方的地面就形成一个已充电的电容器。雷云中的电荷分布是不均匀的,当雷云中的某个电荷密集中心的电场强度达到空气击穿场强(25~30 kV/cm,有水滴存在时约为 10 kV/cm)时,空气便开始电离,形成指向大地的一段微弱导电通道,称为先导放电。

(二) 主放电阶段

当先导放电接近大地时,与地面物体向上发展的迎面先导会合后,就进入主放电阶段。在主放电中,雷云与大地之间所聚集的大量电荷,通过先导放电所开辟的狭小电离通道发生猛烈的电荷中和，放出巨大的光和热，使空气急剧膨胀震动，发生霹雳轰鸣，这就使雷电伴随强烈的闪电和震耳的雷鸣。在主放电阶段，雷击点有巨大的电流流过。

（三）余辉放电阶段

当主放电阶段结束后，雷云中的剩余电荷将继续沿主放电通道下移，使通道连续维持着一定余辉。余辉放电电流仅数百安，但持续的时间可达 0.03~0.05s。

二、有关的雷电参数

由于地雷闪受气象条件、地形和地质等自然因素影响，带有很大的随机性，因而表征雷电特性的各种参数也就具有统计特性。

（一）雷暴日

雷暴日是指一个地区一年内有雷电放电的天数，在一天内能看到雷闪或听到雷声都记为一个雷暴日。年平均雷暴日 T_d（单位为 d/a），是由当地气象台（站）根据多年的气象资料统计出的雷暴日数的年平均值。根据《交流电气装置的过电压保护和绝缘配合设计规范》（GB/T 50064—2014）规定：$T_d \leq 15$ d 或地面落雷密度不超过 0.78 次/（km²·a）的地区称为少雷区；$15 < T_d \leq 40$ d 或落雷密度超过 0.78 次/（km²·a）但不超过 2.78 次/（km²·a）的地区称为中雷区；$40 < T_d \leq 90$ d 或超过落雷密度超过 2.78 次/（km²·a）但不超过 7.98 次/（km²·a）的地区称为多雷区；$T_d > 90$ d 或地面落雷密度超过 7.98 次/（km²·a）以及根据运行经验雷害特别严重的地区称为强雷区。在防雷设计上要根据雷暴日的多少因地制宜地采取防雷措施，T_d 值越大，防雷的要求也就越高。我国某些城市的年平均雷暴日如表 7-1 所示。

表 7-1 我国某些城市的年平均雷暴日

城市	年平均雷暴日/（d/a）	城市	年平均雷暴日/（d/a）
上海	35	西安	20
北京	40	重庆	40
南京	38	南昌	60
天津	30	长沙	50
广州	90	福州	60
哈尔滨	80	兰州	25
沈阳	33	太原	40

（二）雷击大地的年平均密度

雷击大地的年平均密度 N_g，首先应按当地气象台（站）资料确定；若无此资料，可按下式估算：

$$N_g = 0.1 T_d \tag{7-4}$$

式中：N_g——每年每平方公里雷击大地的次数（km²/a）；

T_d——年平均雷暴日（d/a），根据当地气象台（站）资料确定。

（三）雷电流的波形

雷电流是一种非周期性脉冲波，由一个或多个不同的雷击组成：持续时间小于 2 ms 的短时间雷击（包括首次和首次以后的后续短时间雷击）和持续时间大于 2 ms 的长时间雷击。短时间雷击对应于一个冲击电流，其波形如图 7-2 所示。图中 I 为峰（幅）值，即雷电流的最大值；T_1 为波头时间，定义为雷电流波头从 10%峰值到 90%峰值时间间隔的 1.25 倍；连接雷电流波头 10%和 90%峰值两参考点的直线与时间轴的交点 O_1 称为短时间雷击电流的视在原点；T_2 为半值时间，定义为视在原点 O_1 到雷电流下降至峰值一半时的时间间隔。

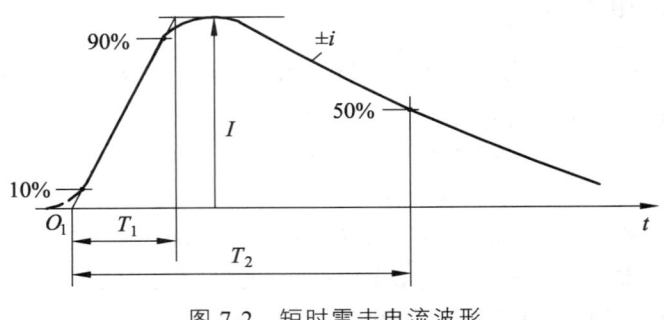

图 7-2　短时雷击电流波形

第四节　民用建筑物的防雷分类与防雷措施

一、建筑物年预计雷击次数

国家标准《建筑物防雷设计规范》（GB 50057—2010）中规定的我国建筑物年预计雷击次数为

$$N = k \times N_g \times A_e \tag{7-5}$$

式中：N——建筑物年预计雷击次数（次/a）；

K——校正系数，在一般情况下取 1，位于河边、湖边、山坡下或山地中土壤电阻率较小处、地下水露头处、土山顶部、山谷风口等处的建筑物以及特别潮湿的建筑物取 1.5，金属屋面没有接地的砖木结构建筑物取 1.7，位于旷野的孤立建筑物取 2；

N_g——建筑物所处地区雷击大地的年平均密度（次/km²/a）；

A_e——与建筑物接收相同雷击次数的等效面积（km²）。

A_e 为实际平面积向外扩大后的面积。其周边在 2 倍宽度范围内无其他建筑物时，A_e 可按下式计算：

当建筑物的高度 $H < 100\ \text{m}$ 时，

$$A_e = [LW + 2(L+W)\sqrt{H(200-H)} + \pi H(200-H)] \times 10^{-6}$$

当建筑物的高度 $H \geqslant 100\ \text{m}$ 时，

$$A_e = [LW + 2H(L+W) + \pi H^2] \times 10^{-6}$$

式中：L、W、H——建筑物的长（m）、宽（m）、高（m）。

当所考虑建筑物的周边在 2 倍扩大宽度范围内有其他建筑物时，其等效面积的计算方法详见国家标准《建筑物防雷设计规范》（GB 50057—2010）。

二、建筑物的防雷分类

（一）建筑物防雷类别的划分

根据现行国家标准《建筑物防雷设计规范》（GB 50057—2010）的规定，建筑物应根据其重要性、使用性质、发生雷电事故的可能性和后果，按防雷要求分为三类，详见表 7-2。

表 7-2　建筑物的防雷分类

防雷类别	各类建筑物的具体情况
第一类防雷建筑物	（1）凡制造、使用或贮存火炸药及其制品的危险建筑物，因电火花而引起爆炸、爆轰，会造成巨大破坏和人身伤亡者。 （2）具有 0 区或 20 区爆炸危险场所的建筑物。 （3）具有 1 区或 21 区爆炸危险场所的建筑物，因电火花而引起爆炸，会造成巨大破坏和人身伤亡者。
第二类防雷建筑物	（1）国家级重点文物保护的建筑物。 （2）国家级的会堂、办公建筑物、大型展览和博览建筑物、大型火车站和飞机场、国宾馆，国家级档案馆、大型城市的重要给水泵房等特别重要的建筑物。 注：飞机场不含停放飞机的露天场所和跑道。 （3）国家级计算中心、国际通信枢纽等对国民经济有重要意义的建筑物。 （4）国家特级和甲级大型体育馆。 （5）制造、使用或贮存火炸药及其制品的危险建筑物，且电火花不易引起爆炸或不致造成巨大破坏和人身伤亡者。 （6）具有 1 区或 21 区爆炸危险场所的建筑物，且电火花不易引起爆炸或不致造成巨大破坏和人身伤亡者。 （7）具有 2 区或 22 区爆炸危险场所的建筑物。 （8）有爆炸危险的露天钢质封闭气罐。 （9）预计雷击次数大于 0.05 次/a 的部、省办公建筑物和其他重要或人员密集的公共建筑物以及火灾危险场所。 （10）预计雷击次数大于 0.25 次/a 的住宅、办公楼等一般性民用建筑物或一般性工业建筑物
第三类防雷建筑物	（1）省级重点文物保护的建筑物及省级档案馆。 （2）预计雷击次数大于或等于 0.01 次/a，且小于或等于 0.05 次/a 的部、省级办公建筑物和其他重要或人员密集的公共建筑物，以及火灾危险场所。 （3）预计雷击次数大于或等于 0.05 次/a，且小于或等于 0.25 次/a 的住宅、办公楼等一般性民用建筑物或一般性工业建筑物。 （4）在平均雷暴日大于 15 d/a 的地区，高度在 15 m 及以上的烟囱、水塔等孤立的高耸建筑物；在平均雷暴日小于或等于 15 d/a 的地区，高度在 20 m 及以上的烟囱、水塔等孤立的高耸建筑物

（二）建筑物防雷分类的常见问题

在建筑物的防雷分类过程中常见问题主要包括：

（1）当一座防雷建筑物中兼有第一类～第三类防雷建筑区间时，确定其防雷分类和防雷措施宜的原则主要包括：

① 当第一类防雷建筑区间的面积占建筑物总面积的 30%及以上时，该建筑物宜确定为

第一类防雷建筑物。

② 当第一类防雷建筑区间的面积占建筑物总面积的 30%以下，且第二类防雷建筑区间的面积占建筑物总面积的 30%及以上时，或当这两类防雷建筑区间的面积均小于建筑物总面积的 30%，但其面积之和又大于 30%时，该建筑物宜确定为第二类防雷建筑物。但对第一类防雷建筑区间的防雷电感应和防雷电波侵入，应采取第一类防雷建筑物的保护措施。

③ 当第一类、第二类防雷建筑区间的面积之和小于建筑物总面积的 30%，且不可能遭直接雷击时，该建筑物可确定为第三类防雷建筑物，但对第一类、第二类防雷建筑区间的防雷电感应和防雷电波侵入，应采取各自类别的保护措施。当这些区间可能遭直接雷击时，宜按各自类别采取防雷措施。

（2）当一座建筑物中仅有一部分为第一类～第三类防雷建筑区间时，确定其防雷措施的原则主要包括：

① 当防雷建筑区间可能遭直接雷击时，宜按各自类别采取防雷措施。

② 当防雷建筑区间不可能遭直接雷击时，可不考虑防直击雷，仅考虑各自要求的防雷电感应和防雷电波侵入的措施。

③ 当防雷建筑区间的面积占建筑物总面积的 50%以上时，该建筑物宜按上述（1）项的规定采取防雷措施。

三、民用建筑的防雷措施

建筑物防雷装置是用以减少建筑物因雷击引起物理损坏的整套系统，由外部防雷装置和内部防雷装置组成。

各类防雷建筑物应设置防直击雷的外部防雷装置，并应采取防闪电电涌侵入的措施。第一类防雷建筑物和表 7-2 中第（5）～（7）款所规定的第二类防雷建筑物，还应采取防闪电感应的措施。

各类防雷建筑物应设内部防雷装置。可在建筑物的地下室或地面层处，将建筑物金属体、金属装置、建筑物内系统、进出建筑物的金属管线与防雷装置做防雷等电位连接。外部防雷装置与建筑物金属体、金属装置、建筑物内系统之间还应满足间隔距离的要求（实行电气绝缘）。

根据《建筑物防雷设计规范》(GB 50057—2010) 及表 7-2 可知，民用建筑物应划分为第二类和第三类防雷建筑物，属于第一类防雷建筑物的均是易燃、易爆危险场所。

《民用建筑电气设计标准》(GB 51348—2019) 对第二类和第三类防雷建筑物的防雷措施，做了明确规定。

（一）第二类防雷建筑物的防雷措施

第二类防雷建筑物外部防雷应采取防直击雷、防侧击雷的措施，内部防雷应采取防闪电电涌侵入、防反击雷的措施。

1. **防直击雷措施**

（1）接闪器宜采用接闪带（网）、接闪杆或由其混合组成。接闪带应装设在建筑物易受雷击的屋角、屋脊、女儿墙及屋檐等部位，建筑物女儿墙外角应在接闪器保护范围之内，并应在整个屋面上装设不大于 10 m×10 m 或 12 m×8 m 的网格；外圈的接闪带及作为接闪带的金属栏杆等应设在外墙外表面或屋檐边垂直面上或垂直面外。当女儿墙以内的屋顶钢筋网以上的防水和混凝土层允许不保护时，宜利用屋顶钢筋网做接闪器。

（2）所有接闪杆应采用接闪带或金属导体与防雷装置连接。

（3）引出屋面的金属物体可不装接闪器，但应和屋面防雷装置相连。

（4）当建筑物高度为 250 m 及以上并且有燃气、燃油等设备的机房时，该机房的屋面及侧壁应采用不大于 5 m×5 m 的接闪器网格保护。

（5）当利用金属物体或金属屋面作为接闪器时，金属板之间具有持久的电气贯通连接，且无绝缘层覆盖；当金属板需要防雷击击穿时，不锈钢、热浸镀锌钢和钛板的厚度不应小于 4 mm，铜板厚度不应小于 5 mm，铝板厚度不应小于 7 mm；当金属板不需要防雷击击穿和金属板背面无易燃物品时，铅板的厚度不应小于 2 mm，不锈钢、热浸镀锌钢、钛和铜板的厚度不应小于 0.5 mm，铝板厚度不应小于 0.65 mm，锌板厚度不应小于 0.7 mm。

（6）防直击雷的引下线应优先利用建筑物钢筋混凝土中的钢筋或钢结构柱，当敷设在混凝土结构柱中作引下线的钢筋仅为一根时，其直径不应小于 10 mm。当利用构造柱内钢筋时，其截面面积总和不应小于一根直径 10 mm 钢筋的截面面积，且多根钢筋应通过箍筋绑扎或焊接连通。作为专用防雷引下线的钢筋应上端与接闪器、下端与防雷接地装置可靠连接，结构施工时做明显标记。

（7）防直击雷装置的引下线的数量和间距应符合下列规定：

① 当利用建筑物钢筋混凝土中的钢筋或钢结构柱作为防雷装置的引下线时，引下线根数可不限，其中专用引下线的间距不应大于 18 m，但建筑外廓易受雷击的各个角上的柱子的钢筋或钢柱应被利用作专用引下线；当其垂直支柱均起到引下线的作用时，引下线的根数、间距及冲击接地电阻均可不作要求。

② 当无建筑物钢筋混凝土中的钢筋或钢结构柱可作为防雷装置的引下线时，应专设引下线，其根数不应少于两根，并应沿建筑物四周和内庭院四周均匀对称布置，其间距不应大于 18 m，每根引下线的冲击接地电阻不应大于 10 Ω。

（8）民用建筑宜优先利用钢筋混凝土基础中的钢筋作为防雷接地网。当需要增设人工接地体时，若敷设于土壤中的接地体连接到混凝土基础内钢筋或钢材，则土壤中的接地体宜采用铜质、镀铜或不锈钢导体。

2. 防侧击雷措施

（1）当建筑物高度大于 45 m 且小于 250 m 时，应采取以下防侧击雷措施：

① 建筑物内钢构架和钢筋混凝土的钢筋应相互连接。

② 应利用钢柱或钢筋混凝土柱子内钢筋作为防雷装置引下线；结构圈梁中的钢筋应每 3 层连成闭合环路作为均压环，并应同防雷装置引下线连接。

③ 应将 45 m 及以上外墙上的栏杆、门窗等较大金属物直接或通过预埋件与防雷装置相连，水平突出的墙体应设置接闪器并与防雷装置相连。

④ 垂直敷设的金属管道及类似金属物应在顶端和底端与防雷装置连接。

（2）当建筑物高度为 250 m 及以上时，除满足上述（1）要求外，还应满足以下要求：

① 结构圈梁中的钢筋应每层连成闭合环路作为均压环，并应同防雷装置引下线连接。

② 垂直敷设的金属管道，250 m 及以上部分应每 50 m 与防雷装置连接一次。

3. 防闪电电涌侵入的措施

（1）进出建筑物的各种线路及金属管道宜采用全线埋地引入，并应在入户端将电缆的金属外皮、钢导管及金属管道与接地网连接。当采用全线埋地电缆确有困难而无法实现时，可采用一段长度不小于 $2\sqrt{\rho}$（m）的铠装电缆或穿钢导管的全塑电缆直接埋地引入，电缆埋地长度不应小于 15 m，其入户端电缆的金属外皮或钢导管应与接地网连通。

注：ρ为埋地电缆处的土壤电阻率（Ω·m）。

（2）在电缆与架空线连接处，应装设避雷器或电涌保护器，并应与电缆的金属外皮或钢导管及绝缘子铁脚、金具连在一起接地，其冲击接地电阻不应大于 10 Ω。

（3）年平均雷暴日在 30 d/a 及以下地区的建筑物，可采用低压架空线直接引入建筑物，并应符合下列要求：

① 入户端应装设电涌保护器，并应与绝缘子铁脚、金具连在一起接到防雷接地装置上，冲击接地电阻不应大于 5 Ω。

② 入户端的三基电杆绝缘子铁脚、金具应接地，靠近建筑物的电杆的冲击接地电阻不应大于 10 Ω，其余两基电杆不应大于 20 Ω。

（4）当低压电源采用全长架空线转为埋地电缆从户外引入时，应在电源引入处的总配电箱装设电涌保护器。

（5）设在建筑物内、外的配电变压器，宜在高压侧装设避雷器、低压侧装设电涌保护器。

4. 防止雷电反击的措施

（1）在金属框架或主要钢筋可靠连接的钢筋混凝土框架的建筑中，防雷引下线与金属物或线路之间的间隔距离可无要求；在其他情况下，防雷引下线与金属物或线路之间的间隔距离应符合下式要求：

$$S_{a1} \geqslant 0.06 K_c L_x \tag{7-6}$$

式中：S_{a1}——引下线与金属物或线路之间的空气中距离（m）；

K_c——分流系数，单根引下线应为 1，两根引下线及接闪器不成闭合环的多根引下线应为 0.66，接闪器成闭合环或网状的多根引下线应为 0.44；

L_x——引下线计算点到连接点长度（m），连接点即金属物或线路与防雷装置之间直接连接或者通过电涌保护器相连之点。

（2）当引下线与金属物或线路之间有自然接地或人工接地的钢筋混凝土构件、金属板、金属网等静电屏蔽物隔开时，其距离可不受限制。

（3）当引下线与金属物或线路之间有混凝土墙、砖墙隔开时，混凝土墙、砖墙的击穿强度应为空气击穿强度的 1/2。当引下线与金属物或线路之间距离不能满足上述要求时，金属物或线路应与引下线直接相连或通过过电压保护器相连。

（二）第三类防雷建筑物的防雷措施

第三类防雷建筑物外部防雷应采取防直击雷、防侧击雷的措施，内部防雷应采取防闪电电涌侵入、防反击的措施。

第七章 接地与过电压防护

1. 防直击雷措施

（1）接闪器宜采用接闪带（网）、接闪杆或由其混合组成。接闪带应装设在建筑物易受雷击的屋角、屋脊、女儿墙及屋檐等部位，建筑物女儿墙外角应在接闪器保护范围之内，并应在整个屋面上装设不大于 20 m×20 m 或 24 m×16 m 的网格；外圈的接闪带及作为接闪带的金属栏杆等应设在外墙外表面或屋檐边垂直面上或垂直面外。

（2）所有接闪杆应采用接闪带或金属导体与防雷装置连接。

（3）引出屋面的金属物体可不装接闪器，但应和屋面防雷装置相连。

（4）当利用金属物体或金属屋面作为接闪器时，金属板之间具有持久的电气贯通连接，且无绝缘层覆盖；当金属板需要防雷击击穿时，不锈钢、热浸镀锌钢和钛板的厚度不应小于 4 mm，铜板厚度不应小于 5 mm，铝板厚度不应小于 7 mm；当金属板不需要防雷击击穿和金属板背面无易燃物品时，铅板的厚度不应小于 2 mm，不锈钢、热浸镀锌钢、钛和铜板的厚度不应小于 0.5 mm，铝板厚度不应小于 0.65 mm，锌板厚度不应小于 0.7 mm。

（5）防直击雷的引下线应优先利用建筑物钢筋混凝土中的钢筋或钢结构柱，当敷设在混凝土结构柱中作引下线的钢筋仅为一根时，其直径不应小于 10 mm。当利用构造柱内钢筋时，其截面面积总和不应小于一根直径 10 mm 钢筋的截面面积，且多根钢筋应通过箍筋绑扎或焊接连通。作为专用防雷引下线的钢筋应上端与接闪器、下端与防雷接地装置可靠连接，结构施工时做明显标记。

（6）防直击雷装置引下线的数量和间距应符合下列规定：

① 当利用建筑物钢筋混凝土中的钢筋或钢结构柱作为防雷装置的引下线时，引下线根数可不限，其中专用引下线的间距不应大于 25 m，但建筑外廊易受雷击的各个角上的柱子的钢筋或钢柱应被利用做专用引下线。当其垂直支柱均起到引下线的作用时，引下线的根数、间距及冲击接地电阻均可不作要求。

② 当无建筑物钢筋混凝土中的钢筋或钢结构柱可作为防雷装置的引下线时，应专设引下线，其根数不应少于两根，并应沿建筑物四周和内庭院四周均匀对称布置，其间距不应大于 25 m，每根引下线的冲击接地电阻不应大于 25 Ω。表 7-2 中第三类防雷建筑物第（2）条所规定的建筑物则不宜大于 10 Ω。

（7）构筑物的防直击雷装置引下线可为一根，当其高度超过 40 m 时，应在构筑物相对称的位置上装设两根。当采用钢筋混凝土结构的构筑物中的钢筋作为引下线时，敷设在混凝土结构柱中作引下线的钢筋仅为一根时，其直径不应小于 10 mm；当利用构造柱内钢筋时，其截面积总和不应小于一根直径 10 mm 钢筋的截面积，且多根钢筋应通过箍筋绑扎或焊接连通。作为专用防雷引下线的钢筋应上端与接闪器、下端与防雷接地装置可靠连接，结构施工时做明显标记。

（8）民用建筑宜优先利用钢筋混凝土基础中的钢筋作为防雷接地网。当需要增设人工接地体时，若敷设于土壤中的接地体连接到混凝土基础内钢筋或钢材，则土壤中的接地体宜采用铜质、镀铜或不锈钢导体。

2. 防侧击雷措施

当建筑高度超过 60 m 时，应采取下列防范侧击雷措施：

（1）建筑物内钢构架和钢筋混凝土中的钢筋应相互连接。

（2）应利用钢柱或钢筋混凝土柱子内钢筋作为防雷装置引下线；结构圈梁中的钢筋应每

3 层连成闭合环路作为均压环，并应同防雷装置引下线连接。

（3）垂直敷设的金属管道及类似金属物应在顶端和底端与防雷装置连接。

（4）应将 60 m 及以上外墙上的栏杆、门窗等较大的金属物直接或通过预埋件与防雷装置相连。

3. 防闪电电涌侵入措施

（1）对电缆进出线，应在进出端将电缆的金属外皮、金属导管等与电气设备接地相连。架空线转换为电缆时，电缆长度不宜小于 15 m，并应在转换处装设避雷器或电涌保护器。避雷器或电涌保护器、电缆金属外皮和绝缘子铁脚、金具应连在一起接地，其冲击接地电阻不宜大于 30 Ω。

（2）对低压架空进出线，应在进出处装设电涌保护器，并应与绝缘子铁脚、金具连在一起接到电气设备的接地装置上；当多回路进出线时，可仅在母线或总配电箱处装设电涌保护器，但绝缘子铁脚、金具仍应接到接地装置上。

（3）进出建筑物的架空金属管道，在进出处应就近接到防雷或电气设备的接地网上或独自接地，其冲击接地电阻不宜大于 30 Ω。

4. 防止雷电反击措施

（1）在金属框架的建筑物中，或在主要钢筋可靠连接的钢筋混凝土框架的建筑中，防雷引下线与金属物或线路之间的间隔距离可无要求；在其他情况下，防雷引下线与金属物或线路之间的间隔距离应符合下式要求：

$$S_{a1} \geqslant 0.04 K_c L_x \tag{7-7}$$

式中：S_{a1}——引下线与金属物或线路之间的空气中距离（m）；

K_c——分流系数，单根引下线应为 1，两根引下线及接闪器不成闭合环的多根引下线应为 0.66，接闪器成闭合环或网状的多根引下线应为 0.44；

L_x——引下线计算点到连接点长度（m），连接点即金属物或线路与防雷装置之间直接连接或者通过电涌保护器相连之点。

（2）当利用建筑物的钢筋体或钢结构作为引下线，同时建筑物的钢筋、钢结构等金属物与被利用的部分连成整体时，其距离可不受限制。

（3）当引下线与金属物或线路之间有自然地或人工地的钢筋混凝土构件、金属板、金属网等静电屏蔽物隔开时，其距离可不受限制。

思考与练习

7-1 什么叫接地？接地的主要作用是什么？

7-2 什么叫接地装置？由哪些部分组成？

7-3 什么是等电位连接？它有哪些作用？

7-4 什么叫过电压？过电压有哪几种类型？它们产生的原因分别是什么？

7-5 雷电的特征参数有哪些？各表示什么意义？

7-6 建筑物的防雷分类有几种？

第八章　现代供电新技术

本章以变电站综合自动化系统为例介绍现代供电新技术。首先介绍变电站综合自动化系统的基本概念和发展过程，接着讲述数字化变电站的结构、信息的测量与采集、变电站实时时钟的建立等内容，为学习现代供电新技术打下初步基础。

第一节　变电站综合自动化系统概述

一、变电站综合自动化的基本概念

变电站综合自动化系统是利用先进的计算机技术、电子技术、通信和信息处理技术等实现对变电站二次设备（包括继电保护、控制、测量、信号、故障录波、自动装置及远动装置等）的功能进行重新组合、优化设计，对变电站全部设备的运行情况进行监视、测量、控制和协调的一种综合性的自动化系统。通过变电站综合自动化系统内各设备间的信息交换、数据共享，完成变电站运行监视和控制任务。变电站综合自动化是提高变电站安全稳定运行水平、降低运行维护成本、提高经济效益、向用户提供高质量电能的一项重要技术措施。

变电站作为整个电网中的一个节点，担负着电能传输、分配和监测、控制、管理的任务。变电站继电保护、监控自动化系统是保证上述任务完成的基础。在统一指挥和协调下，电网各节点（如变电站、发电厂）具体实施和保障电网的安全、稳定、可靠运行。因此，变电站自动化是电网自动系统的一个重要组成部分。作为变电站自动化系统，它应确保实现以下功能：检测电网故障，隔离故障部分；采集变电站运行实时信息，对变电站运行进行监视、计量和控制；采集一次设备状态数据，供维护一次设备参考；实现当地后备控制和紧急控制；确保通信要求。

因此，要求变电站综合自动化系统运行高效、实时、可靠，对变电站内设备进行统一监测、管理、协调和控制。同时，又必须与电网系统进行实时、有效的信息交换、共享，优化电网操作，提高电网安全稳定运行水平，提高经济效益，并为电网自动化的进一步发展留下空间。

传统变电站中，其自动化系统存在诸多缺点，难以满足上述要求。例如：传统二次设备、继电保护、自动和远动装置等大多采取电磁型或小规模集成电路，缺乏自检和自诊断能力，其结构复杂、可靠性低。二次设备主要依赖大量电缆，通过触点、模拟信号来交换信息，信息量小、灵活性差、可靠性低。

由此可知，传统变电站占地面积大、使用电缆多，电压互感器、电流互感器负担重，二次设备冗余配置多。远动功能不够完善，提供给调度控制中心的信息量少、精度差，且变电站内自动控制和调节手段不全，缺乏协调和配合力量，难以满足电网实时监测和控制的要求。电磁型或小规模集成电路调试和维护工作量大，自动化程度低，不能远程修改保护及自动装置的定值并检查其工作状态。有些设备易受环境的影响，如晶体管型二次设备，其工作点会受到环境温度的影响。

二次系统中，各设备按功能配置，彼此之间相关性甚少，相互之间协调困难，需要值班人员比较多的干预，难以适应现代化电网的控制要求，另外需要对设备进行定期的试验和维修。即便如此，仍然存在设备故障（异常运行）不能及时发现的现象，甚至这种定期检修也可能引起新的问题，发生和出现由试验人员过失引起的故障。

发展变电站综合自动化的必要性还体现在以下几个方面：一是随着电网规模不断扩大，新增大量的发电厂和变电站，使得电网结构日趋复杂，这样要求各级电网调度值班人员掌握、管理、控制的信息也大量增加，电网故障处理和恢复却要求更为迅速和准确；二是现代工业技术的发展，特别是电子工业技术的发展，计算机技术的普遍应用，对电网可靠供电提出了更高的要求；三是市场经济的发展，使得整个社会对环保要求更高，这样也对电网的建设、运行和管理提出更高要求。如，要求电力企业参与市场竞争，降低成本，提高经济效益；要求发电厂、变电站减少占地面积。要解决上述问题，显然仅依靠各级电网调度运行值班人员是难以解决的。现代控制技术的发展，计算机技术、通信技术和电力电子技术的进步与发展，电网自动化系统的应用，为上述问题提供了解决方案。这些技术的综合应用促进了变电站综合自动化系统的产生与发展。

视频：变电站综合自动化系统的基本功能

二、变电站综合自动化系统的发展过程

现有的变电站有三种形式：第一种是传统的变电站；第二种是部分实现微机管理、具有一定自动化水平的变电站；第三种是全面微机化的综合自动化变电站。变电站自动化的发展可以分为以下三个阶段。

（一）由分立元件构成的自动装置阶段

20世纪70年代以前，由研究单位和制造厂家生产出的各种功能的自动装置（如自动重合闸装置、低频自动减负荷装置、备用电源自动投入装置、直流电源和各种继电保护装置等），主要采用模拟电路，由晶体管等分立元件组成，对提高变电站和发电厂的自动化水平，保证系统安全运行，发挥了一定的作用。但这些自动装置，相互之间独立运行，互不相干，没有故障自诊断能力。在运行中若自身出现故障，不能提供告警信息，有的甚至会影响电网安全。同时，分立元件的装置可靠性不高，维护工作量大，装置本身体积大，不经济。

（二）以微处理器为核心的智能化自动装置阶段

随着我国改革开放的发展，微处理器技术开始引入我国，并逐步应用于各行各业。在变电站自动化方面，用大规模集成电路或微处理机代替了原来的由继电器、晶体管等分立元件组成的自动装置，利用微处理器的智能处理和计算能力，可以发展和应用新的算法，提高测量的准确度和可靠性；能够扩充新的功能，尤其是装置本身的故障自诊断功能，对提高自动装置自身的可靠性和缩短维修时间具有重要意义。由于这些微机化的自动装置，只是硬件结构由微处理器及其接口电路代替，并扩展了一些简单的功能，虽然提高了变电站自动控制的能力和可靠性，但基本上还是维持着原有的功能和逻辑关系，在工作方式上多数仍然是各自独立运行，不能互相通信，不能共享资源，变电站和发电厂设计和运行中存在的问题没有得到根本的解决。

（三）变电站综合自动化系统的发展阶段

我国是从20世纪60年代开始研制变电站自动化技术，到70年代初先后研制出电气集中控制装置和集保护、控制、信号为一体的装置。在20世纪80年代中期，由清华大学研制的35 kV变电站微机保护、监测自动化系统在威海望岛变电站投入运行。与此同时，南京自动化研究所也开发出了220 kV梅河口变电站综合自动化系统。此外，国内许多高校及科研单位也在这方面做了大量的工作，推出了一些不同类型、功能各异的自动化系统，为国内的变电站自动化技术的发展起到了卓有成效的推动作用。进入20世纪90年代，变电站综合自动化已成为热门研究课题，具有代表性的公司和产品有：北京四方公司的CSC2000系列综合自动化系统、南京南瑞集团公司的BSJ2200计算机监控系统、南京南瑞继电保护电气有限公司的RCS-9000系列综合自动化系统、上海惠安Power comm 2000变电站自动化监控系统、国电南自PS 6000系列综合自动化系统、许继电气公司的CBZ-8000系列综合自动化系统、武汉国测GCSIA变电站综合自动化系统、南瑞城乡DSA变电站综合自动化系统等。

近年来，随着数字化技术的不断进步和IEC61850标准在国内的推广应用，国内出现了数字化变电站。具有全站信息数字化、通信平台网络化、信息共享标准化、高级应用互动化四个重要特征。数字化变电站体现在过程层设备的数字化，整个变电站内信息的网络化，以及断路器设备的智能化，而且设备检修工作逐步由定期检修过渡到以状态检修为主的管理模式。一个数字化变电站的全貌如图8-1所示。

图8-1 数字化变电站全貌

2009年我国正式提出"智能电网"概念，近年来已成为电网的主要发展方向。智能电网中的智能变电站是采用先进、可靠、集成、低碳、环保的智能设备，以全站信息数字化、通信平台网络化、信息共享标准化为基本要求，自动完成信息采集、测量、控制、保护、计量和监测等基本功能，并可根据需要支持电网实时自动控制、智能调节、在线分析决策、协同互动等高级功能的变电站。随着技术的发展，近几年又提出了建设智慧电网和智慧变电站。智慧变电站原名第三代智能变电站，是智能变电站的进一步升级，也是国家电网2019年提出的新概念。智慧变电站是应用大数据、云计算、物联网、移动互联、人工智能等现代信息技术，在发电端、电网、输电线路、营配终端、用户电表、综合能效、储能等诸多环节，采用"全面感知"的先进传感技术实现电力系统各环节万物互联的智慧服务系统。

当前变电站工作的现状：设备智能化程度不高，变电站配置的图像监视、安全警卫、火

第八章 现代供电新技术

灾报警、消防、给排水、采暖通风等辅助管理系统均为独立设置，距离智能变电站的智能运行管理的要求还有一定距离。

错误操作现象时有发生。现场检修、维护工作中的停电、供电操作还是依靠人来判断所需操作的间隔是否正确。由于设备外观相似，容易造成误操作现象，没有好的手段进行可靠防范。

人员素质参差不齐。电力设备的巡视还依靠人工巡视为主，巡视的质量人为因素很大，由于人员的素质不同造成巡视质量参差不齐。人员对巡视的数据要进行分析才能确定处理办法，而现场运行人员又不具备这样的能力。

智慧变电站是按照感知层、网络层、平台层、应用层四层智能电网总体架构建设的基于"智能电网"理念的新一代智能变电站。在智慧应用层面，现代变电站构筑传感监测网络，对影响变电站运行的因素实施全方位监测，全面实现变电站智能运行管理。在传感网监测数据平台基础上，建立智能监测与辅助监控系统，实现图像监视、安全警卫、火灾报警、消防、采暖通风等功能的集成，全面实现变电站智能运行管理和巡检运维工作轻松可控。数字化变电站的局部如图 8-2 所示。

图 8-2 数字化变电站局部图

利用物联网架构体系，对检修维护实现智能认证，防止误操作；对站内巡检智能监测，避免询价漏填；实现设备的运行温度状态监测、避雷状态监测，减少巡检工作量。

第二节 数字化变电站及相关技术

一、分层分布式结构

分层分布式结构的变电站综合自动化系统是以变电站内的电气间隔和元件（如变压器、电抗器、电容器等）为对象开发、生产、应用的计算机监控系统。分层分布式变电站综合自动化系统的结构如图 8-3 所示。

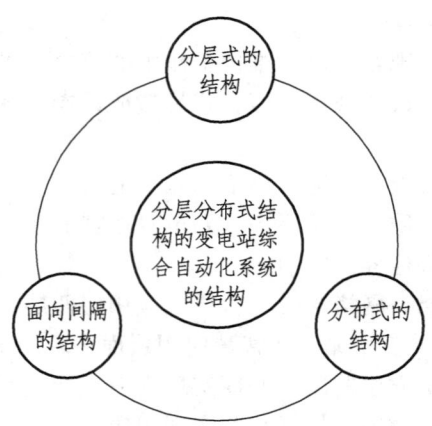

图 8-3 变电站综合自动化系统的结构

（一）分层式的结构

按照国际电工委员会（IEC）推荐的标准，在分层分布式结构的变电站控制系统中，整个变电站的一、二次设备被划分为 3 层，即过程层（Process Level）、间隔层（Bay Level）和站控层（Station Level）。其中，过程层又称为 0 层或设备层，间隔层又称为 1 层或单元层，站控层又称为 2 层或变电站层。

图 8-4 为某 110 kV 分层分布式结构的变电站综合自动化系统的结构图，图中简要绘出了过程层、间隔层和站控层的设备。按照该系统的设计思路，每一层分别完成分配的功能，且彼此之间利用网络通信技术进行数据信息的交换。

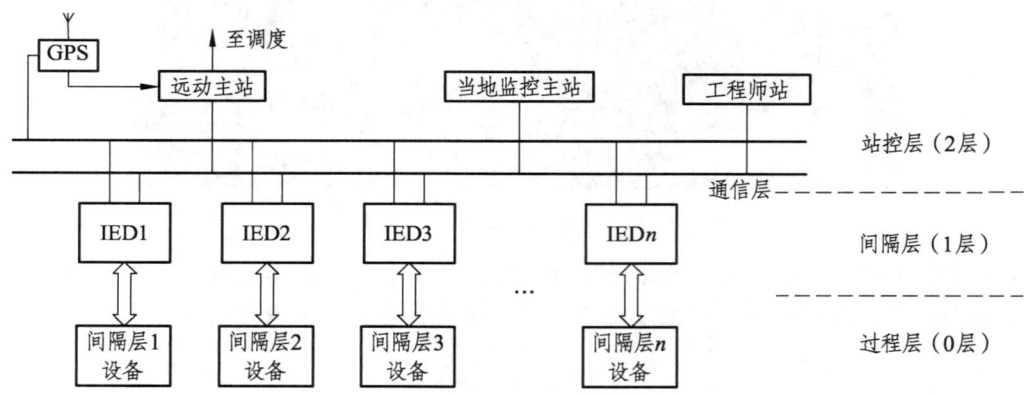

图 8-4 110 kV 分层分布式结构的变电站综合自动化系统的结构

1. 过程层

过程层主要包含变电站内的一次设备，如母线、线路、变压器、电容器、断路器、隔离开关、电流互感器和电压互感器等，它们是变电站综合自动化系统的监控对象。

过程层是一次设备与二次设备的结合面，或者说过程层是指智能化电气设备的智能化部分，过程层的主要功能有以下几种：

（1）电力运行的实时电气量检测，主要包括电流、电压、相位以及谐波分量的检测。其他电气量如有功、无功、电能可通过间隔层的设备运算得出。

(2) 运行设备的状态参数在线检测与统计。变电站需要进行状态参数检测的设备主要包括变压器、断路器、隔离开关、母线、电容器、电抗器以及直流电源系统。在线检测的内容主要包括温度、压力、密度、绝缘、机械特性以及工作状态等。

(3) 操作控制的执行与驱动。操作控制的执行与驱动包括变压器分接头调节控制，电容、电抗器投切控制，断路器、隔离开关合分控制，直流电源充放电控制。

过程层的控制执行与驱动大部分是被动的，即按上层控制指令动作，比如接到间隔层保护装置的跳闸指令、电压无功控制的投切命令、对断路器的遥控开合命令等。在执行控制命令时具有智能性，既能判别命令的真伪及其合理性，还能对即将进行的动作进行精确控制，能使断路器定相合闸、选相分闸，在选定的相角下实现断路器的关合和开断，要求操作时间限制在规定的参数内。又如对真空断路器的同步操作要求能做到断路器触头在零电压时关合，在零电流时分断等。

2. 间隔层

间隔层设备的主要功能是：汇总本间隔过程层实时数据信息；实施对一次设备保护控制功能；实施本间隔操作闭锁功能；实施操作同期及其他控制功能；对数据采集、统计运算及控制命令的发出具有优先级别的控制；承上启下的通信功能，即同时高速完成与过程层及站控层的网络通信功能。

间隔层各智能电子装置(Intelligent Electronic Device，IED)利用电流互感器、电压互感器、变送器和继电器等设备获取过程层各设备的运行信息，如电流、电压、功率、压力和温度等模拟量信息以及断路器、隔离开关等的位置状态，从而实现对过程层的监视、控制和保护，并与站控层进行信息的交换，完成对过程层设备的遥测、遥信、遥控和遥调等任务。在变电站综合自动化系统中，为了完成对过程层设备的监控、保护等任务，设置了各种测控装置、保护装置、保护测控装置、电能计量装置以及各种自动装置等，它们都可被看作是IED。

3. 站控层

站控层借助通信网络(站控层和间隔层之间数据传输的通道)完成与间隔层之间的信息交换，从而实现对全变电站所有一次设备的当地监控功能以及间隔层设备的监控、变电站各种数据的管理及处理功能(如图8-4中的当地监控主站和工程师站)；同时，它还经过通信设备(如图8-4中的远动主站)，完成与调度中心之间的信息交换，从而实现对变电站的远方监控。

站控层的主要任务是通过两级高速网络汇总全站的实时数据信息，按时登录历史数据库，不断刷新实时数据库；按既定规约将有关数据信息送向调度或控制中心；接收调度或控制中心有关控制命令并转送给间隔层，由过程层执行；具有在线可编程的全站操作闭锁控制功能。具有(或备有)站内实时监控、人机交互功能，如显示、操作、打印、报警，甚至图像、声音等多媒体功能；具有对间隔层、过程层设备的在线维护、在线组态、在线修改参数的功能；具有(或备有)变电站故障自动分析和操作培训功能。

在大型变电站内，站控层的设备要多一些，除了通信网络外，还包括由工业控制计算机构成的监控工作站、五防主机、远程工作站、工程师工作站等。但在中小型的变电站内，站控层的设备要少一些，通常由一台或两台互为备用的计算机完成监控、远动及工程师站的全部功能。

变电站层一般主要由当地监控主站（监控主机）、五防主机、远动主站及工程师站组成。

操作员工作站是变电站内的主要人机交互界面，它收集、处理、显示和记录间隔层设备采集的信息，并根据操作人员的命令向间隔层设备下发控制命令，从而完成对变电站内所有设备的监视和控制。

五防主机的主要功能是对遥控命令进行防误闭锁检查，自动开出操作票，确保遥控命令的正确性。此外，五防主机通常还提供编码/电磁锁具，确保手动操作的正确性。

远动主站主要完成变电站与远方控制中心之间的通信，实现远方控制中心对变电站的远程监控。它提供多种通信接口，各种接口和规约可以根据需要灵活配置，遥信、遥测等信息点的容量基本没有限制，与各种常用GPS接收机通信，实现对变电站间隔层装置的GPS对时。

工程师站供专业技术人员使用。主要功能包括：①监视、查询和记录保护设备的运行信息；②监视、查询和记录保护设备的告警、事故信息及历史记录；③查询、设定和修改保护设备的定值；④查询、记录和分析保护设备的分散录波数据；⑤用户权限管理和装置运行状态统计；⑥完成应用程序的修改和开发；⑦修改数据库的参数和参数结构；⑧在线测点的定义和标定、系统维护和试验等。

在变电站监控系统中采用GPS对时，需要在站内安装一套GPS卫星天文钟。GPS卫星天文钟采用卫星星载原子钟作为时间标准，并将时钟信息通过通信电缆送到变电站综合自动化系统各有关装置，对它们进行时钟校正，从而实现各装置与电力系统统一时钟。

（二）分布式的结构

由于间隔层的各IED是以微处理器为核心的计算机装置，站控层各设备也是由计算机装置组成的，它们之间通过网络相连，间隔层和站控层共同构成分布式的计算机系统。间隔层各IED与站控层的各计算机分别完成各自的任务，并且共同协调合作，完成对全变电站的监视、控制等任务。

分布式系统结构的最大特点是将变电站自动化系统的功能分配给多台计算机来完成。各功能模块（CPU模块）之间采用网络技术或串行通信方式实现数据通信。分布式结构方便系统扩展和维护，局部故障不影响其他模块正常运行。

例如，微机型变压器保护主要包括速断保护、比率制动型差动保护和电流电压保护等。主保护的功能由一个CPU单独完成。后备保护主要由复合电压电流保护构成，过负荷保护、气体保护触点等开关信号输入微机，经微机进行信号处理后输出控制信号，控制轻瓦斯报警。温度信号经温度变送器输入微机，可发出超温信号并启动风扇。后备保护功能也由2个CPU单独完成，主保护CPU和后备保护CPU分开，各自完成其能，增加了保护的可靠性。

（三）面向间隔的结构

间隔层设备的设置是面向电气间隔的，即对应于一次系统的每一个电气间隔，分别布置有一个或多个智能电子装置来实现对该间隔的测量、控制、保护并完成其他任务。

电气间隔是指发电厂或变电站一次接线中一个完整的电气连接，包括断路器、隔离开关、电流互感器、电压互感器和端子箱等。根据不同设备的连接情况及其功能的不同，间隔包括：母线设备间隔、母联间隔、出线间隔等。对主变压器，变压器本体就是一个电气间隔，各侧断路器各为一个电气间隔。

分层分布式系统的主要优点：

（1）每台计算机只完成分配给它的部分功能，如果一台计算机发生故障，只影响局部，因而整个系统具有更高的可靠性。

（2）由于间隔层各 IED 硬件结构和软件都相似，对不同主接线或规模不同的变电站，软、硬件都不需另行设计，便于批量生产和推广，且组态灵活。

（3）便于扩展。当变电站规模扩大时，只需增加扩展部分的 IED，修改站控层部分设置即可。

（4）便于实现间隔层设备的就地布置，节省大量的二次电缆。

（5）调试及维护方便。由于变电站综合自动化系统中的各种复杂功能均是微型计算机利用不同的软件来实现的，一般只要用几个简单的操作就可以检验系统的硬件是否完好。

分层分布式结构的综合自动化系统具有以上明显的优点，因而目前在我国被广泛采用。

在分层分布式变电站综合自动化系统的发展过程中，计算机技术及网络通信技术的发展起到了关键作用。在技术发展的不同时期，出现了多种不同结构的变电站综合自动化系统。同时，不同的生产厂家在研制、开发变电站综合自动化系统的过程中，也都逐渐形成了有自己特色的系列产品，它们的设计思路及结构各不相同。此外不同的变电站由于其重要程度、规模大小不同，它们采用的变电站综合自动化系统的结构也都有所不同。总体来说，这些变电站综合自动化系统的基本结构都符合图 8-4 的形式，只是构成间隔层和站控层的设备以及通信网络的结构与通信方式有所不同。

二、信息的测量与采集

变电站综合自动化系统通过检测表征变电站运行状态以及设备工作状态的信息，掌握变电站的实际运行状况。

变电站综合自动化系统主要采集的信息包含变电运行方面、电气设备运行方面的信息以及控制系统本身的运行状态信息，这些信息大致可划分为以下两类：一是传送到上级监控（调度）中心与电网调度控制有关的信息，这些信息在变电站被采集后，向上级监控或调度中心传送；二是用于当地监控，实现综合自动化变电站站内监控所使用的信息，由测控单元或自动装置测得，用于变电站当地监视和控制。

考虑到变电站综合自动化系统对变电运行管理方式的兼容性，在变电站综合自动化系统中，还应测量并采集变电运行设备状态和系统自身运行状态等信息。

（一）变电站采集的典型信号

变电站采集的典型模拟量信号包括：主变压器电流、功率，线路电流、电压和功率，各段母线电压，并联补偿装置电流，直流电源电压，站用电的电压和频率，变压器的上层油温等。

变电站采集的典型开关量信号包括：变电站事故总信号，变压器中性点接地隔离开关位置信号，变压器的断路器位置信号，母线保护动作信号，断路器事故跳闸信号，直流系统接地信号，断路器闭锁信号等。

设备异常和故障预告信号包括：控制回路断线信号，操动机构故障信号，变压器油温过高、绕组温度过高信号，轻瓦斯动作信号，变压器或变压器调压装置油温过低信号，继电保护系统故障信号，保护闭锁信号，站内 UPS 交流电源消失信号，通信线路故障信号等。

变电站综合自动化系统采集的数字量信号主要指变电站内由计算机构成的保护或自动装置的信号，包括：各种保护信号如保护装置发送的测量值及定值、故障动作信息、自诊断信息、跳闸报告等；用于远方对系统电能计量的电能脉冲信号，GPS 全球定位系统等。

（二）变电站内自动化信息体系结构

构成变电站自动化的基础是"数据采集和控制""微机型继电保护与自动装置""直流电源系统"这三部分。变电站自动化信息的体系结构如图 8-5 所示。其中"通信控制管理"连接系统各部分，负责数据和命令的传递，并对这一过程进行协调、管理和控制。变电站内各部分之间、变电站与"调度控制中心"，通过"通信控制管理"相互交换数据。"变电站主计算机系统"协调、管理和控制整个自动化系统，并向运行人员提供变电站运行的各种数据，使运行人员可以远程控制开关的分、合，还能够使运行和维护人员对自动化系统进行监控和干预。

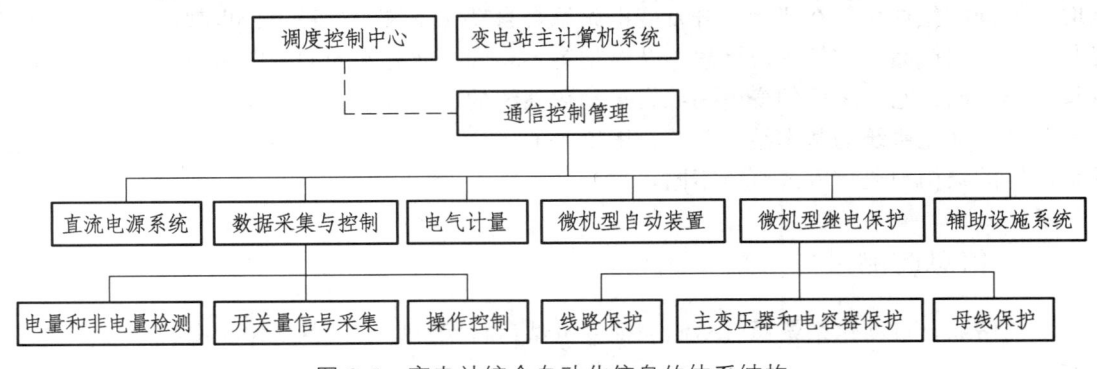

图 8-5　变电站综合自动化信息的体系结构

三、变电站实时时钟的建立

现代电网继电保护系统、AGC 调频，负荷管理和控制、运行报表统计、事件顺序记录等均需要既精确又统一的时间。在变电站综合自动化系统中，为实现精确的控制，正确地分析事件的前因后果，更需要精确统一的时间来辨识断路器的跳闸顺序、继电保护动作顺序等。所以，时间的精确性和统一性十分重要。

在变电站综合自动化系统中，重要的状态量变化均需要时标信息。因此，必须建立实时时钟，并且这个时钟的分辨率应能够达到毫秒级。电网内实时时钟的核心问题是要求统一，即要求各厂站与调度中心之间的实时时钟相一致。为了实现时间的一致性，各厂站测控系统必须接收同一授时源的时钟，这样就解决了时间的一致性问题。在变电站综合自动化系统中，由 GPS 系统时间精度高，接收方便，因此应用广泛。

（一）GPS 系统时间的接收

GPS 系统由空间卫星、地面测控站和用户设备三部分组成。GPS 系统空间导航卫星部分由 24 颗工作卫星和 3 个备用卫星组成。工作卫星均匀分布在 6 条近似圆形轨道上,轨道距地面平均高度约为 200 km,每 12 h 绕地球运行 1 周。在全球的任何地方、任何时刻能同时收到 4 个以上的卫星信号,一旦某个导航卫星出故障,备用卫星可立即根据地面测控站的命令飞赴指定轨道进入工作状态。在地面测控站的监控下,GPS 传递的时间能与国际标准时间(Coordinated Universal Time,UTC)保持高度同步,误差仅为 1~10 ns,可直接用来为电力系统的控制、保护、监控、事件顺序记录(Sequence of Event,SOE)等服务。

为了获得这个精确的授时信号,已有民用定时型的 GPS 接收器可供选择使用。这种接收器由接收模块和天线构成,其内部硬件电路和处理软件通过对接收到的信号进行解码和分析,从中提取并输出两种时间信号:一是间隔为 1 s 的脉冲信号 1PPS,其脉冲前沿与国际标准时间的同步误差不超过 1 μs;二是经 RS-232 串行口输出的与 1PPS 脉冲前沿对应的国际标准时间和日期代码(时、分、秒、年、月、日),GPS 时间信息的接收如图 8-6 所示。

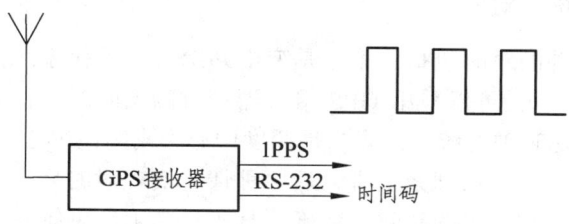

图 8-6 GPS 时间信息的接收

由于 GPS 接收器提供的同步脉冲和串行接口标准不一定满足微机装置在对时上的接口需要,串行接口输出的国际标准时间也不同于我国时间显示的习惯,所以必须在 GPS 接收器的基础上,配置信号转换处理和显示部分,以适应我国实际应用的需要。接收 GPS 卫星信号的同步时钟的原理图如图 8-7 所示。

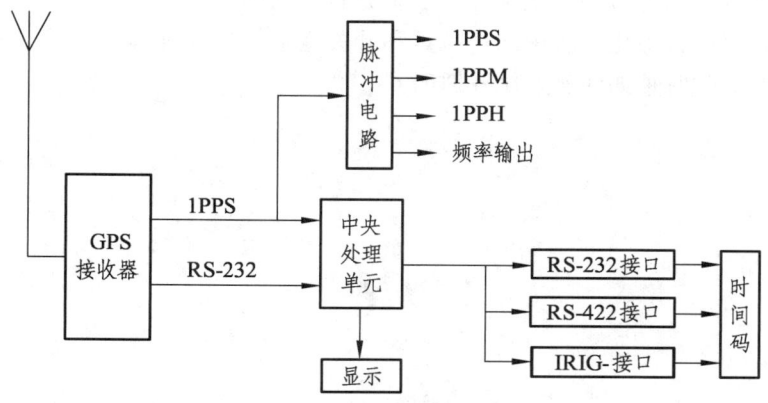

图 8-7 接收 GPS 卫星信号的同步时钟的原理图

实际上,GPS 接收器提供的 1PPS 信号是以秒为计时单位的,精确度为 1 ps,由于该信号的接收无需专用通道,不受地理、气候的影响,是电网统一时间的理想源。

(二)装置内时钟的建立

GPS 只提供精确到微秒的秒级时间,与电网内要求的毫秒级时间信号尚有差距。因此,电网系统内每一套测控或监控系统本身还需要建立毫秒级实时时钟,GPS 提供的秒为单位的精确时间信号可用来对毫秒级时钟进行对时或修正。

在具有秒级对时（例如 GPS）的系统中，实时时钟分为两个部分：一部分是两字节的毫秒级时钟，由 CPU 中断累加计数；另一部分是图 8-8 所示的高 7B 组成的时钟，由 GPS 对时钟发进位。毫秒级时钟（不允许其进位）只作为其毫秒级的计数，并由秒级对时脉冲清零。由这两部分构成的时钟，秒级部分具有极高（1 μs）的精确度，毫秒级部分的精度取决于微机软、硬件的配合，但在 1 s 内积累的误差极其有限。因此，由此构成的实时时钟的精确度和统一性能得到保证，满足了电网、变电站实时监控系统、综合自动化系统的要求。

| 毫秒（低位） |
| 毫秒（高位） |
| 秒 |
| 分 |
| 时 |
| 日 |
| 月 |
| 年 |
| 百年 |

图 8-8　实时时钟的存储结构

（三）实时时钟的统一对时

电力系统中实时时钟的对时包括：第一是变电站综合自动化系统内，需要时标的测控装置较多（集中式或分散式），可以采用 GPS 接收器接收的实时时钟信号对变电站内的设备、装置进行统一对时，实现时钟的统一。第二是调度中心（或集控中心）与变电站之间的对时。第三是调度中心之间的对时。从理论上讲，后两种情况实现对时后，能节省被对时方的精确授时装置。以上三种上级对下级的对时，能确保真正意义上全网统一对时。

思考与练习

8-1　什么是变电站综合自动化？

8-2　变电站综合自动化系统有哪些基本功能？

8-3　简述变电站综合自动化系统的分层和分布式结构。

8-4　变电站综合自动化系统中的模拟量和开关量信号分别有哪些？

8-5　变电站实时时钟如何实现统一对时？

第九章 供电系统节能措施

本章以供配电系统、电气照明系统和供配电设备选型为例介绍相关的节能措施和要点。首先介绍供配电系统的节能要点,接着介绍电气照明和设备选型的节能要点,最后介绍可再生能源的相关知识,为设计绿色供配电系统打下初步基础。

视频:双碳战略

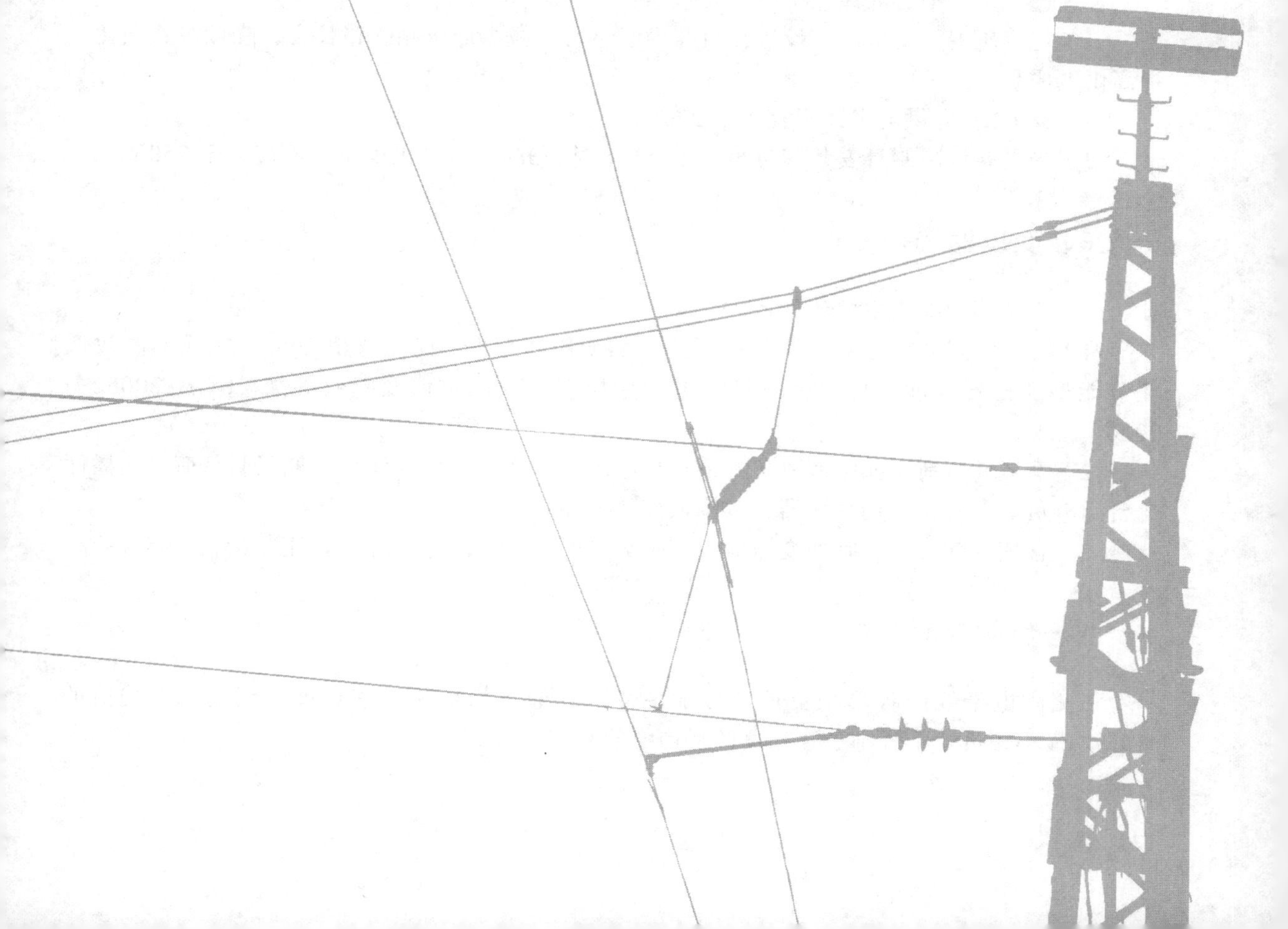

第一节　供配电系统节能要点

供配电系统设计应采取有效的节能措施。应进行合理的负荷计算，按电源条件、负荷特点合理确定变电所（站、室）的位置、电压等级以及系统的接线方式，按需要配置无功功率补偿及谐波抑制装置，合理选择节能型电气设备。

一、供配电电压等级确定原则

确定供配电电压等级的原则主要包括：
（1）尽量选用较高的配电电压深入负荷中心。
（2）用电设备的设备容量在 100 kW 及以下或变压器容量在 50 kV·A 及以下的，可采用 380/220 V 供电，特殊情况也可采用 10 kV 供电。
（3）大容量用电设备（如空调系统制冷机组）宜采用 10 kV 供电。

二、合理选定供电中心

合理选定供电中心的注意事项主要包括：
（1）将变压器（变电所）设置在负荷中心，可以减少低压侧线路长度，降低线路损耗，提高供电质量。
（2）380/220 V 供电半径不宜大于 200 m。
（3）当受条件限制且安装容量小于 150 kW 时，380/220 V 供电半径不应大于 250 m。

三、变压器选择要求

选择变压器的要求主要包括：
（1）根据生产、生活用电情况选择适应的变压器型号，优先选用 Dyn11 接线的高效低耗节能型变压器，能耗要求需满足《电力变压器能效限定值及能效等级》（GB 20052—2020）。
（2）季节性负荷（如空调机组，采暖机组）或专用负荷（如体育场地照明负荷，演播厅舞台用电负荷）宜设专用变压器，以降低变压器损耗。
（3）合理分配负荷，宜使变压器负荷率为 70%~80%，特殊情况下可为 65%~85%。

四、负荷分配要求

三相配电干线的各单相负荷宜分配平衡，其最大相负荷不宜超过三相负荷平均值的 115%，最小相负荷不宜小于三相负荷平均值的 85%。

五、功率因数补偿

进行功率因数补偿主要包括：

（1）通过负荷计算选择电动机、变压器的容量、照明灯具启动器，降低线路感抗，提高用电单位的自然功率因数。

（2）当采用提高自然功率因数措施后仍达不到电网合理运行要求时，应采用并联电力电容器作无功补偿，功率因数不应低于 0.9。功率因数补偿应符合下列原则：

① 功率因数补偿宜采用就地补偿和变电所集中补偿相结合的方式。

② 设在配（变）电所内的集中补偿宜采用无功自动补偿装置，单相负荷多的供电系统采用分补加共补的方式。

③ 除消防设备、电梯、自动扶梯、自动步行道以外，45 kW 及以上、供电距离 30 m 以上负荷长期平稳的电动机设备宜采用就地补偿。

④ 当变电所母线电流最大相超过三相负荷电流平均值的 115%，最小相负荷电流小于三相负荷电流平均值的 85%时，宜采用分相电容器补偿。

⑤ 当补偿电容器所在线路谐波较严重时，低压电容器宜串联适当参数的电抗器或滤波装置，以减小出线电缆截面，提高供电质量。

六、导线截面

合理选择导体截面面积，负荷线路尽量短，以降低线路损耗。当供给连续运行用电设备的低压配电干线容量较大、线路较长时，可适当增加导体截面面积，也可用经济电流密度的方法选择导体截面面积。

七、计量

（一）电能量计量要求

计量电能量的要求主要包括：

（1）应选用计量检定机构认可的用电计量装置。

（2）由计算机监测管理的电能计量装置的检测参数，应包括电压、电流、电量、有功功率、无功功率、功率因数等。

（3）执行分时电价的用户，应选用具有分时计量功能的复费率电能计量或多功能电能计量装置。

（4）选择电流互感器时，应根据额定电压、准确度等级、额定变比和二次容量等参数确定，对负荷随季节变化较大的用户，建议采用负荷较宽的 S 级电流互感器。

（5）现场检验用标准器的准确度等级至少应比被检品高两个准确度等级，其他指示仪表的准确度等级应不低于 0.5 级，量限应配置合理。

（二）冷热量计量装置要求

冷热量计量装置的要求主要包括：

（1）冷热量计量装置产品的选用，须有《制造计量器具许可证》及产品准予生产、销售的核准文件，以保证产品使用的合法性。

（2）中央空调冷热量计量可选用"热量表"模式和"计时计费"模式，以实现中央空调的分户计量、按量收费。

（3）冷热量计量装置为复合型计量器具，热量表一般由流量计、温度传感器和能量计算器三部分组成，"计时计费"模式一般由计费器和抄表系统两部分组成。

（4）用于供、回水温度测量的铂电阻敏感元件应优先选用A级精度，供、回水温度传感器应配对，两者误差应大小相等且方向相反。

（5）冷热量表的精度要求：常用流量≥100 m³/h 的冷热量表应选用1级表，其余可根据实际情况选用2、3级表。

第二节　电气照明节能要点

照明节能所遵循的原则是在保证照明质量，为生产、工作、学习和生活创建良好的光环境的前提下，尽可能节约照明用电。为节约照明用电，国际照明委员会（International Commission on Illumination，CIE）提出了如下原则：

（1）根据实际工作需要决定照明水平。

（2）得到所需照度的节能照明设计。

（3）在满足显色性和相宜色表的基础上采用高光效光源。

（4）采用眩光在规定范围内的高效率灯具。

（5）室内表面采用高反射比的装饰材料。

（6）照明和空调系统的热结合。

（7）设置不需要时能关灯或调光的可变照明装置。

（8）人工照明同天然采光的综合利用。

（9）定期清洁照明器具和室内表面，建立换灯和维修制度。

从上述原则可以看出，照明节能是一项系统工程，要从提高整个照明系统的能效来考虑。在实施过程中应合理处理以下几方面的关系：

（1）照明节能与照度水平的关系。照度水平应根据工作、生产的特点和作业对视觉的实际要求来确定，不能盲目追求高照度，要遵循设计标准，因地制宜，提高技术和艺术水平。本着节能、环保、适用、经济、美观的原则，理性确定既切合实际需要、又节约用电的照度水平。

（2）照明节能与照明质量的关系。良好的照明质量包括良好的显色性能，相宜的色温，较小的眩光，比较好的照度均匀度，舒适的亮度比以及良好的维护性能。但是照明质量和能效是一对矛盾体，如过高地要求限制眩光、高显色性都将降低照明效率。当前的主要问题是：有些设计没有规定光源的色温和显色指数，由承包商随意选购，达不到最佳效果；另外，应用冷色温荧光灯管过多，有的甚至存在色温越高越亮的误解，造成与场所不适应，也影响光效的提高。在半导体发光二极管（LED）灯开始广泛应用的今天，往往单纯追求高效、低价，使用了过高色温和较低显色指数的LED灯都是不恰当的。设计时在保证良好的照明质量的前提下，应合理地选用高效光源、灯具和电器附件等。

（3）照明节能与装饰美观的关系。美的建筑装饰和美的景观照明是人们所需要的，但必须考虑以下两个因素：

① 根据不同条件（如不同城市环境，不同功能建筑）区别对待。

② 把美观和适用、节能环保、经济等因素结合和统一起来。

在公共建筑中，应根据具体条件处理美观要求，既要与建筑整体装饰相协调，又要正确处理与节能的关系，以寻求良好的光环境和较高的照明能效。当前，在某些照明设计中，存在忽视照明功能、不注重节能、片面追求美观的倾向。在高档的公共建筑，如高级宾馆、博物馆、剧场等的厅堂，较多地考虑照明装饰效果是可以的；而在一些功能性的场所，如办公室、教室、医院、图书阅览室、工业建筑等，则更应重视照明的视觉功能（照度、照明质量），符合节能的原则（执行规定的LPD限值），适当注意美观。

（4）照明节能与建设投资的关系。仅从节约建设投资的角度做照明经济分析是不够的，应做全面的经济评价。除投资外，还要评价光源或整个照明系统的节能水平，才能有利于推动节能，推广高效照明器材的应用。例如，高效节能产品通常价格要高一些；但如果按输出相同光通量值来比较光源价格，或按全寿命期经济分析来比较照明系统，计入照明初建投资费用和全寿命期内消耗电能的费用，那么高效光源和高效灯具系统等就具有明显的综合价格优势，不仅节能，还节省投资成本。

一、照明节能要求

照明节能设计应符合《建筑照明设计标准》（GB 50034—2013）、《建筑节能与可再生能源利用通用规范》（GB 55015—2021）的相关规定，其各类建筑照明功率密度值（LPD）不应大于上述2个标准的相关规定，LPD参数可详见附录表10~表26所示。

二、功率密度限值（LPD）的计算要求

功率密度限值（LPD）的计算要求主要包括：

（1）照明设计中不应将《建筑照明设计标准》（GB 50034—2013）中所规定的LPD限值作为计算照度的指标和确定光源数的依据。

（2）LPD限值的计算除考虑光源的功率之外，还应考虑整流器或灯具变压器的功率。

（3）设计时按规定对照度标准进行分级提高或降低，其LPD限值应按规定提高或降低。

（4）设有装饰性照明的场所，其装饰性照明安装容量50%应计入照明LPD限值的计算。

（5）LPD限值宜按下列公式计算：

$$LPD = \frac{E_{av}}{\eta s \cdot U \cdot K} \qquad (9\text{-}1)$$

式中：E_{av} ——平均照度（lm/m²），$E_{av} = \frac{\Sigma \Phi \cdot U \cdot K}{S}$；

ηs —— 房间或场所内装设光源（含整流器或灯具变压器）的平均光效（lm/W）

$(\eta s = \frac{\Sigma \Phi}{\Sigma P})$；

U ——光通量的利用系数；

K——灯具的维护系数，一般取 0.7~0.8；
$\Sigma\Phi$——房间或场所内装设光源的光通量总和（lm）；
ΣP——房间或场所内装设光源（整流器或灯具变压器）安装功率总和（W）；
S——房间或场所面积的总和（m²）。

（6）设有局部重点照明的商业营业厅，其照明功率密度值（LPD）可增加 5 W/m²。

三、室内照明光源及灯具的选择

室内照明光源及灯具的选择应符合《建筑照明设计标准》（GB 50034—2013）中的相关规定：

（1）一般照明场所不宜采用荧光高压汞灯，不应采用自镇流荧光高压汞灯，不宜采用白炽灯。

（2）在适合的场所应推广使用高光效、长寿命的荧光灯以及高压钠灯、金属卤化物灯。

（3）选择荧光灯光源时，除有功能和装饰上的特殊要求外，应尽量采用高光效荧光灯光源，宜优先选用三基色 T8、T5 管荧光灯和紧凑型荧光灯。所选光源的平均光效（含整流器或灯具变压器）T8、T5 管荧光灯不宜低于 75 lm/W，紧凑型荧光灯不宜低于 45 lm/W。

（4）在特殊情况下需采用白炽灯时，其额定功率不应超过 100 W。一般可采用白炽灯的场所包括：要求瞬时启动和连续调光且使用其他光源技术经济不合理的场所；对防止电磁干扰要求严格的场所；开关灯频繁的场所；照度要求不高且照明时间较短的场所；装饰有特殊要求的场所。

（5）办公、商业营业厅、超市、车库、教室、图书馆、设备用房等宜优先选用大功率直管型三基色荧光灯。

（6）室内空间高度大于 4.5 m 且对显色性有一定要求以及体育场馆的比赛场地因对照明质量、照度水平及光效有较高要求等场所，宜采用金属卤化物灯。

（7）除有功能和装饰上的特殊要求外，在满足眩光限制和照明均匀度条件下，应优先选用效率高的灯具，宜选用敞开直接型照明灯具，不宜选用带保护罩的包合式灯具。

（8）办公建筑中设有集中空调的房间，可采用照明与空调一体化灯具。

四、室外照明光源及灯具的选择

室外照明光源及灯具的选择应满足以下内容：

（1）室外照明光源不应采用白炽灯，当有特殊需要时，其额定功率不应大于 100 W。

（2）功率大于 100 W 的室外照明光源，其光源光效不应低于 60 lm/W。

（3）除有特殊要求外，应优先选用高效气体放电灯、LED 灯及其他新型高效光源。

（4）居住区道路、公共建筑周围道路及庭院照明、景观照明一般首选小功率金属卤化物灯，次选紧凑型荧光灯和细管径荧光灯，一般情况下不选用白炽灯。

（5）建筑物立面照明的外照明一般选用金属卤化物灯或高压钠灯；建筑物立面照明的内光外透照明可选用细管荧光灯。建筑物轮廓照明可选用 5~9 W 紧凑型荧光灯或高效的发光二极管、LED 灯带等。

（6）在满足眩光限制条件下，应优先选用效率高的灯具。一般情况下首选敞开式直接型照明灯具，不宜选用带保护罩的包合式灯具。

（7）根据不同的现场状况、功能要求，选择光利用系数高的灯具。

（8）应选用具有光通量维持率高的灯具。

五、镇流器的选择标准

镇流器的选用除应符合《建筑照明设计标准》(GB 50034—2013)中 3.3.6 条的规定外,还应符合下列要求:

(1)荧光灯单灯功率因数不应小于 0.9。
(2)除荧光灯外的其他高强气体放电灯功率因数不应小于 0.85。

六、照明控制方式

(一)建筑物照明的控制要求

建筑物照明的控制要求主要包括:

(1)应根据照明使用特点、照明功能、场所标准、使用要求等具体情况,对照明系统进行分散、集中、自动、经济实用、合理有效的控制。

(2)对于小开间房间,可采用智能化面板开关控制,每个照明开关所控光源数不宜太多,每个房间的开关数不宜小于两个(只设置 1 个光源的除外)。

(3)功能复杂、照明环境要求较高的建筑物,宜采用专用智能照明控制系统。该系统应具有相对的独立性,宜作为 BA 系统的子系统,应与 BA 系统有接口。建筑物仅采用 BA 系统而不采用专用智能照明控制系统时,公共区域的照明宜纳入 BA 系统控制范围。大中型建筑,按具体条件采用集中或分散的、多功能或单一功能的自动控制系统;高级公寓、别墅宜采用智能照明控制系统。

(4)应急照明应与消防系统联动,保安照明应与安防系统联动。

(二)建筑物功能照明的控制

对建筑物功能照明的控制主要包括:

(1)体育场馆比赛场地应按比赛要求分级控制,大型场馆宜做到单灯控制。

(2)候机厅、候车厅、港口等大空间场所应采用集中控制,并按天然采光状况及具体需要采取调光或降低照度的控制措施。

(3)影剧院、多功能厅、报告厅、会议室及展示厅等宜采用调光控制。

(4)博物馆、美术馆等功能性要求较高的场所应采用智能照明集中控制,使照明与环境要求相协调。

(5)宾馆、酒店的每间(套)客房应设置节能控制开关。

(6)大开间办公室、图书馆、厂房等宜采用智能照明控制系统,在有自然采光区域宜采用恒照度控制,靠近外窗的灯具随着自然光线的变化,自动点亮或关闭该区域内的灯具,保证室内照明的均匀和稳定。

(三)走廊门厅等公共场所照明的控制

对走廊门厅等公共场所照明的控制主要包括:

(1)公共建筑如学校、办公楼、宾馆、商场、体育场馆、影剧院、候机厅、候车厅和工业建筑的走廊、楼梯间、门厅等场所的照明,宜采用集中控制,并按建筑使用条件和天然采光状况采取分区、分组控制措施。

（2）住宅建筑等的楼梯间、走道的照明，宜采用节能自熄开关，节能自熄开关宜采用红外移动探测加光控开关，应急照明应有应急时强制点亮的措施。

（3）旅馆的门厅、电梯、大堂和客房层走廊等场所，采用夜间定时降低照度的自动调光装置。

（4）医院病房走道，应采用夜间能关掉部分灯具或降低照度的控制措施。

（四）道路照明和景观照明的控制

对道路照明和景观照明的控制主要包括：

（1）道路照明应根据所在地区的地理位置和季节变化合理确定开关灯时间，并应根据环境亮度变化进行必要修正，宜采用光控和时间控制相结合的智能控制方式。

（2）道路照明采用集中遥控系统时，终端宜具有在通信中断的情况下自动开关的控制功能；在采用光控、程控、时间控制等智能控制方式时，应具有手动控制功能；同一照明系统内的照明设施应分区或分组集中控制。

（3）道路照明采用双光源时，在"深夜"模式应能关闭一个光源；采用单光源时，宜采用恒功率及功率转换控制，在"深夜"能转换至低功率运行。

（4）景观照明应具备平日、一般节日、重大节日开灯控制模式。

（五）房间或场所装设有两列或多列灯具的控制

对房间或场所装设有两列或多列灯具的控制主要包括：

（1）所控灯列与侧窗平行。

（2）生产场所按车间，工段或工序分组。

（3）电化教室、会议厅、多功能厅、报告厅等场所，按靠近或远离讲台分组。

（六）特殊场所照明的控制

对特殊场所照明的控制主要包括：

（1）天然采光良好的场所，按该场所环境照度自动开关灯光或调光。

（2）个人使用的办公室，可采用人体感应或微波感应等方式自动开关灯。

七、充分利用自然光源

充分利用自然光源主要包括：

（1）充分利用自然光。有条件时，宜随室外自然光的变化自动调节人工照明照度；宜利用各种导光和反光装置将自然光引入室内进行照明；宜利用太阳能作为照明能源。

（2）根据工程的地理位置、日照情况来进行经济、技术比较，合理地选择导光或反光装置。对日光有较高要求的场所采用主动式导光系统；一般场所可采用被动式导光系统。

（3）采用自然光导光或反光系统时，必须同时采用人工照明措施，人工照明的设计和安装应遵循国家及行业相关标准和规范。自然光导光、反光系统只能用于一般照明，不可用于应急照明。

（4）采用自然光导光或反光系统时，宜采用照明控制系统对人工照明进行自动控制，有条件时可采用智能照明控制系统对人工照明进行调光控制。当自然光对室内照明达不到照度要求时，控制系统自动开启人工照明，直到满足照度要求。

第三节　设备选型节能要点

电气设备选型节能措施主要是指为了达到更好的节能环保效果设计要求，将电气节能设备设施应用于电气系统中，可体现出绿色设计理念。从目前的电气设备使用分析发现，一些自动化、智能化的设备设施应用到供配电系统中，实现了能源节约的有效控制，起到了较好的节能效果。为了达到绿色节能环保的要求，需采用更高标准的节能电气设备，有效地将新能源与节能技术结合在一起，降低能源消耗，节约更多的能源资源，开发出更多的绿色能源技术。电气设备中，电动机的用电量占到总用电量的60%以上，因此设备选型的节能措施主要体现在电动机的选型和控制措施上。对于空调系统设备、通风系统设备、采暖系统设备、给排水系统设备，则主要体现在系统的节能控制措施方面。

一、电动机选型及其起动和运行规定

为了达到高效节能的目的，应选用高效节能的电动机，风机、泵类负载宜选用普通鼠笼型电动机。电动机选型及其起动和运行的相关规定主要包括：

（1）电动机功率的选择，应根据负载特性和运行要求，使之工作在经济运行范围内。电动机的负荷率宜为 0.8~0.9。

（2）功率在 200 kW 及以上的电动机，宜采用 10（6）kV 高压电动机。

（3）应符合《通用用电设备配电设计规范》（GB 50055—2011）第 2.2.3 条第 1 款的规定时，电动机启动应优先采用直接起动方式。

（4）当电动机采用降压起动方式时，宜采用恒频变压软启动器。

（5）异步电动机采用调压节能措施时，需经综合功率损耗、节约功率计算及起动转矩、过载能力的校验，在满足机械负载要求的条件下，使电动机工作在经济运行范围内。

（6）在安全、经济、合理的条件下，异步电动机宜采取就地补偿无功功率，提高功率因数，降低线损。

（7）当采用变频器调速时，电动机的无功电流不应穿越变频器的直流环节，不可在电动机处设置补偿功率因数的并联电容器。

（8）功率在 50 kW 及以上的电动机，应单独配置电压表、电流表、有功电能表，以便监测与计量电动机运行中的有关参数。

二、电梯的选择和控制要求

电梯的选择和控制要求主要包括：

（1）应根据建筑性质、楼层、服务对象和功能要求进行电梯客流分析，合理确定电梯的

配置方案（如型号、台数、运行速度、信号控制）和管理方案。

（2）当装有两台电梯时，应选择并联控制方式；当装有3台及以上电梯时，应选择群控控制方式。

（3）在一段时间内，无呼梯及轿内指令时，应能自动切断照明和风扇电源。

（4）自动扶梯与自动人行道在全线各段均为空载时，应能自动暂停或低速运行。

三、空调系统的选择和控制要求

（一）冷冻水系统

空调系统中的冷冻水系统的选择和控制要求主要包括：

（1）当冷水机组自身控制条件允许时，宜对冷水机组出水温度进行优化设定。

（2）冷水机组的冷水供、回水设计温差不应小于5℃。在技术可靠、经济合理时，宜将运行参数和控制参数做相应调整，加大冷水供、回水温差，减少流量，实现节能。

（3）间歇运行的空气调节系统，宜采用按预定时间进行最优起动、停止等节能控制方式。

（4）根据冷冻水供、回水温差及流量值，自动监测建筑物实际消耗冷量，优化设备运行台数和运行顺序的控制。

（5）采用空调变流量系统时，变速泵不宜采用流量作为被控参数。

（6）当空调变流量系统采用变速泵时，供、回水总管上不宜设置旁通电动阀。

（7）当空调水系统末端设备采用电动三通阀时，空调水系统不应设置压差旁通控制。

（8）对于一次泵系统，需确定下列参数：

① 冷水机组的运行台数。对于规模较小、负荷侧流量变化不大的工程，可根据回水温度（或供、回水温差）调节机组运行台数，调节方式分为自动调节、手动调节。对于规模较大、负荷侧流量变化较大、自动化程度要求较高的工程，应优先确定采用冷量控制机组的运行台数，设计时应给出分台数控制的边界条件，水机组及相关设备应有相应的起、停联锁。

② 冷冻水泵的运行台数。与冷水机配套的水泵通常采用一机对一泵，冷冻水泵运行台数也可根据冷量变化确定。

（9）冷冻水泵变频调节控制。经过对设备的适应性、控制系统方案等技术论证后，在确保系统安全可靠且具有较大节能潜力和经济性的前提下，可采用与控制设备相适应的变频调节控制方式，并与采用变速调节控制的冷水机组的频率相协调。根据供、回水压差，控制冷冻水泵的转速、对具有陡降型特性曲线的水泵，采用压差控制方式较有利。应设置冷冻水泵的最低频率，最低频率与水泵的堵转频率和冷水机组最小流量有关。一台变频器宜控制一台水泵，多台水泵并联运行时，其频率宜相同。空调水系统的末端应采用电动二通阀进行控制。

（10）对于二次泵系统，需确定下列参数：

① 冷水机组的运行台数。根据一次环路的供、回水温差和流量计算出冷量的实际需求，确定冷水机组运行台数。

② 初级泵的运行台数。与冷水机组台数的控制方式相同，通常初级泵与冷水机组联锁启停。

③ 次级泵的运行台数。对于具有陡降特性曲线的水泵,可采用压差控制确定其运行台数,

但系统转换的稳定性和控制精度受到限制。根据用户侧测定的流量值与次级泵设定流量值相比较的结果，确定次级泵运行台数。

④ 次级泵变速调节控制比。采用变速调节控制方法比采用水泵台数控制方法更节能。宜采用供、回水压差或系统出口总管压力信号进行控制。在保证供、回水温差的同时，也可根据典型立管环路末端最不利处压差信号进行控制。采用变速调节控制时，其运行水泵的频率宜相同。应设置最低频率，以防止水泵堵转。二次泵空调水系统的末端应采用电动二通阀进行控制。

（二）冷却水系统

冷却水侧的变频调节控制方式和调速范围应充分考虑冷水机组的效率，同时兼顾冷水机组和冷却塔的最小流量的要求。

（1）冷却水泵的变频调节控制。

① 根据冷却水供、回水温度及温差，控制冷却水泵的转速。当温度仍高于设定值时，应增加冷却塔风机运行的台数或提高风机的转速。

② 一台变频器宜控制一台水泵。多台水泵并联运行时，其频率宜相同。

（2）冷却塔风机的节能控制。

① 冷却塔风机的运行台数。根据冷却水回水温度确定冷却塔风机运行的台数。

② 冷却塔的变频调节控制。根据冷却水进水温度控制冷却塔风机运行的速度，在条件允许时可采用一台变频器控制多台冷却塔风机。

（3）对冬季或过渡季存在一定供冷量需求的建筑，在室外气候条件允许时采用冷却塔直接提供空调冷水方式。关闭冷水机组及相关的电动蝶阀，开启板式换热器相关电动蝶阀，实现冷水机组与板式换热器之间的切换。

（三）水源热泵系统

空调系统中的水源热泵系统的选择和控制要求主要包括：

（1）当循环水温度 $T \geq 30\ ℃$ 时，自动切换为夏季工况，启动并运行冷却水系统。

（2）当循环水温度在 $20\ ℃ \sim 30\ ℃$ 时，通常认为是过渡季节，冷却水系统和辅助热源系统自动关闭。

（3）当循环水温度 $T \leq 13\ ℃$ 时，自动切换为冬季工况，辅助热源系统工作。

（4）根据循环水温度，控制循环水泵的转速和冷却塔运行台数或转速。控制转速时，应设置最低频率，以防堵转。

（5）水源热泵系统的其他配套设备的控制内容与上述相似。

（四）冰蓄冷系统

空调系统中的冰蓄冷系统的选择和控制要求主要包括：

（1）冰蓄冷系统常用的运行工况包括：蓄冰装置单独供冷，制冷机单独供冷，制冷机与蓄冰装置联合制冷等。工况的转换宜通过对阀门和水泵的自动控制来实现。

（2）冰蓄冷系统控制策略主要包括：

① 蓄冷装置优先，以蓄冷装置融冰供冷为主。当空调负荷大于蓄冰装置的融冰能力时，启动制冷机补充冷量。此方法节省电费，但运行控制复杂。

② 制冷机优先，以制冷机制冷为主。当空调负荷大于制冷机容量时，启动蓄冷装置补充冷量。此方法控制简单、运行可靠，但蓄冷装置利用率较低，节省电费不多。

③ 冰蓄冷系统应对冰槽的进出口溶液温度、蓄冰槽的液位、调节阀的阀位以及流量等进行监测。

④ 冰蓄冷系统的二次冷媒侧换热器应设置防冻保护控制。

⑤ 开式系统宜在回液管上安装压力传感器和电动阀控制。

（五）热交换系统

空调系统中的热交换系统的选择和控制要求主要包括：

（1）根据二次侧出水温度值与设定值之差，通过电动阀自动调节一次侧热媒的流量。

（2）根据二次侧供、回水压差控制压差旁通阀的开度，维持压差在设定的范围内。

（3）根据二次侧供、回水温差和流量，确定热水泵运行台数。

（4）根据二次侧供、回水压差控制热水泵的转速，保持压差在设定的范围内。

（5）多台热交换器及热水泵并联设置时，在每台热交换器的二次侧进水处设置电动蝶阀。根据二次侧供、回水温差和流量，调节热交换器的台数。

（6）根据二次侧供、回水温差和流量，自动监测建筑物实际消耗热量，优化设备运行台数和运行顺序的控制，并可作为计量和经济核算的依据。

（7）热水泵停止运行时，一次侧电动阀应关闭，二次侧电动蝶阀也应关闭。

（8）当采用市政热源时，一次侧可采用电动二通阀调节流量。当单独设置锅炉提供热源时，必须采用电动三通阀进行流量调节。

（六）通风及空气调节系统

空调系统中的通风及空气调节系统的选择和控制要求主要包括：

（1）以排除房间余热为主的通风系统，宜根据房间温度控制通风设备的运行台数或转速。

（2）地下停车库的通风系统控制方式：

① 定时启停风机（运行台数）。

② 根据车库内 CO 浓度自动控制风机启、停和运行台数。

（3）当采用人工热、冷源对建筑物进行预热或预冷时，通风系统应能自动关闭。当采用室外空气进行预冷时，应尽量利用通风系统。

（4）在人员密度相对较大且变化较大的房间，宜设 CO_2 浓度检测装置，根据室内 CO_2 浓度值调节风机的速度，使其浓度始终保持在卫生标准规定的限值内。

（5）系统过滤网两端压差超过设定值时报警，提示清洗或更换过滤网，以减少风机能耗，并应设置强制停机的功能。

（6）当排风系统采用转轮式热回收装置时，风机及转轮等宜联动控制。

（7）中央管理工作站，根据昼夜室外温湿度参数和事先排定的工作及节假日作息时间表等，自动或手动修改最小通风比、送风参数和室内温湿度参数等设定值。

（8）新风机组的节能控制方式：

① 根据送风温度与设定值之差，自动调节电动阀的开度。

② 根据送风湿度与设定值之差，自动调节加湿阀。

③ 风机启停与通风风门、电动阀应设开闭联锁。

（9）空调机组的节能控制方式：

① 根据回风或室内温度与设定值之差，自动调节电动阀的开度。

② 根据回风或室内湿度与设定值之差，自动调节加湿阀。

③ 风机启停与风门、电动阀应设开闭联锁。在有回风的系统中，通风阀、回风阀应联锁控制。

④ 根据回风 CO_2 浓度，调节送风、回风和排风阀的开度，在满足卫生标准规定的条件下，应确定在最小送风比下运行。

⑤ 根据室内外焓值的比较结果，自动调节送风、回风和排风阀的开度，并结合室内外干球温度，确定变送风比焓值控制方式。

⑥ 在室外温度低于室内温度时，应充分利用室外的低温调节室内温度。焓差控制器通过比较室外温度及回风温度高低控制各风阀开度。风量控制，可采用自动、手动或两者相结合方式，根据温（湿）度的检测值，经过风阀和变速双重调节，达到设定的室内温湿度。

（10）风机盘管的节能控制方式：

① 手动控制风机三速开关和风机启停。

② 手动控制风机三速开关和风机启停，电动水阀由室内温控器自动控制。

③ 风机启停与电动水阀应设联锁。

④ 冬夏均运行的风机盘管，其温控器应设季节转换：温控器设置手动转换开关；对于二管制系统，通过在风机盘管供回水管上设置箝形温度开关，实现季节自动转换功能。在条件允许时，实现统一集中的季节转换。

⑤ 通过灯光智能控制装置或客房智能控制器等，实现对风机盘管的三速开关及电动水阀的集中控制，满足房间温度的自动调整和不同温度模式的设定。

⑥ 房间温控器应置于方便操作的位置，但不应靠近热源、灯光及外墙，也不应将温控器设置在床头柜等封闭空间中或集中放置。

（七）变风量控制系统

采用变风量系统时，风机应优先采用变速控制方式，并对系统最小风量进行控制。风机变速控制的方法主要包括：

（1）总风量控制法。根据所有变风量末端装置的实时风量之和，控制风机转速，调节送风量，此方法较容易实现。

（2）变静压控制法。此方法应尽可能使送风管道静压值处于最小状态，对技术和软件要求较高，是最节能的方法，只有经过充分的论证和有技术保障时方可采用。

（3）定静压控制法。该方法根据送风静压值控制风机转速，具有控制简单、运行稳定的优点，但节能效果不如前两种方法。

（八）中央空调变流量控制系统

空调系统中的中央空调变流量控制系统的选择和控制要求主要包括：

（1）冷冻水控制子系统。变流量控制器设定冷冻水供、回水温度，并且根据回水温度控制冷冻水泵的转速，调整冷冻水流量，使冷冻水供水温度保持在该设定值。

（2）冷却水控制子系统。变流量控制器设定冷冻水供、回水温度（即供、回水温差为特定值），变流量控制器根据供、回水温度和温差，控制冷冻水泵的转速，调整冷却水流量。

（3）冷却塔风机控制子系统。变流量控制器设定冷却水回水温度，变流量控制器根据进水温度变化，控制冷却塔风机的转速，使冷却水的进水温度保持在设定值。

（4）中央控制系统对系统的参数进行优化设置，监测系统的运行状态，统一协调各子系统的控制，提供系统运行管理的各项功能。

（5）中央控制系统对冷水机组只监测不控制。在冷水机组开放通信协议时，可以实现启停控制，并可根据空调系统的运行状态和控制模式的要求对冷水机组的参数进行优化设置。

四、给排水系统

（一）要　点

给排水系统的控制要点主要包括：

（1）为实现给排水系统的节能控制，应对生活给水、回水及排水系统的水泵、水箱（水池）的水位及系统压力进行监测。

（2）应根据水位及压力状态，自动控制相应水泵的启停，自动控制系统主、备用泵的启停顺序。

（3）应对系统故障、超高（低）水位及超时间运行等进行报警。

（二）给水系统

给水系统的控制要点主要包括：

（1）高位水箱给水系统。对高位水箱的水位采用液位变送器进行测量，根据高位水箱的水位测量结果，自动控制给水系统的启停，监视溢流水位、低水位并报警。对生活水池水位采用液位变送器进行测量，监视溢流水位、低水位并报警，根据溢流水位报警信号自动停止给水泵，根据低水位报警信号自动启动给水泵。监视水泵的运行、故障及手/自动状态，自动累计设备运行时间，确定主、备用泵的轮换并做出维护提示。

（2）恒压变频给水系统的控制。由压力测量变送器测量水管出口压力，控制水泵的启停，调节给水泵的转速，以保持供水厂压力的恒定。监视变频器的工作状态、故障状态、频率状态、频率控制、变频器电源开关控制等。多台水泵并联供水时，可采用调速泵、定速泵混合供水，调速泵及定速泵应有轮换控制。监视水泵的运行、故障及手/自动状态，自动累计设备运行时间，确定主、备用泵的轮换并做出维护提示。对水箱（水池）的水位采用液位变送器进行测量，监视溢流水位、低水位并报警，根据溢流水位报警信号自动停止给水泵，根据低水位报警信号自动启动给水泵。

（3）中水恒压变频供水系统的控制。中水恒压变频供水系统的控制要求与恒压变频给水系统基本相同，并应增加根据中水水箱的液位控制自来水补水电磁阀的功能。

（三）排水系统

排水系统的控制要点主要包括：

（1）根据集水坑（池）液位的高低，自动控制相应的排水泵的启停，并对溢流水位发出报警。

（2）监视水泵的运行、故障及手/自动状态，自动累计设备运行时间，做出维护提示。

（3）排水系统的各种水泵的控制也可根据物业管理的具体要求采用定时、定水位的控制方式。

第四节 可再生能源利用

2005年，《中华人民共和国可再生能源法》从法律上明确了产业指导与技术支持、推广与应用、价格管理与费用分摊、经济激励与监督等措施方案，明确了国家鼓励各种所有制经济主体参与可再生能源的开发利用，依法保护其合法权益。

2013年，国家电网公司发布《关于做好分布式电源并网服务工作的意见》，对分布式电源作出规定：位于用户附近，所发电能就地利用，以10 kV及以下电压等级接入电网，且单个并网点总装机容量不超过6 MW的发电项目，包括太阳能、天然气、生物质能、风能、地热能、海洋能、资源综合利用发电等类型。

2013年，国家发展改革委颁布了《分布式发电管理暂行办法》（发改能源[2013]1381号），为推动分布式发电应用，促进节能减排和可再生能源发展，给出了分布式发电的定义、分布式能源的种类、适用的范围。

一、风力发电系统

风力发电系统是在一定风速下发电，经逆变器转换至配电电压直接供电或经变压器并入电网的机电转化系统。风能转化为电能的容量可分为：

（1）小型风力发电机组。功率在10 kW以下，一般采用离网型控制器，对风速的适应范围广，对气候环境的适应能力强，维修简便，技术成熟，适合于家庭和边远地区的用电负荷点。考虑到风能的不连续性和不稳定性，需要配备蓄电装置。

（2）中型风力发电装置。功率在10~100 kW之间，具有离网型和并网型控制能力。

（3）大型风力发电装置。单机功率在100 kW以上，主流产品功率在500~1 500 kW。

我国风力资源主要分布在东南沿海及附近岛屿、内蒙古、新疆和甘肃河西走廊，以及华北和青藏高原的部分地区。

对于风力发电机，当风速达到3~4 m/s时可并网发电（该风速又称切入风速），当风速为10~16 m/s时可达到满载发电（该风速又称额定风速）。风速不应超过风机的最大耐风速要求。

二、太阳能光伏发电系统

（一）概　述

太阳能可转化为多种形式的能源，主要包括：

（1）太阳能转换为热能，如太阳能热发电，太阳能热水器，太阳能干燥，太阳能养殖，太阳能温室大棚，太阳灶和海水淡化等。

（2）太阳能转换为化学能，如太阳能裂解水制氢、太阳能光催化降解有机污染物等。

（3）太阳能转换为电能，如光伏发电、太阳能水泵、太阳能空调和智能建筑光电光热一体化等。

太阳能光伏发电系统是利用光伏电池板将光照辐射转化为直流电，供直流负载，或经逆变器转化为交流电供交流负载。系统配置因应用的场合和负载的不同有很大差别，比如太阳能路灯，牧民家用太阳能系统，与建筑物结合的光伏发电系统，大型地面电站。

太阳能光伏发电系统具有明显的节能减排特征。以太阳能资源丰富地区 1 MW 并网太阳能电站为例，预计年发电量约为 $9.8 \times 10^5 \, kW \cdot h$，相当于年节约标煤约 330 t，减排粉尘约 4.8 t，减排灰渣约 101 t，减排二氧化碳约 170 t，减排二氧化硫约 7.68 t。

太阳能光伏发电的特点：无噪声、无污染、无排放、无燃料、维护简单、运行可靠等。但光伏电池板生产需要较大耗能，独立光伏发电系统要求较大容量蓄电池，其环保性能必须统一考虑。

光伏电池可分为晶体硅电池和薄膜电池两大类。

太阳能光伏发电有三种：

（1）孤网发电，需要配置蓄电池储能。

（2）并网发电，不使用蓄电池，直接与公用电网并网。

（3）微电网发电，可并网也可孤网运行。

（二）独立光伏发电系统

独立光伏发电系统的基本原理：光伏电池产生的电能通过控制器给蓄电池充电或者直接给负载供电，日照不足或夜间由蓄电池通过控制器给直流负载供电。对于交流负载，需增加逆变器将直流电转换成交流电。独立发电系统一般由太阳板、控制器、蓄电池、逆变器等组成，应用于农村用电、通信和工业应用（微波站、交通信号、阴极保护等）、太阳能路灯、草坪灯等。

（三）并网光伏发电系统

并网光伏发电系统一般由光伏组件、汇电箱、并网逆变器、监控系统和双向电能计量装置构成，发出的直流电经逆变器转成交流电输送到电网，不需蓄电池储能。并网逆变器具有电压幅度和相位自动跟踪功能，能够跟随电网电压幅度和相位的微小波动而自动调整，不会对电网质量造成影响。目前国际上 90% 以上的太阳能光伏系统采用并网发电。

光伏并网发电按照实际应用分为两类：一类是接入配电网和用户侧的光伏发电系统，另一类是大规模光伏电站。

光伏电站采用的光伏组件的安装形式有固定式、单轴式、双轴式和跟踪式四种。跟踪式光伏组件始终保持垂直的日照角，发电效率最高。

（四）与建筑结合的光伏发电系统

与建筑结合的光伏发电系统，一种方式是把封装好的光伏组件安装在建筑物的屋顶上（Building Attached Photovoltaic，BAPV），组成光伏发电系统。另一种方式是将光伏器件与建筑材料集成化，如将太阳光伏电池制作成光伏玻璃幕墙、太阳能电池瓦等，即光伏建筑一体化（Building Integrated Photovoltaic，BIPV）。这样既可开发和应用新能源，又与建筑功能装饰美化合为一体，达到节能环保效果。

光伏与建筑结合的 BAPV 主要附着在已建的建筑物上。BIPV 主要应用于新建的住宅、公共建筑和工厂的幕墙、外墙、遮阳棚、天井或屋顶等处，具有以下优点：节省用地，原地发电节省电能输送损耗，可缓解高峰用电，夏季遮阳降低室内温度，无空气污染和废渣污染，使建筑外观更美观。

（五）聚光太阳电池发电

聚光太阳电池发电采用聚光棱镜、透镜或反射镜面等光学元件，将更多的阳光汇集到光伏面板上的发电技术。这种发电方式具有如下特点：采用定日跟踪技术，发电量更多，发电效率可达 40.7%；不受硅材料限制；占地面积小。根据放大倍数的不同，聚光太阳电池有 2、4、8、10 倍，甚至 1000 倍聚光的太阳电池。

（六）太阳能光热发电

太阳能光热发电按照太阳能采集方式可分为槽式发电、塔式热发电、碟式热发电。

（1）槽式发电是采用大面积的槽式抛物面反射镜将太阳光聚焦反射到线形接收器（集热管）上，将管内水加热成蒸汽，在热转换设备中产生高压、过热蒸汽，送入蒸汽涡轮发电机发电。功率多为 10~1 000 MW，是目前太阳能热发电功率最大的。为了保证发电的稳定性，通常在发电系统中加入化石燃料发电机，当太阳光不稳定时补充发电。

（2）塔式发电是在空旷的地面上建立一座高大的中央吸收塔，塔顶上安装一个吸收器，塔的周围安装一定数量的定日镜，将太阳光聚集到塔顶的接收器腔体内产生高温，再加热工质产生高温蒸汽发电。蓄热系统可获得持续的高温蒸汽，保证供电的连续性，能效更高，但发电成本较高。

（3）碟式太阳能热发电是目前太阳能发电效率最高的系统。其主要特征是采用碟状抛物面镜聚光集热器，可使传热工质加热到 750 ℃ 左右，驱动发动机进行发电。此系统可以独立运行，一般功率为 10~25 kW，聚光镜直径约 10~15 m。也可用于较大的用户，把数台至数十台装置并联起来，组成小型太阳能热发电站。

视频：太阳能热发电技术

（七）多能源分布式发电系统

多能源分布式发电系统由风力发电机、光伏电池和柴油发电机等多种能源发电单元组合，匹配蓄能单元及负载单元，具备一定的微电网特性，总装机容量整合在几兆瓦以内。

选择多能源主要考虑不同类型能源间的互补特性。例如：风能和太阳能受地理分布、季节变化和昼夜交替等影响，在时间、地域和经济方面能够产生一定的互补性。夏季光线强风速小，冬季光线弱风速强，因此风光互补发电具有资源互补特性。

系统中的储能单元和柴油发电机单元，能够平衡太阳光及风速波动导致的电能波动，补偿电网系统中的电压骤降或突升，也能在风、光发电不足时提供一定的电力；当长时间风、光不能发电时，柴油发电机单元将自动起动。比储能系统费用要低很多。

多能源分布式发电系统以绿色环保、供电安全等优势成为各类分布式发电系统中的一个发展方向，非常适用于人员分散、风光资源丰富的边防海岛地区。主要应用在以下三个方面：

（1）通信和工业场所。如微波中继站、卫星通信和卫星电视接收系统、农村程控电话系统、部队通信系统、铁路和公路信号系统、灯塔和航标灯电源、气象地震台站、水文观测系统等农村、军用和边远地区。

（2）独立光伏电站、小型风光互补发电系统、太阳能户用系统、大型畜牧业基地、海岛、边防哨所等。

（3）商业和公共领域。如酒店、旅社、加油站、大型充电停车场、公园等。

三、冷热电三联供技术

（一）燃气冷热电三联供系统

燃气冷热电三联供系统（Combined Cooling，Heating and Power，CCHP）是指以天然气为主要燃料带动燃气轮机或内燃机发电机，系统排出的废热通过余热回收利用设备（如余热锅炉或者余热直燃机等）向用户供热、供冷的系统。该系统是由小型燃气轮机（或内燃机）、余热锅炉、溴化锂制冷机组成的小型供能系统，提供电、热、冷，实现了能量的梯级合理利用，可大幅度提高燃料的利用价值，综合能源利用率可达 80%。

冷热电三联供系统的技术优势：

（1）与传统长距离输电相比，它还能减少 6%~7%的输电线损。

（2）对燃气和电力有双重削峰填谷作用。

（3）兼容性强：三联供技术可与储能、太阳能、热能、智能网络等能源新技术有机结合。分布式能源因地制宜，利用项目周边的资源，能够有效地结合相适宜的能源新技术，打造最适宜项目的能源供应系统。

（二）常见冷热电三联供系统的机组形式

燃气冷热电三联供系统主要由发电设备、余热利用设备以及冷热调峰设备组成。

思考与练习

9-1　供电系统节能有何现实意义？

9-2　供配电系统可以从哪些方面节约能源？

9-3　LPD 值是指的什么指标？为了使 LPD 值达到要求，需要从哪些方面考虑照明系统节能措施？

9-4　BAS 系统如何实现设备的节能控制？

9-5　可再生能源主要有哪些？各有什么优缺点？

参考文献

[1] 刘介才. 工厂供电[M]. 第6版. 北京：机械工业出版社，2021.
[2] 中国标准出版社. 中国国家标准汇编2018年修订-9[M]. 北京：中国标准出版社，2020.
[3] 莫岳平，翁双安. 供配电工程[M]. 第2版. 北京：中国机械工业出版社，2012.
[4] 李佑光，钟加勇，林东. 电力系统继电保护原理及新技术[M]. 第3版. 北京：科学出版社，2019.
[5] 王厚余. 低压电气装置的设计安装和检验[M]. 第3版. 北京：中国电力出版社，2019.
[6] 中华人民共和国国家质量监督检验检疫总局. 电工术语 低压电器：GB/T 2900.18—2008 [S]. 北京：中国标准出版社，2008.
[7] 中华人民共和国国家质量监督检验检疫总局.电工术语 发电、输电及配电运行：GB/T 2900.57—2008（IEC 60050-604：1987，MOD）[S]. 北京：中国标准出版社，2008.
[8] 中华人民共和国国家质量监督检验检疫总局. 电工术语 高压开关设备和控制设备：GB/T 2900.20—2016[S]. 北京：中国标准出版社，2016.
[9] 张惠刚. 变电站综合自动化系统原理与系统[M]. 北京：中国电力出版社，2004.
[10] 住房和城乡建设部工程质量安全监管司，中国建筑标准设计研究院. 全国民用建筑工程设计技术措施：电气[M]. 北京：中国计划出版社，2009.
[11] 住房和城乡建设部工程质量安全监管司，中国建筑标准设计研究院. 全国民用建筑工程设计技术措施：给水排水[M]. 北京：中国计划出版社，2009.
[12] 建设部工程质量安全监督与行业发展司,中国建筑标准设计研究院. 全国民用建筑工程设计技术措施节能专篇：暖通空调·动力[M]. 北京：中国计划出版社，2007.
[13] 住房和城乡建设部工程质量安全监管司,中国建筑标准设计研究院. 全国民用建筑工程设计技术措施：暖通空调·动力[M]. 北京：中国计划出版社，2009.
[14] 朗四维. 公共建筑节能设计标准宣贯辅导教材[M]. 北京：中国建筑工业出版社，2005.
[15] 陆耀庆. 实用供暖空调设计手册[M]. 第2版. 北京：中国建筑工业出版社，2008.
[16] 刘屏周. 工业与民用供配电设计手册[M]. 第4版. 北京：中国电力出版社，2016.
[17] 谢自强. 建筑节能设计[M]. 重庆：重庆大学出版社，2012.

附 录

附录表1　工业用电设备组的需要系数及功率因数

用电设备组名称	K_d	$\cos\varphi$	$\tan\varphi$
单独传动的金属加工机床			
小批量生产的金属冷加工机床	0.12～0.16	0.50	1.73
大批量生产的金属冷加工机床	0.17～0.20	0.50	1.73
小批量生产的金属热加工机床	0.20～0.25	0.55～0.60	1.51～1.33
大批量生产的金属热加工机床	0.25～0.28	0.65	1.17
锻锤、压床、剪床及其他锻工机械	0.25	0.60	1.33
木工机械	0.20～0.30	0.50～0.60	1.73～1.33
液压机	0.30	0.60	1.33
生产用通风机	0.75～0.85	0.80～0.85	0.75～0.62
卫生用通风机	0.65～0.70	0.80	0.75
泵、活塞型压缩机、空调设备送风机、电动发电机组	0.75～0.85	0.80	0.75
冷冻机组	0.85～0.90	0.80～0.90	0.75～0.48
球磨机、破碎机、筛选机、搅拌机等	0.75～0.85	0.80～0.85	0.75～0.62
电阻炉（带调压器或变压器）			
非自动装料	0.60～0.70	0.95～0.98	0.33～0.20
自动装料	0.70～0.80	0.95～0.98	0.33～0.20
干燥箱、电加热器等	0.40～0.60	1.00	0
工频感应电炉（不带无功补偿设备）	0.80	0.35	2.68
高频感应电炉（不带无功补偿设备）	0.80	0.60	1.33
焊接和加热用高频加热设备	0.50～0.65	0.70	1.02
熔炼用高频加热设备	0.80～0.85	0.80～0.85	0.75～0.62
表面淬火电炉（带无功补偿装置）			
电动发电机	0.65	0.70	1.02
真空管振荡器	0.80	0.85	0.62
中频电炉（中频机组）	0.65～0.75	0.80	0.75
氢气炉（带调压器或变压器）	0.40～0.50	0.85～0.90	0.62～0.48
真空炉（带调压器或变压器）	0.55～0.65	0.85～0.90	0.62～0.48
电弧炼钢炉变压器	0.90	0.85	0.62
电弧炼钢炉的辅助设备	0.15	0.50	1.73
点焊机、缝焊机	0.35	0.60	1.33
对焊机	0.35	0.70	1.02
自动弧焊变压器	0.50	0.50	1.73
单头手动弧焊变压器	0.35	0.35	2.68

续附录表

用电设备组名称	K_d	$\cos\varphi$	$\tan\varphi$
多头手动弧焊变压器	0.40	0.35	2.68
单头直流弧焊机	0.35	0.60	0.33
多头直流弧焊机	0.70	0.70	1.02
金属、机修、装配车间、锅炉房用起重机（ε=100%）	0.15~0.30	0.50	1.73
铸造车间用起重机（ε=100%）	0.25~0.60	0.50	1.73
联锁的连续运输机械	0.65	0.75	0.88
非联锁的连续运输机械	0.50~0.60	0.75	0.88
一般工业用硅整流装置	0.50	0.70	1.02
电镀用硅整流装置	0.50	0.75	0.88
电解用硅整流装置	0.70	0.80	0.75
红外线干燥设备	0.85~0.90	1.00	0
电火花加工装置	0.50	0.60	1.33
超声波装置	0.70	0.70	1.02
X光设备	0.30	0.55	1.52
电子计算机主机	0.60~0.70	0.80	0.75
电子计算机外部设备	0.40~0.50	0.50	1.73
实验设备（电热为主）	0.20~0.40	0.80	0.75
实验设备（仪表为主）	0.15~0.20	0.70	1.02
磁粉探伤机	0.20	0.40	2.29
铁屑加工机械	0.40	0.75	0.88
排气台	0.50~0.60	0.90	0.48
老练台	0.60~0.70	0.70	1.02
陶瓷隧道窑	0.80~0.90	0.96	0.33
啦单晶炉	0.70~0.75	0.90	0.48
赋能腐蚀设备	0.60	0.93	0.40
真空浸渍设备	0.70	0.95	0.33

附录表2 照明设备的需要系数

建筑类别	K_d	建筑类别	K_d
生产厂房（有天然采光）	0.80~0.90	体育馆	0.70~0.80
生产厂房（无天然采光）	0.90~1.00	集体宿舍	0.60~0.80
办公楼	0.70~0.80	医院	0.50
设计室	0.90~0.95	食堂、餐厅	0.80~0.90
科研楼	0.80~0.90	商店	0.85~0.90
仓库	0.50~0.70	学校	0.60~0.70
锅炉房	0.90	展览馆	0.70~0.80
托儿所、幼儿园	0.80~0.90	旅馆	0.60~0.70
综合商业服务楼	0.75~0.85		

注：此表摘自《工业与民用供配电设计手册》（第4版）。

附录表 3　民用建筑用电设备组的需要系数及功率因数

负荷名称	规模/台数	需要系数/K_d	功率因数	备注
照明	面积<500 m²	1.0~0.9	0.9~1.0	含插座数量、荧光灯就地补偿或采用电子镇流器
	面积 500~3 000 m²	0.9~0.7	0.9	
	面积 3 000~15 000 m²	0.75~0.55		
	面积>15 000 m²	0.7~0.4		
冷冻机房、锅炉房	1~3 台	0.9~0.7	0.8~0.85	
	>3 台	0.7~0.6		
热力站、水泵站通风机	1~5 台	0.95~0.8	0.8~0.85	
	>5 台	0.8~0.6		
电梯		0.5~0.2		此系数用于选择变压器容量的计算
洗衣机房厨房	≤100 kW	0.4~0.5	0.8~0.9	
	>100 kW	0.3~0.4		
窗式空调	4~10 台	0.8~0.6	0.8	
	10~50 台	0.6~0.4		
	50 台以上	0.4~0.3		
舞台照明	≤200 kW	1~0.6	0.9~1.0	
	>200 kW	0.6~0.4		

附录表 4　住宅用电负荷的需要系数（同时系数）

按单相配计算电时所连接的基本户数	按三相配计算电时所连接的基本户数	需要系数
1~3	3~9	0.90~1
4~8	12~24	0.65~0.90
9~12	27~36	0.50~0.65
13~24	39~72	0.45~0.50
25~124	75~372	0.40~0.45
125~259	375~777	0.30~0.40
260~300	780~900	0.26~0.30

注：此表摘自《民用住宅小区电力配置规范》（GB/T 36040—2018）。

附录表 5　用电设备组的二项式系数

用电设备组名称	二项式系数 b	二项式系数 c	最大容量设备台数 x
小批量生产的金属冷加工机床	0.14	0.4	5
大批量生产的金属冷加工机床	0.14	0.5	5
小批量生产的金属热加工机床	0.24	0.4	5
大批量生产的金属热加工机床	0.26	0.5	5
通风机、水泵、空压机及电动发电机组	0.65	0.25	5
非联锁的连续运输机械及铸造车间整砂机械	0.4	0.4	5
联锁的连续运输机械及铸造车间整砂机械	0.6	0.2	5
锅炉房、机加工、装配等类车间的吊车（$\varepsilon=25\%$）	0.06	0.2	3
铸造车间的吊车（$\varepsilon=25\%$）	0.09	0.3	3

附 录

续附录表

用电设备组名称	二项式系数 b	二项式系数 c	最大容量设备台数 x
自动连续装料的电阻炉设备	0.7	0.3	2
非自动连续装料的电阻炉设备	0.7	0.3	2
实验室用的小型电热设备（电阻炉、干燥箱等）	0.7	0	—
工频感应电炉（不带无功补偿设备）	—	—	—
高频感应电炉（不带无功补偿设备）	—	—	—
电弧熔炉	—	—	—
点焊机、缝焊机	—	—	—
对焊机、铆钉加热机	—	—	—
自动弧焊变压器	—	—	—
单头手动弧焊变压器	—	—	—
多头手动弧焊变压器	—	—	—
单头手动弧焊电动发电机组	—	—	—
多头手动弧焊电动发电机组	—	—	—

注：如果用电设备组的设备总台数 $n<2x$ 时，则最大设备容量台数取 $x=n/2$，并按四舍五入取整数。

附录表 6　自愈式低压并联电容器的主要技术数据

产品型号	额定容量/kvar	总电容量/μF	额定电流/A	产品型号	额定容量/kvar	总电容量/μF	额定电流/A
BSMJ0.4-40-3	30	597	43	BSMJ0.4-14-3	14	279	20
BSMJ0.4-25-3	25	497	36	BSMJ0.4-12-3	12	239	17
BSMJ0.4-20-3	20	398	29	BSMJ0.4-10-3	10	199	14
BSMJ0.4-18-3	18	358	26	BSMJ0.4-7.5-3	7.5	149	11
BSMJ0.4-16-3	16	318	23	BSMJ0.4-5-3	4.5	99	7
BSMJ0.4-15-3	15	298	22	BSMJ0.4-3-3	3	60	4

附录表 7　三相线路电线电缆单位长度每相阻抗值

类别		导线截面面积/mm²										
导体类别	导体温度/°C	6	10	16	25	35	50	70	95	120	150	185	240
		每相电阻/($\Omega\cdot km^{-1}$)											
铝	20	—	—	1.798	1.151	0.822	0.575	0.411	0.303	0.240	0.192	0.156	0.121
LJ 绞线	55	—	—	2.054	1.285	0.950	0.660	0.458	0.343	0.271	0.222	0.179	0.137
LGJ 绞线	55	—	—	—	—	0.938	0.678	0.481	0.349	0.285	0.221	0.181	0.138
铜	20	2.867	1.754	1.097	0.702	0.501	0.351	0.251	0.185	0.146	0.117	0.095	0.077
BV 导线	60	3.467	2.040	1.248	0.805	0.579	0.398	0.291	0.217	0.171	0.137	0.112	0.086
VV 电缆	60	3.325	2.035	1.272	0.814	0.581	0.407	0.291	0.214	0.169	0.136	0.110	0.085
YJV 电缆	80	3.554	2.175	1.359	0.870	0.622	0.435	0.310	0.229	0.181	0.145	0.118	0.091

续附录表

类别			导线截面面积/mm²										
			6	10	16	25	35	50	70	95	120	150	185	240
导线类型		线距/mm	每相电抗/(Ω·km⁻¹)											
LJ 裸铝导线		800	—	—	0.381	0.367	0.357	0.345	0.335	0.322	0.315	0.307	0.301	0.293
		1000	—	—	0.390	0.376	0.366	0.355	0.344	0.335	0.327	0.319	0.313	0.305
		1250	—	—	0.408	0.395	0.385	0.373	0.363	0.350	0.343	0.335	0.329	0.321
LGJ 钢芯铝绞线		1500	—	—	—	—	0.39	0.38	0.37	0.35	0.35	0.34	0.33	0.33
		2000	—	—	—	—	0.405	0.394	0.383	0.372	0.365	0.358	0.35	0.34
		3000	—	—	—	—	0.434	0.424	0.413	0.399	0.392	0.384	0.378	0.369
BV 导线	明敷	100	0.300	0.280	0.265	0.251	0.241	0.229	0.219	0.206	0.199	0.191	0.184	0.187
		150	0.325	0.306	0.290	0.277	0.266	0.251	0.242	0.231	0.223	0.216	0.209	0.200
	穿管敷设		0.112	0.108	0.102	0.099	0.095	0.091	0.087	0.085	0.083	0.082	0.081	0.080
VV 电缆（1 kV）			0.093	0.087	0.082	0.075	0.072	0.071	0.070	0.070	0.070	0.070	0.070	0.070
YJV 电缆		1 kV	0.092	0.085	0.082	0.082	0.080	0.079	0.078	0.077	0.077	0.077	0.077	0.077
		10 kV	—	—	0.133	0.120	0.113	0.107	0.101	0.096	0.095	0.093	0.090	0.087

注：1. 此表摘自《工业与民用配电设计手册》（第3版）。
2. 计算线路功率损耗与电压损失时取导线实际工作温度推荐值下的电阻值，计算线路三相最大短路电流时取导线在 20 ℃ 时的电阻值。

附录表8　10×(1±5%)/0.4 kV 三相双绕组无励磁调压油浸式电力变压器技术数据

额定容量 S_r/(kV·A)	空载损耗 ΔP_0/kW	负载损耗 ΔP_k/kW	空载电流占比%	阻抗电压占比%	额定容量 S_r/(kV·A)	空载损耗 ΔP_0/kW	负载损耗 ΔP_k/kW	空载电流占比%	阻抗电压占比%
160	0.28	2.30/2.20	1.0	4.0	630	0.81	6.20	0.6	4.5
200	0.34	2.73/2.60	1.0		800	0.98	7.50	0.6	
250	0.40	3.20/3.05	0.9		1000	1.15	10.30	0.6	
315	0.48	3.83/3.65	0.9		1250	1.36	12.00	0.5	
400	0.57	4.52/4.30	0.8		1600	1.64	14.50	0.5	
500	0.68	5.41/5.15	0.8		2000	1.94	18.30	0.4	5.0

注：对于容量在 500 kV·A 及以下的变压器，表中斜线左侧的负载损耗值适用于 Dyn11 或 Yzn11 联结组，表中斜线右侧的负载损耗值适用于 Yyn0 联结组。

附录表9　10×(1±5%)/0.4 kV 三相双绕组无励磁调压干式电力变压器技术数据

额定容量 S_r/(kV·A)	空载损耗 ΔP_0/kW	负载损耗 ΔP_k/kW	空载电流占比%	阻抗电压占比%	额定容量 S_r/(kV·A)	空载损耗 ΔP_0/kW	负载损耗 ΔP_k/kW	空载电流占比%	阻抗电压占比%
160	0.54	2.13/2.28	1.3	4.0	630	1.30	5.96/6.40	0.85	6.0
200	0.62	2.53/2.71	1.1		800	1.52	6.96/7.46	0.85	
250	0.72	2.76/2.96	1.1		1000	1.77	8.13/8.76	0.85	
315	0.88	3.47/3.73	1.0		1250	2.09	9.69/10.37	0.85	
400	0.98	3.99/4.28	1.0		1600	2.45	11.73/12.58	0.85	
500	1.16	4.88/5.23	1.0		2000	3.05	14.45/15.56	0.70	
600	1.34	5.88/6.29	0.85		2500	3.60	17.17/18.45	0.70	

注：表中斜线左侧的负载损耗值适用于 F 级绝缘耐热等级（120 ℃），表中斜线右侧的负载损耗值适用于 H 级绝缘耐热等级（145 ℃）。

附 录

附录表 10　住宅建筑每户照明功率密度限值

房间或场所	照度标准值/lx	照明功率密度限值/（W/m²）	
		现行值	目标值
起居室	100	6.0	≤5.0
卧室	75		
餐厅	150		
厨房	100		
卫生间	100		
职工宿舍	100	4.0	3.5
车库	30	2.0	1.8

附录表 11　图书馆建筑照明功率密度限值

房间或场所	照度标准值/lx	照明功率密度限/（W/m²）	
		现行值	目标值
一般阅览室、开放式阅览室	300	9.0	8.0
目录厅（室）、出纳室	300	11.0	<10.0
多媒体阅览室	300	9.0	8.0
老年阅览室	500	15.0	13.5

附录表 12　美术馆建筑照明功率密度限值

房间或场所	照度标准值/lx	照明功率密度限/（W/m²）	
		现行值	目标值
会议报告厅	300	9.0	8.0
美术品售卖区	300	<9.0	8.0
公共大厅	200	<9.0	8.0
绘画展厅	100	5.0	4.5
雕塑展厅	150	6.5	5.5

附录表 13　科技馆建筑照明功率密度限值

房间或场所	照度标准值/lx	照明功率密度限/（W/m²）	
		现行值	目标值
科普教室	300	9.0	8.0
会议报告厅	300	9.0	8.0
纪念品售卖区	300	9.0	8.0
儿童乐园	300	≤10.0	8.0
公共大厅	200	9.0	8.0
常设展厅	200	9.0	8.0

附录表 14　博物馆建筑其他场所照明功率密度限值

房间或场所	照度标准值/lx	照明功率密度限/（W/m²）	
		现行值	目标值
会议报告厅	300	9.0	8.0
美术制作室	500	15.0	≤13.5
编目室	300	≤9.0	8.0
藏品库房	75	4.0	3.5
藏品提看室	150	5.0	4.5

附录表 15　全装修居住建筑每户照明功率密度限值

房间或场所	照度标准值/lx	照明功率密度限值/（W/m²）
起居室	100	<5.0
卧室	75	
餐厅	150	
厨房	100	
卫生间	100	

附录表 16　居住建筑公共机动车库照明功率密度限值

房间或场所	照度标准值/lx	照明功率密度限值/（W/m²）
车道	50	≤1.9
车位	30	

附录表 17　办公建筑和其他类型建筑中具有办公用途场所照明功率密度值

房间或场所	照度标准值/lx	照明功率密度限值/（W/m²）
普通办公室、会议室	300	8.0
高档办公室、设计室	500	<13.5
服务大厅	300	<10.0

附录表 18　商店建筑照明功率密度限值

房间或场所	照度标准值/lx	照明功率密度限值/（W/m²）
一般商店营业厅	300	<9.0
高档商店营业厅	500	≤14.5
一般超市营业厅、仓储式超市、专卖店营业厅	300	10.0
高档超市营业厅	500	15.5

注：当一般商店营业厅、高档商店营业厅、专卖店营业厅需装设重点照明时，该营业厅的照明功率密度限值可增加 5 W/m²。

附录表 19 旅馆建筑照明功率密度限值

房间或场所		照度标准值/lx	照明功率密度限值/（W/m²）
客房	一般活动区	75	≤6.0
	床头	150	
	卫生间	150	
中餐厅		200	8.0
西餐厅		150	≤5.5
多功能厅		300	<12.0
客房层走廊		50	≤3.5
大堂		200	<8.0
会议室		300	≤8.0

附录表 20 医疗建筑照明功率密度限值

房间或场所	照度标准值/lx	照明功率密度限值/（W/m²）
治疗室、诊室	300	8.0
化验室	500	13.5
候诊室、挂号厅	200	<5.5
病房	200	<5.5
护士站	300	<3.0
药房	500	≤13.5
走廊	100	≤4.0

附录表 21 教育建筑照明功率密度限值

房间或场所	照度标准值/lx	照明功率密度限值/（W/m²）
教室、阅览室、实验室、多媒体教室	300	<8.0
美术教室、计算机教室、电子阅览室	500	13.5
学生宿舍	150	≤4.5

附录表 22 会展建筑照明功率密度限值

房间或场所	照度标准值/lx	照明功率密度限值/（W/m²）
会议室、洽谈室	300	<8.0
宴会厅、多功能厅	300	<12.0
一般展厅	200	8.0
高档展厅	300	<12.0

附录表 23　交通建筑照明功率密度限值

房间或场所		照度标准值/lx	照明功率密度限值/（W/m²）
候车（机、船）室	普通	150	6.0
	高档	200	≤8.0
中央大厅、售票大厅、行李认领、到达大厅、出发大厅		200	<8.0
地铁站厅	普通	100	<4.5
	高档	200	<8.0
地铁进出站门厅	普通	150	<5.5
	高档	200	<8.0

附录表 24　金融建筑照明功率密度限值

房间或场所	照度标准值/lx	照明功率密度限值/（W/m²）
营业大厅	200	8.0
交易大厅	300	≤12.0

附录表 25　工业建筑非爆炸危险场所照明功率密度限值

房间或场所		照度标准值/lx	照明功率密度限值/（W/m²）
1. 机电工业			
机械加工	粗加工	200	≤6.5
	一般加工 公差≥0.1 mm	300	10.0
	精密加工 公差<0.1 mm	500	≤15.0
机电仪表装配	大件	200	≤6.5
	一般件	300	≤10.0
	精密	500	≤15.0
	特精密	750	≤22.0
电线、电缆制造		300	<10.0
线圈绕制	大线圈	300	≤10.0
	中等线圈	500	≤15.0
	精细线圈	750	≤22.0
线圈浇注		300	≤10.0
焊接	一般	200	≤6.5
	精密	300	≤10.0
钣金、冲压、剪切		300	10.0
热处理		200	6.5
铸造	熔化、浇铸	200	8.0
	造型	300	<12.0

续附录表

房间或场所		照度标准值/lx	照明功率密度限值/(W/m²)
精密铸造的制模、脱壳		500	≤15.0
锻工		200	≤7.0
电镀		300	≤12.0
酸洗、腐蚀、清洗		300	≤14.0
抛光	一般装饰性	300	≤11.0
	精细	500	≤16.0
复合材料加工、铺叠、装饰		500	15.0
机电修理	一般	200	≤6.5
	精密	300	≤10.0
2. 电子工业			
整机类	计算机及外围设备	300	≤10.0
	电子测量仪器	200	≤6.5
元器件类	微电子产品及集成电路、显示器件、印制线路板	500	≤16.0
	电真空器件、新能源	300	≤10.0
	机电组件	200	≤6.5
电子材料类	玻璃、陶瓷	200	≤6.5
	电声、电视、录音、录像	150	≤5.0
	光纤、电线、电缆	200	≤6.5
	其他电子材料	200	≤6.5
3. 汽车工业			
冲压车间	生产区	300	≤10.0
	物流区	150	≤5.0
焊接车间	生产区	200	≤6.5
	物流区	150	≤5.0
涂装车间	输调漆间	300	≤10.0
	生产区	200	≤7.0
总装车间	装配线区	200	≤7.0
	物流区	150	≤5.0
	质检间	500	15.0
发动机工厂	机加工区	200	≤6.5
	装配区	200	6.5
铸造车间	熔化工部	200	6.5
	清理/造型/制芯工部	300	10.0

附录表 26　公共建筑和工业建筑非爆炸危险场所通用房间或场所照明功率密度限值

房间或场所		照度标准值/lx	照明功率密度限值/(W/m²)
走廊	普通	50	≤2.0
	高档	100	≤3.5
厕所	普通	75	≤3.0
	高档	150	≤5.0
试验室	一般	300	≤8.0
	精细	500	13.5
检验	一般	300	8.0
	精细,有颜色要求	750	≤21.0
计量室、测量室		500	13.5
控制室	一般控制室	300	8.0
	主控制室	500	13.5
电话站、网络中心、计算机站		500	13.5
动力站	风机房、空调机房	100	3.5
	泵房	100	3.5
	冷冻站	150	≤5.0
	压缩空气站	150	5.0
	锅炉房、煤气站的操作层	100	4.5
仓库	大件库	50	2.0
	一般件库	100	3.5
	半成品库	150	≤5.0
	精细件库	200	≤6.0
公共机动车库	车道	50	≤1.9
	车位	30	
车辆加油站		100	≤4.5